管道保温涂层技术

Thermal Insulation
Technology of Pipeline

乔军平 编著

化学工业出版社
·北京·

内 容 简 介

本书主要介绍直埋管道、高温管道保温层类型和相关成型工艺,对聚氨酯保温管道最新的喷涂缠绕成型技术、柔性可卷曲保温管道成型技术等也进行了介绍,相关内容在其他书籍中均未详述或出现。希望相关专业人员以及涂层成型的技术人员在阅读本书后,能对涂层类型和不同类型涂层的成型工艺有大致的了解,并对相关设备有基本的认识。

本书可供油气储运工程设计和建设人员、管道保温工程设计人员、管道涂层预制厂的工程技术人员、工程监理人员参考,也可供大专院校相关专业的师生阅读。

图书在版编目(CIP)数据

管道保温涂层技术 / 乔军平编著 . -- 北京:化学工业出版社,2024. 10. -- ISBN 978-7-122-46039-4

Ⅰ. TE973.8

中国国家版本馆 CIP 数据核字第 202488TX22 号

责任编辑:于 水 段志兵
责任校对:张茜越　　　　　　装帧设计:韩 飞

出版发行:化学工业出版社
　　　　　(北京市东城区青年湖南街 13 号　邮政编码 100011)
印　　装:北京七彩京通数码快印有限公司
710mm×1000mm　1/16　印张 18$\frac{1}{2}$　字数 344 千字
2024 年 11 月北京第 1 版第 1 次印刷

购书咨询:010-64518888　　　　　　售后服务:010-64518899
网　　址:http://www.cip.com.cn
凡购买本书,如有缺损质量问题,本社销售中心负责调换。

定　　价:168.00 元

　　管道保温涂层是一种用于保护管道并减少热量损失的材料。它通常由导热系数低的材料制成，如聚氨酯、泡沫塑料、岩棉等。保温涂层不仅能减少热量的散失，提高能源利用率，还能保护管道免受外部环境的影响，如温度、湿度、化学腐蚀等。管道保温涂层保护管道和减少能量损失的双重特性，奠定了其在管道施工中的重要地位。

　　在选择管道保温涂层时，需要考虑以下几个因素：①温度。根据管道运输介质的温度，选择合适的保温材料。例如，对于高温管道，应选择耐高温性能好的材料。②环境。根据管道所处的环境，如湿度、腐蚀性等，选择具有相应抗性能力的保温材料。③经济性。在满足保温效果的前提下，考虑材料的价格和施工成本。④施工。考虑保温涂层的施工工艺和施工条件，如施工环境、施工设备等。⑤使用寿命。选择使用寿命长的保温材料，以降低后期维护成本。在我国，保温涂层在石油、化工、电力、建筑等行业得到了广泛应用，有助于提高能源利用效率，减少能源浪费。同时，也有利于降低企业运营成本，提高经济效益。

　　实践出真知。本书作者乔军平教授级高级工程师，长期工作在我国材料腐蚀与防护工程一线，是我国著名的管道防腐涂装专家。他是中国腐蚀与防护学会理事；中国腐蚀与防护学会化工过程专业委员会副主任委员；中国化工学会专家库专家；全国防腐蚀标准化技术委员会委员；中国石油工程建设协会管道设备保温与防护专委会防腐保温技术专家。这些头衔，是行业对本书作者水平和能力的肯定。他将自己长期工作获得的经验与施工单位、建设单位、科研单位以及院校师生共享，不仅是对我国材料腐蚀与防护工程领域的贡献，而且也为相关专业的学生搭起了一座通往实践的桥梁，相信读者一定会受益匪浅。期待本书能为我国材料腐蚀与防护工程学科和相关领域的发展以及施工水平的提高起到一定的推动作用。

中国腐蚀与防护学会理事长

李晓刚

2024 年 3 月

前言

保温管道广泛应用于城镇供热和石油化工等多个行业，是降低功耗和保证管道运行安全的重要方式之一。经过几十年的发展，管道保温涂层结构及成型技术已日臻完善。

已经出版的关于保温管道的相关著述中，多以保温材料、热力计算和工程应用为主。本书通过对管道保温涂层从预制工艺、新技术介绍到补口、失效维护的完整论述，使读者对管道保温涂层有一个完整的全过程了解。

无论是架空、埋地，还是海洋管道，聚氨酯保温层材料均占据了主要地位。本书用三章的篇幅来论述用于钢质管道聚氨酯保温层成型的 "一步法""管中管法"和最新的喷涂缠绕法三种成型技术。其中，泡沫喷涂缠绕为聚氨酯保温管的最新成型技术，满足大口径和超大口径管道的聚氨酯保温层成型，具备"管中管法"不可超越的优点，书中对此项技术及其装备进行了详述，并对两种成型工艺进行了比较分析。本书采用的论述思路：首先根据理论研究设计保温层成型装置，然后在试验过程中对相关装置进行改进，最终在中试过程中，定型设备并形成完整的成型工艺。该思路也为相关技术人员针对类似技术的开发研究提供参考。

柔性保温管是采用保温层连续成型技术生产的一种可卷曲的保温管道，在国内尚属空白，本书对此项技术及成型工艺进行了较为详细的论述，目的是让此项技术在国内能够推广应用，也让更多的技术人员能够参与此项研究。

作者还对高温管道保温涂层进行了归纳整理，以期让更多的技术人员能更进一步了解高温管道的不同涂层材料以及结构类型，并通过应用举例和预制工艺的描述，使读者对其有更详细的了解。最后对保温涂层的补口和失效进行了介绍。

对海底管道保温涂层相关内容感兴趣的读者可以在《海底管道涂层技术》一书中参阅相关章节。

感谢天华化工机械及自动化研究设计院有限公司的同事以及相关行业专家的支持，使得本书能够顺利出版。也对化学工业出版社为此书的出版、发行所做的工作表示感谢。

囿于本人的学识和水平，书中不妥之处在所难免，敬请各位读者批评指正。

乔军平

2024 年 1 月·兰州

目录

第3章　聚氨酯保温管"一步法"成型技术

第7章 柔性可卷曲保温管道

第8章 高温（蒸汽）保温管道

第10章　管道保温层缺陷及失效

保温是维持设备内介质温度恒定或维持设备外环境温度不发生改变的一种措施。这对于介质，可能针对的是常温状态、高温状态，也可能是低温状态。对于低温状态的维持也可以称为保冷。

一般保温和保冷统称为绝热，但其目的均为维持温度恒定，只是温度场的传导方向不同，所以也可以统称为保温，或分别定义为热保温和冷保温。

保温管道就是为了维持管道内流体温度不发生大的改变。保温管道应用领域越来越广泛，包括供水、供热、输油、输气等民用或者工业领域，并且从陆地走向海洋。虽然我国从 20 世纪 50 年代才开始大规模建设保温管道，但时至今日，陆地保温管道技术和建设规模已经走到了世界前列，海底管道保温技术也同样在各个方面赶超世界先进水平。

1.1 定义

在生活和工业建设中，人们将维护管道内输送介质温度的涂层统称为保温涂层。在实际应用中，这类涂层起到两方面的作用：一是防止管道内输送介质热损失，也就是防止管道内介质热量向外散失，造成输送流体温降；二是杜绝或降低管道所处的外部环境热向管道内介质传递，防止输送流体温升。第一类称之为保温涂层，第二类称之为保冷涂层。

保温涂层和保冷涂层的定义是不同的，但在一般情况下保温涂层和保冷涂层的结构相似，例如以城镇供热为目的的保温管道和以集中供冷为目的的保冷管道。只是在特殊情况下，二者结构不同。保温涂层结构一般情况下不设防潮层，保冷结构的绝热层外要设防潮层。虽然保温与保冷有所区别，但往往不严格区分，所以在大多数人的观念中统称为保温。

（1）管道保温

由于环境和管道内介质存在温度差，要求减少管道及其附件向周围散失热量而造成介质温降，所采取的在其外表面增加隔热覆盖层的措施称为管道保温。

（2）管道保冷

当输送的管道内介质温度低于环境温度时，为了减缓周围环境热量传入管道，防止管内介质的温升或者造成管道外壁凝露而采取的措施称为管道保冷。

（3）管道保温层（保冷层）

覆盖并完全包裹在管道外壁，以降低热传导为目的，维持管道内所输介质温度稳定的绝热材料制品称为管道保温层（保冷层）。

（4）保温材料

包裹覆盖在管道外壁，能够降低热传导并维持管道内流体温度恒定的材料称为保温材料，包括无机保温材料和有机保温材料。

保温材料最基本的性能参数值为导热系数，集中供热管道要求保温材料导热系数 ≤ 0.065 W/(m·K)[1]，海底管道（深海）保温材料导热系数 < 0.1 W/(m·K)。

现阶段把导热系数 < 0.29 W/(m·K)、密度 < 1000 kg/m³ 的材料统称为保温材料，这里就包含了硬质聚氨酯泡沫等低密度类材料和聚丙烯泡沫等高密度类材料，一般密度越高，导热系数越大。

1.2 管道保温（保冷）条件

管道涂覆绝热材料进行保温，就是为了维持工艺运行条件的要求或者满足某些操作要求，所以满足下列条件的管道必须进行绝热涂装（保温、保冷）。

（1）保温

① 输送流体要求 为减少管道内因流体介质温度发生改变而导致管内流体热量散失，例如直埋供热管道、原油输送管道。

② 工艺要求 当管道运行的环境温度为 25 ℃时，因为流体造成其外表面温度 > 50 ℃，而且流体输送工艺要求减少热损的管道，例如炼化厂汽水管道。因为管内流体所引起的管道表面温度 ≥ 50 ℃，生产工艺要求阻止流体介质产生温降或者延迟凝结的管道，例如渣油管道。

③ 人员保护要求 有些工艺管道一般不要求进行保温，但其表面温度 > 60 ℃，需要工作人员近距离操作或者维护，须防止操作人员烫伤。例如在距离地面或者工作台面 2.1 m 高度以下以及其工作台边缘距离热管道表面 < 0.75 m 的距离[2]，必须设置防烫伤措施。

④ 民用生活要求　防止冻结的输水管道，如极寒地区的输水管道。

（2）保冷

① 流体输送的低温要求　为减少管道内流体介质温度发生改变，造成管内流体升温的管道。

② 介质特性决定　管道输送流体的温度低于环境温度，并且为保证流体低温输送特性，需要进行管道保冷，防止流体在输送过程中产生冷损失；防止管道输送的冷介质在输送过程中温度升高造成汽化。

③ 防止结露　冷介质输送时，在常温以下 0 ℃以上管道外壁会发生凝露现象，易造成管冷介质在输送过程中的冷量损失加剧，一般需要采用防潮的保冷层。

④ 防止冻伤事故　操作人员近距离进行管道的操作或者在维护过程中，管道外壁过冷，极易造成操作人员冻伤事故产生，必须采用涂层对管道进行保冷。

1.3　管道保温的目的

管道保温不但可延长管道使用寿命，减少资源浪费，而且是保证节能的一种重要措施。其目的包括：

① 减少热能损耗。减少管道及其组成件在工作过程中的热量损失以节约能源；

② 保持低温，减少冷量损失，维持管内介质的稳定输送要求；

③ 满足输送工艺的技术要求，保障介质的运行参数，提高管道的输送能力；

④ 维持工作环境温度，改善劳动条件，防止管道爆裂，或者过热、过冷导致的操作 人员烫伤或冻伤事故产生；

⑤ 延长设备和管道的运行期限，避免、限制或延迟管道内介质的凝固、冻结，以维持正常生产；

⑥ 提高管道系统运行的经济性以及安全性。

1.4　管道保温层的作用

管道保温层的作用是减缓或降低管道内输送介质与外界环境进行热交换，维持管内输送介质温度的稳定性，或者改善工作环境（例如对于高温管道可以防止外壁高温灼烧的可能，低温管道可防止结霜或结露，以防冻伤产生），延长管道工作寿命等，主要表现在以下几个方面。

（1）降低热损

一般情况下，供热管网实际热损的设计允许值应低于全年供热量的5%，当保温效果不佳时会使实际的热损上升到10% ～ 12%，而保温层结构破损部位的热损失甚至高达25% ～ 30%，以至于热损消耗掉部分甚至全部集中供热所带来的经济效益，也有可能出现负数。

决定保温层效果的关键是在一定厚度下保温层材料的导热系数。裸钢管热量散失非常大，因为其导热系数非常大，而钢管上所用的保温材料导热系数一般 < 0.1 W/(m·K)，由此可以看出热损的差距，所以采用保温层有效降低热损十分必要。表 1-1 所示的几种保温材料中，保温效果最好的是发泡聚氨酯材料。

表 1-1　保温材料导热系数表

材料名称	导热系数 /[W/(m·K)]
钢	35 ~ 56
发泡聚氨酯	0.024
珍珠岩浆料	0.070
橡塑保温材料	0.034 ~ 0.041
膨胀聚苯板	0.039
岩棉	0.040
无机纤维喷涂保温材料	0.040
玻璃棉	0.042

表 1-2 比较了裸管与保温管的散热量。表中内径为 50 mm 的管道采用玻璃棉管套保温，其他口径的管道均采用微孔硅酸钙管壳保温。由表 1-3 可见，保温后的热损减少了 90% 左右。

表 1-2　裸管与保温管散热量比较 [3]

介质温度/℃	管道内径 /mm								
	50			100			150		
	裸管散热量 /[kcal/(m·h·℃)]	保温层		裸管散热量 /[kcal/(m·h·℃)]	保温层		裸管散热量 /[kcal/(m·h·℃)]	保温层	
		厚度 /mm	散热量 /[kcal/(m·h·℃)]		厚度 /mm	散热量 /[kcal/(m·h·℃)]		厚度 /mm	散热量 /[kcal/(m·h·℃)]
120	249	40	28	437	40	58	604	50	66
140	321	40	33	563	50	61	779	50	80
160	399	40	40	704	50	73	975	50	95

注：1 kcal≈4.1868 kJ。

表 1-3　每米长裸露管道与保温管道散热损失比较 [3]

管道内径 /mm	介质温度 /℃	散热损失 /(W/m) 或 [kcal/(m·h)]		散热损失相比倍数
		裸露管道	保温管道	
100	100	355（305）	52（45）	（6.78）
	300	2630（2030）	159（137）	（14.82）
	450	5465（4700）	238（205）	（22.93）

续表

管道内径 /mm	介质温度 /℃	散热损失 /(W/m) 或 [kcal/(m·h)]		散热损失相比倍数
		裸露管道	保温管道	
200	100	669（575）	81（70）	（8.21）
	300	4512（3880）	228（196）	（19.80）
	450	10465（9000）	337（290）	（31.03）
300	100	930（800）	99（85）	（9.41）
	300	6488（5580）	279（240）	（23.25）
	450	15000（12900）	413（355）	（36.34）

（2）降低能源消耗[4]

针对燃煤供热锅炉来核算，按照电站保温工程设计允许 5% 的热损标准，每千瓦时电就会多消耗 4～5 g 标准煤，容量为 100 万千瓦的电站，每天多消耗标准煤达到 120000 kg。但如果保温层出现设计或破损等工程缺陷，每千瓦时电的热损超过这一标准 2～5 倍。而如果管道达到理想的保温效果，保温后的热表面每平方米每年可节约标准煤 2500 kg。

长距离原油输送的管道如果采用 5 mm 厚的珍珠岩制品进行保温，其传热系数要比钢管直埋土中降低一半以上，那么加温输送 1 t 原油所需的天然气可以节省约 7～9 m³，而采用聚氨酯泡沫保温层，其传热系数只达到珍珠岩制品的 1/3，所损耗的天然气量更低。

（3）降低输送介质的动力消耗

对于黏度高、易结蜡的油品，需要加热到一定的温度，达到要求的流动程度进行输送，并对输送管道进行保温，以减少加压站数量，降低输送动力消耗。

例如对于高凝点原油，其含蜡量高，油品的存在状态与温度有直接关系，当温度高于原油的析蜡点时，油品黏度较低，呈牛顿流体状态；当温度接近或低于凝点时，油品黏度会急剧增大并呈非牛顿流体状态。对于这类油品一般采用热输工艺，除提供加热站外，还需要在管道外涂装保温层。

（4）延长管道的使用寿命

电站蒸汽类高温流体输送管道涂装性能良好的保温层后，就可以延长金属管道的蠕变时限，避免管道上连接件如阀门和法兰等，由于多次启动，造成因热胀冷缩不均而引起的泄漏。

（5）保持低温，减少冷量损失

在民用或工业领域中，为了各种生产目的，管道流体需采用低温输送技术。如利用中央空调或其他中央制冷装置，降低冷却水或其他流体温度，并通过管道输送。在输送管道上增加涂层保冷后，就可以减少冷量损失。

东南亚国家就采用集中供冷方式，进行居民区或办公场所的空调冷风输送。某些化工和医药生产过程所用的工业水要求严格保持某一较低的温度，也必须采用保冷管道进行输送。

（6）预防管道内介质冻结

防止管道内输送流体冻凝是管道保温层所起的另一个基本作用，在高寒地带或高温度地区的冬季，如果埋地管道的埋设深度未在冻土层以下，只有采用足够厚的保温层管道，才能满足水、原油等介质的流畅输送。

（7）防止管道内介质温度对环境造成影响

极寒地带的原油输送，容易结蜡，低温下黏滞阻力大，为确保输送顺畅，必须采用加热后加压输送，如果管道不采用保温层结构或保温层的结构、厚度不足以维持合理的温度场，管道内的热必然会造成冻土融化，对生态、植被造成极大的影响，也有可能因冻土层融化造成埋设管道承载力降低或消失，引起管道偏移，甚至有断裂的危险。

（8）抗震性

管道外涂装的保温材料，如发泡聚氨酯，为多孔结构，通常也是一种吸声减震材料，具有一定的抗震性能，并且韧性大或强度高的保温材料其抗震性一般也较强。管道设计允许管道有不大于 6 Hz 的振动，同样要求保温材料及其结构最低应具有耐 6 Hz 的抗震性能。尤其要求保温材料在使用中不产生压缩和沉陷。

（9）减缓管道的腐蚀破坏

长输保温管道的保温层结构，基本都包含防腐层，即便不含防腐层的保温管道，保温层都会屏蔽外界腐蚀介质渗及管体，从而降低管道直接被腐蚀的概率。

参考文献

[1]　日本規格協会 . 保温保冷工事施工標準：JIS A9501：2019[S].

[2]　中华人民共和国住房和城乡建设部 . 工业设备及管道绝热工程设计规范 [S]. 北京：中国计划出版社，2013.

[3]　曾大斧，莫松涛，等 . 工业设备与管道的保温 [M]. 北京：中国水利水电出版社，1983.

[4]　谢文丁 . 绝热材料与绝热工程 [M]. 北京：国防工业出版社，2006.

管道保温层是在输送流体的管道外涂装的绝热涂层，通常为保温层＋防护层（直埋供热管道）、防腐层＋保温层（海底管道）、防腐层＋保温层＋防护层（原油管道）三类，其最佳的性能是多位一体，即管道和涂层成为黏结紧密的一体结构，如上述结构的三位一体或四位一体。实际上多位一体在某些涂层中可以实现，如硬质聚氨酯泡沫涂层等，而针对无机保温材料类，层间无法黏结成整体结构，只能通过外保护方式确保保温材料与运行的外部环境隔绝。

管道保温层的选择与应用，首先需要满足的是管道内流体输送的温度要求，但保温层除满足上述基本功能外，还需要考虑环境适应性、投资费用、使用年限、对环境的影响以及环保要求等。

2.1　保温层设计要求

保温结构设计需要满足如下原则。

① 满足最低热损或降低热量传输要求。保温管道确保输送热损失不超过标准热损失，保冷管道内吸收的热量低于标准要求。

② 保温材料要求选用导热系数最佳的材料，但须与成型工艺和材料的经济性相匹配。

③ 涂层厚度要求。在标准所要求的热损或冷介质吸热范围内，保温层厚度越薄越好。保温层厚度须经过核算选用，常规的管道输送必须采用标准的要求。

④ 保温层结构应有足够的抗压强度和机械强度。例如直埋保温管道，管道保温层必须具备一定的抗冲击能力和抗压强度，防止土壤重力或埋地环境地质变化引起管道滑移和摆动所引起的外力作用。

⑤ 保温层结构必须具备良好的防水保护层，以防止地下水或雨水等窜入保温层造成保温层功能失效。

⑥ 保温层结构应具备非常好的防腐蚀性能，防止环境介质侵蚀钢管本体造成腐蚀。

⑦ 涂层成型过程或管道运行过程，保温层结构所产生的应力不能传递到管道上，以防止造成管道的形变。

⑧ 保温层结构成型要求选用成熟的成型工艺，即便采用新工艺也须经过验证。

⑨ 保温层结构要求简单，并尽量减少材料消耗量。

2.2 管道保温层厚度计算

保温热力计算的主要任务是确定保温层的厚度，是在给定单位热损失或保温层外表面温度前提下进行的，要求计算经济厚度，或经济厚度和安全厚度都计算出来后取其较大者[1]。

在进行供热管道设计中，应根据室外条件、热价等多种因素优选出经济保温层厚度，以期达到既可保温，又可降低工程造价的效果。盲目地按厂家规格选用保温层厚度是不科学的。

选用硬质聚氨酯、橡塑、岩棉、玻璃纤维、聚苯硬塑做保温材料，其厚度可参阅表 2-1、表 2-2[2]。

表 2-1　水管保温层厚度

项目	供回水管			
管道直径 DN/mm	15 ～ 20	25 ～ 50	65 ～ 100	＞ 100
保温层厚度 /mm	20	30	40	50

表 2-2　蒸汽管保温层厚度（1）

项目	蒸汽管			凝水管	
管道直径 DN/mm	≤ 40	50 ～ 65	≥ 80	≤ 50	＞ 50
保温层厚度 /mm	20	60	70	40	50

如果用矿渣棉、珍珠岩作为保温材料，其厚度选用值见表 2-3[2]。

表 2-3　蒸汽管保温层厚度（2）

管道直径 DN/mm	20 ～ 40	50 ～ 200	250 ～ 400
保温层厚度 /mm	30	40	50

保温层的厚度受到流体管道输送的介质、工作环境等的影响，其要求也不同，笔者参阅了多个文献，整理了一部分保温层厚度的计算公式，供读者参考，设计

人员请参阅相关的标准规范。

2.2.1 资金偿还方式保温层厚度计算

保温层经济厚度计算，须偿还年金的按照资金偿还年限计算。计算中应对不同厚度进行试算，以使以下等式成立。

（1）文献规定

计算公式[3]为：

$$\frac{2}{d_1}\sqrt{\frac{mb(t_w-t_0)\lambda}{1.163\times10^6\left(S+\frac{2S_1}{d_2}\right)\left(P+\frac{1}{T_0}\right)}}=\frac{\frac{d_2}{d_1}\ln\frac{d_2}{d_1}+\frac{2\lambda}{ad_1}}{\sqrt{1-\frac{2\lambda}{ad_2}}}$$ （2-1）

式中 m——年工作时间，h；

b——热价，元/(mkcal)；

t_w——管子外表面温度，℃，按介质温度计算；

t_0——保温层周围空间温度，℃；

λ——保温材料导热系数，kcal/(m·h·℃)；

P——保温投资及运行费用年分摊率，%，一般取 $P=15\%$；

T_0——资金偿还率，年；

S——保温材料价格，元/m²；

S_1——保护壳价格，元/m²；

d_1——管子外径，m；

d_2——保温层外径，m；

a——保温层表面换热系数，kcal/(m²·h·℃)。

（2）国家标准规定

相关国家标准[4]规定的经济厚度计算法如下。

管径>1000 mm，计算公式为：

$$\delta=1.897\times10^{-3}\sqrt{\frac{f_n\lambda\tau(T-T_h)}{P_iS}}-\frac{\lambda}{a}$$ （2-2）

管径≤1000 mm，计算公式为：

$$D_0\ln\frac{D_0}{D_1}=3.795\times10^{-3}\sqrt{\frac{f_n\lambda\tau(T-T_h)}{P_iS}}-\frac{2\lambda}{a}$$ （2-3）

$$\delta=\frac{D_0-D_1}{2}$$ （2-4）

式中 δ——保温层厚度，m；

      f_n——热价，元/GJ；

      λ——保温材料导热系数，W/(m·K)；

      τ——年运行时间，h；

      T——设备和管道的外表面温度，K(℃)；

      T_h——环境温度，K(℃)；

      P_i——保温结构单位造价，元/m³；

      S——保温工程投资贷款年分摊率，按复利计息；

$$S = \frac{i(1+i)^n}{(1+i)^n - 1} \times 100\% \qquad (2\text{-}5)$$

      i——年利率（复利率）；

      n——计息年数；

      a——保温层外表面与大气的换热系数，W/(m²·K)；

      D_0——保温层外径，m；

      D_1——保温层内径，m。

对于热价低廉、保温材料制品或施工费用较高的情况，根据公式计算得出的经济厚度偏小，以致散热损失超过《设备及管道绝热技术通则》（GB/T 4272—2015）中表 1 或表 2 内规定的最大允许散热损失时，应重新按表内最大允许散热损失的 80%～90% 计算其保温层厚度。

对于热价偏高、保温材料制品或施工费用低廉、并排敷设的管道，尚应考虑支撑结构、占地面积等综合经济效益，其厚度可小于经济厚度。

2.2.2 文献中保温层经济厚度计算

在实际工程计算中，为同时满足经济、节能及设计工艺要求，保温层厚度的确定往往多种计算方法结合使用[5]。通常的做法是先确定其"经济厚度"，然后进行校核，验证其经济厚度是否满足设计的工艺要求；若经济厚度不能满足设计的工艺要求，则按工艺要求应用"散热量控制法"或"表面温度控制法"确定保温层厚度。

所谓"经济厚度"，是指在保温层的寿命期限内每年工作费用（e），它包括包含维修费在内的保温材料年折旧费（e_1）和能量损失量（e_2）。保温材料的年折旧费随保温层厚度的增大而增加，其能量损失费随保温层厚度的增大而减少。故年工作费用有一最小值，与该值相对应的保温层厚度称为"经济厚度"，影响该厚度的因素主要有保温材料品质、价格，能量价格，运行时间等。

计算公式为：

$$r_2 \ln\left(\frac{r_2}{r_1}\right) = \sqrt{\frac{\lambda |t_0 - t_w| f\tau}{yb}} - \frac{\lambda}{a_w} \tag{2-6}$$

$$\delta = r_2 - r_1 \tag{2-7}$$

式中　δ ——保温层的厚度，m；

　　r_1 ——管道外半径，m；

　　r_2 ——保温层外半径，m；

　　λ ——保温材料的导热系数，W/(m·℃)；

　　t_0 ——保温层外表面温度，℃；

　　t_w ——周围环境温度，℃；

　　f ——能量单价，元/J；

　　y ——保温材料及停工维修费用在内的单位价格，元/m³；

　　b ——年折旧率；

　　τ ——全年输送热媒的工作时间，s；

　　a_w ——外表面换热系数，W/(m²·℃)。

2.2.3　直埋聚氨酯保温管保温层厚度计算

直埋聚氨酯泡沫塑料保温层中的泡沫塑料层，其经济厚度按下述公式计算[6]：

$$D_0 \ln\frac{D_0}{D_1} = 2\times10^{-5}\sqrt{\frac{b\tau\lambda(t-t_a)}{PS}} - \frac{2\lambda}{a} \tag{2-8}$$

$$a = \frac{2\lambda_p}{D_0 \ln\dfrac{4h_0}{D_0}} \tag{2-9}$$

$$\delta = \frac{D_0 - D_1}{2} \tag{2-10}$$

式中　δ ——泡沫塑料层厚度，m；

D_0、D_1 ——分别为泡沫塑料层外径、内径，m；

　　h_0 ——管道中心距地面深度，m；

　　t ——介质温度，℃；

　　t_a ——距地面 h_0 处的土壤温度，℃；

　　λ ——泡沫塑料导热系数，W/(m·℃)；

　　λ_p ——土壤导热系数，W/(m·℃)；

　　a ——泡沫塑料层外表面向土壤的换热系数，W/(m²·℃)；

　　b ——热能价格，元/(W·h)；

　　τ ——年运行时间，h；

P —— 泡沫塑料单位造价，元 $/m^3$；

S —— 保温工程投资年分摊率。

2.2.4　无管沟直埋敷设的单根管道的保温层计算

无管沟敷设保温管采用直埋方式（图 2-1），按照相关规范所要求的埋设深度进行埋地。单根保温管保温层厚度计算公式[7]为：

$$\ln\frac{D_1}{D_0}=\frac{2\pi\lambda\lambda_{tr}}{\lambda_{tr}-\lambda}\left(\frac{t_j-t_{tr}}{q}-\frac{\ln\dfrac{4h}{D_0}}{2\pi\lambda_{tr}}\right) \tag{2-11}$$

$$\delta=\frac{D_1-D_0}{2} \tag{2-12}$$

式中　q —— 允许热损失，W/m；

　　　t_j —— 热介质温度，℃；

　　　h —— 管道的埋设深度（管中心），m；

　　　t_{tr} —— 管道敷设处的土壤温度，℃；

　　　D_0 —— 管道外径，m；

　　　D_1 —— 保温层外径，m；

　　　λ —— 保温材料的导热系数，W/(m·K)；

　　　λ_{tr} —— 土壤导热系数，W/(m·K)；取值：干土壤取值 0.58，不太湿土壤取值
　　　　　　1.163，较湿土壤取值 1.74，很湿土壤取值 2.33。

注：计算中保护壳的热阻一般忽略不计。

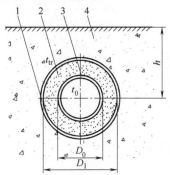

图 2-1　保温管道直埋示意图

1—保护壳；2—保温层；3—工作管（钢管）；4—土壤层

热损失计算公式如下：

$$q=\frac{t_j-t_{tr}}{R}=\frac{t_j-t_{tr}}{R_b+R_{tr}}=\frac{t_j-t_{tr}}{\dfrac{1}{2\pi\lambda}\ln\dfrac{D_1}{D_0}+\dfrac{1}{2\pi\lambda_{tr}}\ln\dfrac{4h}{D_1}} \tag{2-13}$$

式中 R——总热阻，$(m·℃)/W$；

R_b——保温层热阻，$(m·℃)/W$；

R_{tr}——土壤热阻，$(m·℃)/W$。

2.2.5 经济合理保温层厚度的简便计算

（1）计算公式 1[8]

根据《设备及管道绝热设计导则》（GB/T 8175—2008）中管道允许散热损失计算公式，计算所得最大散热损失结果见表 2-4。

表 2-4 管道允许的最大热损

允许热损 /(W/m) 管径/mm	输送介质温度/℃						
	100	150	200	250	300	350	400
57	69.78	93.04	104.7	—	—	—	—
108	98.9	127.9	151.2	191.9	209.3	232.6	255.8
159	122	157	191.9	226.8	250	267.5	308.2
216	139.6	186.1	226.8	273.3	302.4	331.5	366.3
267	157	215.2	255.9	308.2	343.1	383.8	424.5
325	180.3	244.2	284.9	348.9	389.6	424.5	476.8
376	197.7	267.5	325.6	383.8	424.5	465.7	517.5
427	215.2	296.6	354.7	412.9	459.4	500.1	552.4
529	255.9	343.1	407.1	476.8	517.5	581.5	633.8

管道的保温层厚度与管道的直径、管道表面温度、材料的导热系数、管道允许的最大散热损失有关。经济合理地确定保温层厚度的计算公式为：

$$\delta = 2.75 \frac{D^{1.2} \lambda^{1.35} t_1^{1.73}}{q^{1.5}}$$ （2-14）

式中 D——管道外径，mm；

λ——保温材料导热系数，$W/(m·K)$；

t_1——管道外表面温度，℃，约等于管道内介质温度；

q——允许最大散热损失，W/m，由表 2-4 查得；

δ——保温层厚度，mm。

由式（2-14）可以看出，管道外径、保温材料的导热系数、输送的介质温度一定时，保温层的厚度是随管道的散热损失的变化而变化的，因此按照表 2-5，国家规定的允许最大散热损失确定保温层厚度是经济合理的。

表 2-5　保温后热损失允许值　　　　单位：kJ/(h•m)

管径 (DN)/mm	流体温度 /℃		
	60	100	150
15	46.1	—	—
20	63.8	—	—
25	83.7	—	—
32	100.5	—	—
40	104.7	—	—
50	121.4	251.2	335.0
70	150.7	—	—
80	175.5	—	—
100	226.1	355.9	460.5
125	263.8	—	—
150	322.4	439.6	565.2
200	385.2	502.4	669.9

（2）计算公式 2[2]

$$\delta = 3.41 \frac{D^{1.2} \lambda^{1.35} t^{1.75}}{q^{1.5}} \tag{2-15}$$

式中　D——管道外径，mm；

　　　λ——保温材料的导热系数，W/(m·K)；

　　　t——管道外表面温度，℃；

　　　q——允许最大散热损失，W/m，由表 2-4 查得；

　　　δ——保温层厚度，mm。

式（2-15）含义：管道外径大，保温层要厚；保温层材料导热系数大，保温层要厚；管壁温度高，保温层要厚；要求热损小，保温层要厚；热损失要求通过保温材料的导热系数来确定。

2.2.6　热损失控制法计算保温层厚度

热损失控制法[5]计算保温层厚度，是对经济厚度计算的补充完善。

所谓"热损失控制法"就是控制保温材料表面单位面积（长度）的最大允许热损失量，使之在工艺允许的范围内。这类保温层的厚度计算可通过传热方程式求得保温层的最小厚度。设 $[q]$ 为保温层外表面积的最大允许散热损失 (W/m²)，由传热方程可导出（仍以圆形管道为例）：

$$[q] = \frac{1}{\dfrac{r_2 \ln\left(\dfrac{r_2}{r_1}\right)}{\lambda} + \dfrac{1}{a_w}} \times \left| t_0 - t_w \right| \tag{2-16}$$

$$r_2 \times \ln\left(\frac{r_2}{r_1}\right) = \lambda\left[\frac{|t_0 - t_w|}{[q]} - \frac{1}{a_w}\right] \qquad (2\text{-}17)$$

$$\delta = r_2 - r_1 \qquad (2\text{-}18)$$

式中　δ ——保温层的厚度，m；

　　　r_1 ——管道外半径，m；

　　　r_2 ——保温层外半径，m；

　　　λ ——保温材料导热系数，W/(m·℃)；

　　　t_0 ——保温层外表面温度，℃；

　　　t_w ——周围环境温度，℃；

　　　a_w ——外表面换热系数，W/(m²·℃)。

2.2.7　表面温度控制法计算保温层厚度

同样是对经济厚度计算的补充完善。

所谓"表面温度控制法[5]"是指在暖通空调和热能工程中，为了防止输送冷媒管道的外表面结露或输送高温介质的管道烫伤等，必须限制保温层的外表面温度。

（1）防结露保温层厚度计算

冷媒管道外表面结露是由其表面温度低于周围环境空气的露点温度而引起的。防止结露的措施主要是合理确定保温层的厚度，使管道保温层的外表面温度高于环境空气的露点温度。设 t_d 为当地气象条件下最热月的平均露点温度（℃）。在实际计算中，取保温层外表面温度 t_d 比当地气象条件下空气露点温度高 1～2 ℃。计算公式为：

$$r_2 \ln\left(\frac{r_2}{r_1}\right) = \frac{\lambda}{a_w} \times \frac{t_d - t_0}{t_w - t_d} \qquad (2\text{-}19)$$

$$\delta = r_2 - r_1 \qquad (2\text{-}20)$$

式中　δ ——保温层的厚度，m；

　　　r_1 ——管道外半径，m；

　　　r_2 ——保温层外半径，m；

　　　λ ——保温材料导热系数，W/(m·℃)；

　　　t_0 ——保温层外表面温度，℃；

　　　t_w ——周围环境温度，℃；

　　　t_d ——当地气象条件下最热月的平均露点温度，℃；

　　　a_w ——外表面换热系数，W/(m²·℃)。

（2）防烫伤保温层厚度确定

与防止外表面结露的保温层厚度计算方法相比，只需用防烫伤保温层外表面温度 t_s 代换 t_d（一般取 $t_s=60\ ℃$）即可。

2.2.8 蒸汽管道保温层厚度计算

蒸汽管道保温层厚度计算参照了相关的标准规范[9]。

基本参数：工作压力 $\leqslant 2.5\text{MPa}$，温度 $\leqslant 350℃$。

（1）单层保温结构的保温厚度计算

$$\ln D_w = \frac{\lambda_g (t_w - t_s) \ln D_0 + \lambda_t (t_0 - t_w) \ln 4H_1}{\lambda_t (t_0 - t_w) + \lambda_g (t_w - t_s)} \qquad (2\text{-}21)$$

当 $H/D_w < 2$ 时，$H_t=H$，t_s 取直埋管中心埋设深度处的自然地温 (℃)。

当 $H/D_w \geqslant 2$ 时，$H_t=H+\lambda_g/a$，t_s 取大气温度 (℃)。

$$\delta = \frac{D_w - D_0}{2} \qquad (2\text{-}22)$$

式中　D_w——保温层外径，m；

　　　D_0——工作管外径，m；

　　　H_1——管道当量埋深，m；

　　　H——管道中心埋设深度，m；

　　　δ——保温层厚度，m；

　　　λ_t——保温材料在运行温度下的导热系数，W/(m·K)；

　　　λ_g——土的导热系数，W/(m·K)；

　　　t_0——工作管道的外表面温度，℃，可按照介质温度取值；

　　　t_s——直埋蒸汽管道周边土壤环境温度，℃；

　　　t_w——保温管外表面温度，℃；

　　　a——直埋蒸汽管上方地表面大气的换热系数，W/(m²·K)，取 $10 \sim 15$。

（2）多层保温结构的保温厚度计算

① 热损失（初算值）应按下列公式计算：

$$q_{cs} = \frac{t_{ws} - t_{en}}{\dfrac{1}{2\lambda_{en}} \ln \dfrac{4h}{D_{ws}}} \qquad (2\text{-}23)$$

式中　q_{cs}——单位长度初算散热损失，W/m；

　　　t_{ws}——外护管外表面初设温度，℃；

　　　t_{en}——直埋蒸汽管道周边土壤环境温度，℃；

　　　λ_{en}——土壤热导系数，W/(m·K)；

　　　h——直埋蒸汽管道中心埋深 m；

　　　D_{ws}——根据经验初设的最外层保温层的外直径。

② 第 1 层保温层厚度计算公式：

$$\ln D_1 = \ln D_0 + \frac{2\pi\lambda_1\left(t_0 - t_{1,s}\right)}{q_{cs}} \tag{2-24}$$

$$\delta_1 = \frac{D_1 - D_0}{2} \tag{2-25}$$

式中　D_1——第 1 层保温材料的外直径，m；

　　　D_0——工作钢管外直径，m；

　　　λ_1——第 1 层保温材料在运行温度下的热导率，W/(m·K)；

　　　t_0——工作钢管外表面温度，℃，按蒸汽温度取值；

　　　$t_{1,s}$——第 1 层保温材料外表面设定温度，℃；

　　　δ_1——第 1 层保温层厚度，m。

③ 第 i 层保温层厚度计算公式：

$$\ln D_i = \ln D_{i-1} + \frac{2\pi\lambda_i\left(t_{i-1} - t_i\right)}{q} \tag{2-26}$$

$$\delta_i = \frac{D_i - D_{i-1}}{2} \tag{2-27}$$

式中　D_i——第 i 层保温层外径，m；

　　　λ_i——第 i 层保温层在运行温度下的导热系数，W/(m·K)；

　　　t_i——第 i 层保温材料外表面温度，按设计要求确定，℃；

　　　δ_i——第 i 层保温层厚度，m。

（3）空气层等效热阻计算公式

$$R_{air} = \frac{1}{2\pi\lambda_{air}}\ln\frac{D_{aout}}{D_{ain}} \tag{2-28}$$

式中　R_{air}——空气等效热阻，(m·K)/W；

　　　λ_{air}——空气层等效导热系数，W/(m·K)；

　　　D_{aout}——空气层外径，m；

　　　D_{ain}——空气层内径，m。

（4）真空层等效热阻计算公式

$$R_z = \frac{1}{2\pi\lambda_z}\ln\frac{D_{zout}}{D_{zin}} \tag{2-29}$$

式中　R_z——真空等效热阻，(m·K)/W；

　　　λ_z——真空层等效导热系数，W/(m·K)；

　　　D_{zout}——真空层外径，m；

　　　D_{zin}——真空层内径，m。

（5）单根敷设直埋保温管道热损计算公式

$$q = \frac{t_0 - t_s}{\sum \dfrac{1}{2\pi\lambda_i}\ln\dfrac{D_i}{D_{i-1}} + R_g} \qquad (2\text{-}30)$$

当 $\dfrac{H}{D_w} < 2$ 时，$R_g = \dfrac{1}{2\pi\lambda_g}\ln\left(\dfrac{2H_1}{D_w} + \sqrt{\left(\dfrac{2H_1}{D_w}\right)^2 - 1}\right)$

当 $\dfrac{H}{D_w} \geqslant 2$ 时，$R_g = \dfrac{1}{2\pi\lambda_g}\ln\dfrac{4H}{D_w}$

式中　　R_g——直埋蒸汽管道环境热阻，$(m\cdot K)/W$；

　　　　D_i——第 i 层保温层外径，m；

　　　　λ_i——第 i 层保温层在运行温度下的导热系数，$W/(m\cdot K)$；

　　　　D_w——保温层外径，m；

　　　　H_1——管道当量埋深，m；

　　　　H——管道中心埋深，m；

　　　　λ_g——土的导热系数，$W/(m\cdot K)$；

　　　　t_0——工作管道的外表面温度，℃，可按照介质温度取值；

　　　　t_s——直埋蒸汽管道周边土壤环境温度，℃。

双管见相关标准[9]。

（6）保温层界面温度计算公式

$$t_i = t_0 - q\sum\frac{1}{2\pi\lambda_i}\ln\frac{D_i}{D_{i-1}} \qquad (2\text{-}31)$$

（7）保温管外表面温度计算公式

$$t_i = t_0 - q\sum R \qquad (2\text{-}32)$$

式中　　$\sum R$——保温层总热阻，$(m\cdot K)/W$。

2.3　保温层结构类型

目前国内外采用的管道保温结构的基本形式为：钢管—防腐层—保温层—防水保护层。保温层与保护层之间用黏结剂连接，这样不仅构成了管道的"三防体系"，而且使钢管、防腐层、保温层、保护层牢固地结合为一体，大大提高了管道的防腐保温效果。

管道保温层结构是由保温层和保护层两部分组成的，保温层根据输送介质类型、管道的应用环境等进行严格的区分，如常温型的聚氨酯泡沫等，高温型的蛭石等，也存在单一的保温层结构或多层复合的保温层结构；保护层也存在单一的保温层外防护层，例如适用埋地的聚乙烯层或应用于架空的铁皮防护层，或特殊要求的在工作钢管外表面涂覆的防腐层或者隔热层等。所以保温结构设计直接影响到保温效果、投资费用和使用年限。保温结构设计应满足保温需要，有足够的机械强度，处理好保温层和管道，要有良好的保护层，适应安装的环境条件和防雨防潮要求，结构简单，投资低施工简便，维护检修方便。

保温管防腐层分类及材料见表 2-6。

表 2-6　保温管常用防腐层分类及材料[10]

序号	防腐层及材料	适用温度 /℃	执行标准	制作方法
1	三层或二层结构聚乙烯防腐层	−40 ~ 80	GB/T 23257	工厂预制
2	三层结构聚丙烯防腐层	−30 ~ 110	SY/T 7041	工厂预制
3	熔结环氧粉末防腐层	−30 ~ 80	GB/T 39636	工厂预制
4	无溶剂环氧涂料防腐层	−20 ~ 80	SY/T 6854	工厂预制 / 现场制作 / 补口
5	厚胶型聚乙烯胶黏带防腐层	−5 ~ 70	SY/T 0414	七厂预制 / 现场制作 / 补口
6	聚丙烯胶黏带防腐层	−5 ~ 110	SY/T 0414	工厂预制 / 现场制作 / 补口
7	耐高温环氧酚醛涂层	−35 ~ 200	SY/T 7036	工厂预制 / 现场制作 / 补口
8	有机硅高温涂层	5 ~ 400	SY/T 7036	工厂预制 / 现场制作 / 补口
9	黏弹体防腐胶带	−40 ~ 80	GB/T 51241	现场制作 / 补口
10	压敏胶型热收缩带	−20 ~ 50	GB/T 51241	现场制作 / 补口
11	配套底漆的聚乙烯热收缩带	−20 ~ 80	GB/T 51241	现场制作 / 补口
12	配套底漆的聚丙烯热收缩带	−20 ~ 110	GB/T 51241	现场制作 / 补口

管道保温层结构分类如下。

2.3.1　按照保温层结构形式

（1）普通单一型

适用输送介质温度在 120 ℃以下，应用于油气行业的原油热输或供热供水行业。由工作钢管、保温层和外防护层组成（图 2-2）。工作管在某些领域可以采用塑料等非金属管。

（2）普通防腐型

适用输送介质温度在 140 ℃以下，应用于油气行业的原油热输或有特殊要求的民用管道。由工作钢管、防腐层、保温层和外护管组成（图 2-3），工作管为碳钢管道。

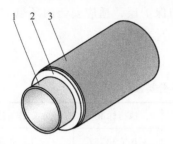 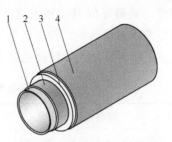

图 2-2　普通单一型保温管结构图　　　　图 2-3　普通防腐型保温层结构图
1—工作钢管；2—保温层；3—外防护层　　　1—工作钢管；2—防腐层；3—保温层；4—外护管

（3）复合型

适用于高温介质输送，采用轻质耐高温无机材料（泡沫玻璃、复合硅酸盐、玻璃棉毡等）和耐 140 ℃的硬质聚氨酯泡沫复合而成（图 2-4）。根据不同介质，耐高温无机保温层采用一层或多层。为保证工作管随温度变化而自由伸缩滑动，在工作管和内层保温层之间涂无机减阻层，无机高温层采用预制瓦块，环向和纵向接缝运用无机耐高温黏合剂黏合密封，防止或减少热量散失外泄，节点处设端面密封结构，保证整个管道系统密封防水、防腐。外护采用玻璃纤维增强不饱和聚酯树脂（玻璃钢），或采用螺旋钢管、玻璃钢或聚乙烯保护层。

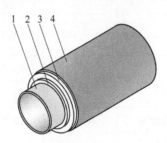

图 2-4　管道复合型保温层结构图
1—工作钢管；2—内层保温层；3—外层保温层；4—钢外套管

2.3.2　按照保护层材料

① 保护层采用高密度聚乙烯。如直埋聚氨酯保温管，外层采用挤出筒形聚乙烯壳或挤出片材缠绕形成的保护壳。高密度聚乙烯壳是现阶段管道防腐或保温外护涂层中最佳的有机涂层。

② 保护层采用玻璃纤维不饱和聚酯树脂（玻璃钢），虽然在保温管市场中逐渐

被聚乙烯涂层替代，但还有相关国家标准等规范支持，所以还有一定市场。

③ 镀锌铁皮。主要应用在架空管道或其他室外管道，起到防止紫外线和加强防护作用。

④ 钢套管保护层，这类管道主要应用在高温或蒸汽管道上，工作管和外护管均为钢质管道，常规要求在钢套管外部涂装防腐层。

2.3.3　按照介质温度

（1）保冷管道

管道输送介质温度为 -196 ℃至常温的管道，采用保冷绝热涂层外加防潮层等涂层结构。其结构由内到外依次为防锈层、保冷层、防潮层、保护层、防潮及识别层。防潮层的作用是阻止外面水分渗入，一般采用石油沥青玛蹄脂（第 1 层）、中碱粗格平纹玻璃布（第 2 层）、石油沥青玛蹄脂（第 3 层）三层结构。保护层多采用金属材质，如铝合金薄板、不锈钢薄板或镀铝钢板等。

（2）供热管道

工业与民用集中供热工程，管道通常埋地敷设，输送介质为高温水的，设计输送温度 ≤ 150 ℃，油气管道和供热输水水管道输送温度为 -40 ~ 120 ℃。

涂层结构单一的保温层为加防护层或防腐层加保温层加防护层。20 世纪 80 年代前，保温层由岩棉、微孔硅酸钙、硅酸铝或珍珠岩等无机保温材料组成，外防护层是玻璃布涂防腐涂料，或外敷马口铁皮。20 世纪 90 年代后，保温层为硬质聚氨酯泡沫塑料，保护层是高密度聚乙烯或玻璃钢等。

（3）高温管道

输送介质温度在 140 ℃以上，保温管道结构（图 2-5 和图 2-6）：钢管—隔热层（岩棉、硅酸铝或珍珠岩等无机保温材料）—保温层（耐高温硬质聚氨酯泡沫塑料）—保护层（玻璃丝布涂防腐涂料，外敷马口铁皮加防腐层或采用高密度聚乙烯管）。

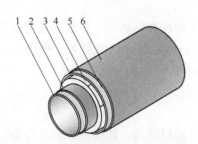

图 2-5　高温蒸汽用真空钢套保温管结构图
1—工作钢管；2—隔热层；3—保温层；4—真空层；5—钢外套管；6—防腐、防护层

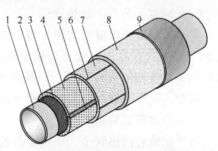

图 2-6　复合保温管道结构图
1—工作钢管；2—高温防锈漆；3—无机润滑层；
4—无机隔热层；5—胶条（密封带）；
6—高温黏合剂；7—无机保温层；
8—硬质聚氨酯保温层；9—保护层

输送介质＞ 450 ℃的管道，一般采用将耐热度高的材料作为里层，耐热度低的材料作为外层的双层或多层复合结构，既满足保温要求，又可以减轻保温层的质量。如以膨胀珍珠岩作为第 1 层保温，可使第 1 层保温层外表面的温度降低到 250 ℃左右，再用超细玻璃棉毡作为第 2 层保温层，这种结构对高温管道特别适用。

2.3.4　按照敷设环境

（1）架空保温管道

保温层加特殊结构的保护层，如镀锌铁皮等，防止紫外线破坏。架空管道主要输送高温水、蒸汽或轻烃等化工介质。

（2）埋地保温管道

保温层结构按照输送介质区分，有单一结构、复合结构。要求材料吸水率低，抗压强度高，层间结构严密，黏结紧密。埋地管道主要输送原油、热水或过热蒸汽。

（3）海洋保温管

主要指海底输送管道。适用海洋深度在 50 m、300 m 或 1000 m 以上，可选用特殊材质的保温材料，例如要求高的抗压强度，材料密度达到 600 kg/m^3 以上的多层保温层结构，如 5 ～ 7 层的聚丙烯保温涂层等。

2.3.5　按照输送介质

（1）油气保温管道

输送介质温度一般在 100 ℃以下，敷设方式为埋地，保温管道防腐型保温层结构如图 2-3 所示。

工作钢管要求涂覆添加防腐层，如熔结环氧粉末涂层或者三层 PE 防腐层，防腐层外涂覆保温层外加聚乙烯防护壳。例如漠大管道（中俄原油输送管道），采用的保温涂层结构为三层 PE 防腐、聚氨酯保温层、外聚乙烯防护壳。

（2）高温（蒸汽）绝热管道

要求采用复合保温层结构，与管道接触面必须涂敷隔热层，保温层采用耐高温的单一层结构保温涂料或复合保温涂层，如蛭石层复合聚氨酯层等，外层采用钢套结构并对钢套管进行防腐。一般要求在层间增加真空层。

钢套高温管道结构分为内滑动（图 2-7）和外滑动（图 2-8）。

（3）热水保温管道

例如城镇的供热管道，采用常规的聚氨酯保温层结构，如有特殊要求外加防腐层和报警线等。

（4）冷水保冷管道

东南亚国家的中央空调等集中冷介质的输送管道，可以采用防腐层，聚氨酯保温层加聚乙烯外防护壳。

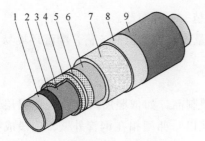

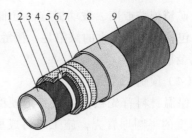

图 2-7　内滑动钢套蒸汽保温管结构
1—工作钢管；2—耐高温无机富锌漆；3—硅酸铝
减阻层；4—微孔硅酸钙无机绝热层；
5—捆扎带；6—铝箔反射层；7—硬质聚氨酯保温
层；8—钢套外护管；9—防腐、防护层

图 2-8　外滑动钢套蒸汽保温管结构
1—工作钢管；2—耐高温无机富锌漆；
3—耐高温玻璃棉；4—滑动导向架；
5—捆扎带；6—铝箔反射层；7—真空层；
8—钢套外护管；9—防腐、防护层

（5）特殊介质保冷管道

如各种工艺管道，或其他产品管道，除要求的保温或绝热层外，需要增加防潮层等。如煤矿冷气输送管道、化工厂低温介质输送管道、液化石油气输送管道等。

2.3.6　按照成型工艺

管道保温层的最基本功能是为达到保温效果，在管道外侧套上一层厚厚的"棉夹克（保温层）"，这类材料通常以毡、绳或比较先进的瓦块状出现，采用人工方式进行裹缠、扣接，最后进行捆扎、包覆外壳等。

管道保温层基本成型工艺分为以下几种。

（1）胶泥涂抹式结构

以胶泥涂抹方式成型的保温层结构。施工方法是将粉末类不定形的保温材料加入黏合剂，液态拌和成塑性胶泥，依据所要求的保温层厚度分层涂抹于管道表面，干后形成保温层。该方法简单、落后、进度慢，是非常传统的保温方法，在长输管道建设中已经绝少采用。所用的保温材料有膨胀珍珠岩、膨胀蛭石、石棉灰、石棉硅藻土等。保温层易出现厚度不均匀现象。

（2）填充式结构

在工作管和外套中填充保温材料的层间结构。先期在钢管的外表面缠绕镀锌钢丝和包裹镀锌铁皮形成空腔，空腔的均匀度由预先在钢管外表面均匀布置的支撑环来保障，在夹套中把纤维类松散的保温原料填充其中，形成所要求的保温层。填充材料有矿渣棉、玻璃棉、超细玻璃棉及珍珠岩散料等。最大缺陷是填充层密度低。这种方式所成型的保温层已经不在管道上使用。

（3）包扎式结构

包扎式保温结构采用半成品的毡、绳或带类保温材料，按照管径所要求的厚度，采用搭接方式逐层裹缠在管道外壁，然后进行捆扎形成保温层。包扎结构材料有矿渣棉毡或席、玻璃棉毡、超细玻璃棉毡、石棉布等。

包扎式结构最大的缺陷是，接缝处散热量为其他部位的 5 倍，潮湿环境易引起捆扎金属丝断裂。

（4）预制块式结构

保温材料首先被预制成一定硬度的成型制品，如依照所成型管径保温层直径和厚度的半圆形管壳，施工时将成型预制瓦以哈弗型扣在钢管外壁，逐段成型形成保温层并捆扎，卡瓦的纵向或横向接缝处涂抹密封胶或胶泥。该方法操作方便，保温材料多是预制品，因而被广泛采用，尤其在高温、蒸汽管道上采用较多。此法采用的保温材料有泡沫混凝土、石棉、矿渣棉、岩棉、玻璃棉、膨胀珍珠岩、硬质泡沫塑料等。

（5）灌注式结构

灌注式是将发泡材料现场灌入被保温的管道模壳，现场发泡成保温层结构。这种结构过去常用于管沟内管道，在现场浇灌泡沫保温层。近年来随着泡沫塑料工业的发展，对管道，阀门，管件、法兰及其他异形部件的保冷常用聚氨酯泡沫塑料原料现场发泡以生成良好的保冷层。

2.4 管道保温及保冷材料

保温管道，也称绝热管道，选用特定的绝热材料涂敷在工作管道的表面，以满足工作管内介质传输的温度要求，对于保温材料的一个最基本的要求就是其导热系数要远低于工作管，并且要求保温层达到一定厚度。

2.4.1 保温材料选用原则

保温材料通常具有质轻、疏松、多孔、导热系数小的特点。一般用来防止热力设备及管道热量散失，或者在冷冻（也称普冷）和低温（也称深冷）下使用。

保温材料性能指标和一般选用原则如下。

① 导热系数（低） 导热系数是绝热材料选用的第一要素，导热系数越低，其保温（保冷）性能越好。保温材料在实际应用时，应考虑材料随温度、体积、密度等变化的特性是否适应具体的工作环境。

② 质量（容重）（小） 单位体积质量越低，保温层成型后管道自重越小，可以降低保温层自身压损概率，实际上在深海环境中，需要的保温材料在保证导热系数的前提下，容重需要达到一定值。

③ 结构（疏松） 选择疏松多孔的材料，并达到非常高的闭孔率，可以增加保温管道的传递热阻，达到更好的保温效果。

④ 吸水率（小） 具备吸水率低且耐水性能好，吸水后保温性能不发生变化，

尤其针对直埋管道或管沟敷设管道。保温材料吸水后不但会大大降低绝热性能，而且会加速对金属的腐蚀，是十分有害的。因此，要选择吸水率小的保温材料。

⑤ 机械强度（高）　针对保温层成型后的自重，或管道所敷设的外部环境，要求保温层具备一定抗压强度，保障保温材料在自身质量及外力作用下不变形和损坏，如所处的埋地环境或海底环境等。例如，埋地管道不得采用软质或半软质材料。

⑥ 化学性能（稳定）　具有稳定的化学性能，例如在水汽作用下不发生水解，不生成其他容易造成钢管腐蚀的化学物质。

⑦ 耐热性和使用温度　要根据使用场所的温度情况选择不同耐热性能的绝热材料。"最高使用温度"就是保温材料耐热性的依据。保温材料制品的允许使用温度应高于正常操作时的介质最高温度，保冷层材料的最低安全使用温度，应低于正常操作时的介质最低温度。

⑧ 其他特性　材料不易被虫蛀、腐蚀，不易腐烂、生菌，不易燃烧。

⑨ 经济性　相同温度范围内有不同材料可供选择时，应选用热导率小、密度小、造价低、易于施工的材料。材料制品同时应进行综合比较，其经济效益高者应优先选用。

2.4.2　保温材料分类

保温材料或称之为绝热材料，依据介质温度所要求的材料性能不同，有常温的、耐高温的或在深冷介质下使用的，所以出现了不同材质和同材质多种类。绝热材料种类繁多，一般可按材质、作用、形态来分类。

（1）按材质

可分为有机绝热材料、无机绝热材料和金属基复合绝热材料三类。

① 有机绝热材料　一般为可发泡材料，不但其材质自身的导热系数低，还具备一定的闭孔率，使得绝热效果更好，如聚氨酯泡沫塑料、氰氨酯泡沫塑料、聚乙烯泡沫塑料等，其中硬质聚氨酯泡沫塑料已经成为绝热领域的主要材料。

② 无机绝热材料　以无机材料制成的纤维状或粉末状的保温材料，耐高温，多用于高温管道，如石棉、矿物棉、硅藻土等。

③ 金属基复合绝热材料　以内、外双层金属薄面板与其他类绝热材料组成的复合结构，芯材可以采用岩棉、聚氨酯泡沫塑料。以金属面板区分，如镀锌钢夹芯板、热镀锌彩钢夹芯板等。按芯材材质分为金属、泡沫、塑料夹芯板，如金属聚氨酯夹芯板（PUR）、金属岩棉夹芯板等。绝少使用在管道保温层上。

（2）按作用

① 保温作用　采用无机绝热材料和有机绝热材料。无机材料耐高温、不腐烂、不燃烧，常用于高温管道上，例如石棉、硅藻土、珍珠岩、玻璃纤维、泡沫玻璃

混凝土、硅酸钙等。有机材料为发泡型，导热系数低，常用于普通热力管道和/或原油输送管道，如聚乙烯泡沫、聚丙烯泡沫、聚氨酯泡沫等。

② 保冷作用 冷介质输送的保冷材料多用有机绝热材料，这类材料具有极小的导热系数、耐低温等特点。例如聚苯乙烯泡沫塑料、聚氯乙烯泡沫塑料、聚氨酯泡沫塑料。

依照作用对绝热材料进行分类，见表2-7。

表2-7 按作用（使用温度）对绝热材料进行分类表[11]

极低温绝热材料	≤-100℃，满足极低温下使用的绝热材料和高性能保冷材料，输送特殊的介质，如LNG、液氮等，采用聚异三聚氰酸酯泡沫材料或泡沫玻璃等
低温绝热材料	≤0℃，按照应用的领域，无机和有机绝热材料并存并且竞争激烈，但从材料性能、密度等方面，有机材料占优，如泡沫聚乙烯、泡沫氨基甲酸乙酯
常温绝热材料	≤100℃，常规管道保温区间有机绝热材料逐步替代无机材料，埋地管道已经全部采用有机材料，无机材料如石棉、岩棉等，有机材料有聚乙烯泡沫、聚氨酯泡沫等
中温绝热材料	≤250℃，锅炉、采暖等与生活相关行业，较适用无机材料，少量有机材料得到应用，常见的有玻璃纤维、石棉、岩棉、硅酸钙、泡沫酚醛树脂等
中高温绝热材料	≤800℃，工业炉、高压锅炉等，只能采用无机材料，如二氧化硅纤维、陶瓷纤维、硅藻土
高温绝热材料	≤1800℃，材料限制较多，应用领域比较特殊，绝少有管道领域，高炉、炉窑多，像耐火绝热砖衬里以及耐火绝热可塑材料、陶瓷纤维等
超高温绝热材料	>1800℃，特殊领域，如航空等

（3）按形态

绝热材料的形态指的是在绝热层成型时的基本状态，可分为多孔状绝热材料、纤维状绝热材料、粉末状绝热材料、层状绝热材料和膏状绝热材料五种。

① 多孔状绝热材料 指的是材料层成型后本身结构布满微小的孔洞，分为独立气孔组织和连续气孔组织两种，并通过如此孔洞进一步提高保温层的保温效果，所以又称为泡沫绝热材料。材料特点是绝热性能好、密度小、弹性好、尺寸稳定等，主要有泡沫玻璃、泡沫塑料、泡沫橡胶、硅酸钙、轻质耐火材料等。这类材料可以先期成型固体状（轻质耐火材料等），或在保温层成型过程中通过化学反应成型多孔的管体保温层（硬质聚氨酯泡沫塑料等）。

② 纤维状绝热材料 以纤维状存在，分为长纤维状和短纤维状，绝热层成型后并不能改变其形态，能形成三维空气层，增加绝热效果。一般分为有机纤维、无机纤维、金属纤维和复合纤维等四类。在工业或民用保温层上主要采用无机纤维，用得最广的是石棉、岩棉、玻璃棉。

③ 粉末状绝热材料 以粉状或粒状存在，术语称之为固体基质不连续气体连续的材料，涂层成型时须混拌黏结剂等形成胶泥进行涂抹，由于其来源丰富，价

格便宜，是热力工程上最先采用的高效绝热材料。典型的材料有硅藻土、膨胀珍珠岩等。

④ 层状绝热材料　有硬质板材和软质卷材两大类型。一般由多层结构膜组成，并且增加热反射膜以提高绝热效率，只能形成二维空气层。其绝热性能与结构、层数和各层的导热系数以及热反射膜的位置、层数和反射率有关。

⑤ 膏状绝热材料　呈黏稠状浆体，它综合了绝热材料和涂料的双重特点，将其涂抹在要求绝热的设备以及管道表面，干燥后会形成有一定强度和弹性的多微孔绝热涂层。这种涂料形成的涂层整体性好，导热系数比较低，绝热效果好。从外观质量上看，一般的硅酸盐绝热涂料色泽均匀，呈黏稠状浆体，干燥后表面平整，无开裂，无气泡。

绝热材料形态分类见表 2-8。

表 2-8　绝热材料形态分类

粉末、粒状	多孔状	珍珠岩、蛭石、硅藻土、泡沫聚乙烯珠等
	空心球	硅橡胶空心球、氧化铝空心球、碳空心球等
固体	粉末状	氧化铝粉、膨胀珍珠岩、碳酸镁粉等
	泡、泡沫	泡沫玻璃、耐火绝热砖、泡沫混凝土、轻石、泡沫聚氯乙烯薄膜、泡沫聚乙烯薄膜、泡沫氨基甲酸乙酯薄膜等
纤维状	短纤维	石棉、硅酸钙、钛酸钾纤维、纸浆等
	长纤维	玻璃纤维、岩棉、陶瓷纤维、氧化铝纤维、二氧化硅纤维、碳素纤维、棉等
层状	层状	纸、塑料薄膜、波纹状石棉板、铝箔波纹板、石棉板、复合玻璃板等
膏状	黏稠状浆体	复合硅酸盐绝热涂料、稀土复合保温材料等
复合	复合	不定形材料、绝热塑料、绝热涂料等

2.4.3　保温材料性能参数

（1）无机保温材料

无机保温材料由矿物质原料制成，呈粒状、纤维状、多孔状或层状结构。无机保温材料种类多，形态多，特点是在高温和低温下均可使用，化学稳定性好，可长期使用，密度大，单位绝热性能好，加工性能差，与有机保温材料竞争的领域逐渐被泡沫塑料、橡胶等有机物质替代[12]。常见无机保温材料性能见表 2-9。

表 2-9 无机保温材料性能表

材料	密度 /(kg/m³)	强度 /MPa	导热系数 / [W/(m·K)]	使用温度 /℃
普通玻璃棉	100 ~ 170	—	0.040 ~ 0.058	−35 ~ 300
泡沫石棉	40 ~ 50	—	0.041 ~ 0.056	< 500
超细玻璃棉毡	表观密度：30 ~ 50		0.035	300 ~ 400
沥青玻纤制品	表观密度：100 ~ 150	—	0.041	250 ~ 300
岩棉纤维	表观密度：80 ~ 150	> 0.12	0.044	250 ~ 600
岩棉制品	表观密度：80 ~ 160	—	0.040 ~ 0.052	≤ 600
膨胀珍珠岩	表观密度：40 ~ 300		常温 0.02 ~ 0.044 高温 0.060 ~ 0.17 低温 0.02 ~ 0.038	≤ 800
水泥膨胀珍珠岩制品	表观密度：300 ~ 400	0.5 ~ 1.0	常温 0.05 ~ 0.081 低温 0.081 ~ 0.12	≤ 600
水玻璃膨胀珍珠岩制品	表观密度：200 ~ 300	0.6 ~ 1.7	常温 0.056 ~ 0.093	≤ 650
磷酸盐膨胀珍珠岩制品	表观密度：200 ~ 250	0.6 ~ 1.2	常温 0.044 ~ 0.052	1000
沥青膨胀珍珠岩制品	表观密度：200 ~ 500	0.2 ~ 1.2	0.093 ~ 0.12	
膨胀蛭石及其制品	表观密度：80 ~ 900	0.2 ~ 1.0	0.046 ~ 0.070	1000 ~ 1100
水泥膨胀蛭石制品	表观密度：300 ~ 350	0.50 ~ 1.15	0.076 ~ 0.105	≤ 600
水玻璃膨胀蛭石制品	表观密度：300 ~ 400	0.35 ~ 0.65	0.079 ~ 0.084	< 900
膨胀珍珠岩及其制品	堆积密度：40 ~ 500	—	0.047 ~ 0.070	−200 ~ 800
微孔硅酸钙制品	250	> 0.3	0.041 ~ 0.056	≤ 650
泡沫玻璃	表观密度：150 ~ 600	0.55 ~ 15	0.058 ~ 0.128	−196 ~ 450
泡沫混凝土	表观密度：300 ~ 500	—	0.082 ~ 186	—
加气混凝土	表观密度：500 ~ 700	—	0.093 ~ 0.164	
硅藻土	堆密度：340 ~ 650	—	0.060	900
高炉渣纤维	40 ~ 200	—	≤ 0.44	≥ 600
硅酸铝制品	150	—	0.35	≥ 1200

（2）有机保温材料

有机原料制成，如树脂、动物皮毛，使用温度为 -100 ~ 150 ℃，密度小，高温分解，单位绝热性能好，质量轻，施工性能好，填充性能好，密实度高。以人造为主，如合成纤维、泡沫塑料、橡胶类的泡沫聚氯乙烯等。其中泡沫塑料最为常用。

泡沫塑料是以聚合物或合成树脂为原料，添加发泡剂和稳定剂后，经加热发泡而成的，具有堆密度小，热导率低，耐低温，耐振动，绝热性能好，弹性好，防潮性能好，施工方便，热膨胀系数大等特点。种类不同的泡沫塑料其性能也不相同。例如，聚苯乙烯泡沫塑料，其吸湿性小，力学强度高，但极易燃烧；聚苯脂泡沫塑料，其质轻柔软，绝热性能优良，并可进行现场发泡；脲醛泡沫塑料，其堆密度最小，但力学强度差，吸湿性大。泡沫塑料一般容易成型、切割与施工，因而它们的用途非常广泛。

泡沫塑料中，最常见的有聚苯乙烯泡沫塑料、聚氯乙烯泡沫塑料、聚氨酯泡沫塑料、酚醛泡沫塑料、脲醛泡沫塑料等。

常见有机保温材料性能见表 2-10。

表 2-10　有机保温材料性能表

材料	密度 /(kg/m³)	导热系数 / [W/(m·K)]	抗压强度 /MPa	适用温度 /℃
聚苯乙烯泡沫塑料	表观密度为：20～50	0.038 0.047	0.13～0.34	70
聚氯乙烯泡沫塑料	表观密度：12～75	0.031～0.045	—	-196～70
轻质聚氯乙烯泡沫塑料	27	0.052	—	-60～60
硬质聚氯乙烯泡沫塑料	≤45	0.043	≥0.40	—
聚氨酯泡沫塑料	表观密度：30～65	≤0.035	≥0.244	-60～120
软质聚氨酯泡沫塑料	30～42	0.023	—	-50～100
泡沫橡塑管	40～60	≤0.036	—	105
聚异三聚氰酸酯泡沫	—	0.019～0.021	—	-196～120
脲醛泡沫塑料	≤15	0.028～0.041	—	—

2.4.4　保冷材料基本要求

① 保冷材料性能要求　最低和最高安全使用温度；合理的线膨胀系数或线收缩率；必要时须提供抗折强度、燃烧（不燃、难燃、阻燃）性能、防潮（吸水、吸湿、憎水）性能、腐蚀或抗蚀性能、化学稳定性、热稳定性、抗冻性及透气性等参数。

② 黏结剂、密封剂和耐磨剂性能要求　应能耐低温、易固化、对保冷层材料不溶解、对金属壁无腐蚀、黏结力强、密封性好；低温黏结剂在使用温度范围内，黏结强度应大于 0.05MPa。耐磨剂（仅泡沫玻璃用）在温度变化或机械振动的情况下，应能防止保冷层材料与金属外壁面间和保冷层材料制品的相互接触面发生磨损；此外，其耐热性要好，无流淌及变色现象；耐寒性要好，无脱落及变色现象；黏结力要好，将其涂于泡沫玻璃上，干燥后无脱落现象。

③ 防潮层材料性能要求　抗蒸汽渗透性好，防潮、防水力强，其吸水率应 ＜1%。阻燃，火焰离开后能在 1～2 s 内自熄，其氧指数 ＞30%。黏结性能及密

封性能好，20 ℃时其黏结强度＞ 0.15 MPa。安全使用温度范围大。有一定的耐温性，软化温度＞ 65 ℃，夏季不起泡，不流淌；有一定的抗冻性，冬季不开裂，不脱落。化学稳定性好，其挥发物＜ 30%，耐腐蚀，并不得对保冷层材料及保护层材料产生溶解或腐蚀作用。具有在气候变化与振动情况下仍能保持完好的稳定性。干燥时间短，在常温下能使用，施工方便。

2.4.5 其他涂层

① 防水层材料 应能有效防止水汽渗透，不燃或阻燃，化学稳定性好。

② 防潮层材料 要求具有限燃、防水、防蒸汽渗透及抗老化等性能。

③ 外保护层 防水、防湿、抗大气腐蚀性好、不燃或阻燃、化学稳定性好。强度高，在气温变化与振动情况下不开裂，使用寿命长。外表整齐美观，便于施工和检修。贮存或输送易燃、易爆物料的绝热设备或管道，以及与此类管道架设在同一支架或相交叉处的其他绝热管道，其保护层材料必须采用不燃性材料。外保护层表面涂料的防火性能，应符合现行国家标准、规范的有关规定。

2.5 典型保温管道材料性能要求示例

保温管道按照工况要求应用于不同的环境，不同的工况条件所要求的材料特性不同，涉及埋地管道、常温管道、高温或蒸汽管道类。相关标准规范针对特定工况条件下的保温管道的材料性能指标进行了规定，部分为通用型，部分为特定型，如聚氨酯材料。

2.5.1 通用型保温管道

通用型保温管道指保温层涂装前外表面温度为 -195 ～ 650 ℃的管道[13]，其绝热层所用的相关材料应符合表 2-11 ～表 2-14 规定的要求[4]。

表 2-11 保温（绝热）材料性能要求

序号	项目	性能指标	说明
1	热导率 / [W/(m·K)]	≤ 0.080	25℃，且有在使用密度和使用温度范围下的热导率方程或图表
2	密度 /(kg/m³)	≤ 300	—
3	抗压强度 /MPa	≥ 0.030	硬质无机制品，软质、半硬质、散状材料除外
4		≥ 0.020	有机制品

表 2-12　保冷材料的性能要求

序号	项目	性能指标		
		泡沫塑料及其制品（25 ℃）	泡沫橡塑制品（0 ℃）	泡沫玻璃及其制品（25 ℃）
1	热导率 / [W/(m·K)]	≤ 0.044	≤ 0.036	≤ 0.064
2	密度 /(kg/m³)	≤ 60	≤ 95	≤ 180
3	吸水率 /%	≤ 4	≤ 10	≤ 0.5
4	抗压强度 /MPa	≥ 0.15（硬质成型制品）	—	≥ 0.3（成型制品）
5	氧指数 /%	≥ 30（阻燃型保冷材料）		

表 2-13　黏结剂和密封剂的性能要求

序号	性能指标	适用温度范围 /℃	黏接强度 /MPa	软化温度 /℃
1	低温黏结剂	−196 ～ 50	> 0.05	> 80
2	耐磨剂	−196 ～ 100	—	—

表 2-14　防潮层材料的性能要求

序号	项目	性能指标
1	吸水率 /%	≤ 1
2	氧指数 /%	≥ 30
3	20 ℃时其黏结强度 /MPa	≥ 0.15
4	软化温度 /℃	≥ 65
5	挥发物 /%	≤ 30

2.5.2　石油化工用保温管道

应用介质温度范围为 −196 ～ 850 ℃的石油化工管道，材料性能要求见表 2-15 和表 2-16[14]。

表 2-15　保温材料的性能要求

序号	项目	性能指标
1	导热系数 / [W/(m·K)]	≤ 0.012，（≤ 350℃）
2	密度 /(kg/m³)	≤ 350
3	抗压强度 /MPa	硬质无机材料≥ 0.3，有机材料≥ 0.2

表 2-16 保冷材料的性能要求

序号	项目	性能指标	
		泡沫塑料及其制品	泡沫玻璃及其制品
1	导热系数（20℃）/ [W/(m·K)]	≤ 0.0442	≤ 0.064
2	密度 /(kg/m³)	≤ 60	≤ 180
3	吸水	吸水性≤ 0.2 kg/m²	吸水率≤ 0.2%
4	氧指数 /%	≥ 30	—
5	硬质成品抗压强度 /MPa	≥ 0.147	—

2.5.3 陆上气田、液化石油气工程保温管道

输送介质温度为 −196 ℃到常温的地面金属管道，涂层结构以保冷层为主。针对不同的流体介质，选用不同的保冷材料，防潮层结构和厚度以及保冷层结构参数见表 2-17 ～表 2-19[15]。

表 2-17 常用保冷材料技术性能

序号	材料名称	使用密度 /(kg/m³)	推荐使用温度范围 /℃	常用导热系数 / [W/(m·K)]
1	硬质聚氨酯泡沫塑料（PUR）*	45 ～ 55	−65 ～ 80	≤ 0.023（25℃）
2	柔性泡沫橡塑（PE）**	40 ～ 60	−35 ～ 85	≤ 0.036（20℃）
3	泡沫玻璃（CG）	115 ± 8	−186 ～ 400	≤ 0.043（10℃）
4	聚异氰脲酸酯（PIR）	45 ± 5	−170 ～ 100	≤ 0.029（10 ℃）

注：*硬质聚氨酯：压缩强度≥ 0.2 MPa，闭孔率≥ 90%，体积吸水率≤ 5.0%，透湿系数≤ 6.5 ng/(Pa·s·m)；**柔性泡沫橡塑制品（PE）：体积吸水率≤ 0.2%，透湿系数≤ 0.13 ng/(Pa·s·m)。

表 2-18 防潮层结构及厚度参数

序号	防潮层	成型工艺	结构形式	厚度 /mm
1	沥青玛蹄脂玻璃布	涂抹	阻燃型石油沥青玛蹄脂	3
			中碱粗格平纹玻璃布	0.2
			阻燃型石油沥青玛蹄脂	3
2	弹性树脂防潮层	涂抹	弹性树脂	0.6
			中碱粗格平纹玻璃布	0.2
			弹性树脂	0.6
3	丁基橡胶防水卷材	包捆	丁基橡胶防水卷材	1 ～ 1.2

表 2-19　保冷层结构

材料名称	柔性泡沫塑料	硬质聚氨酯	聚异氰脲酸酯泡沫	泡沫玻璃	聚异氰脲酸酯泡沫 + 泡沫玻璃
结构	柔性泡沫橡塑黏结	硬质聚氨酯泡沫充填或拼接，设防潮层	聚异氰脲酸酯泡沫充填或拼接，设防潮层和二次防潮层	泡沫玻璃预制瓦拼接，设耐磨层和防潮层	复合结构，预制瓦拼接，设防潮层。聚异氰脲酸酯泡沫在内时，设二次防潮层
适用温度 /℃	≥ -35	≥ -65	≥ -170	≥ -196	≥ -170

2.5.4　埋地钢质保温管道

应用于输送介质温度不高于 350 ℃、环境温度不低于 -25 ℃ 的埋地钢质管道的外防腐保温[10]。常用保温层材料性能见表 2-20，针对不同工艺的聚氨酯材料性能参见第 3 章表 3-8、第 4 章表 4-13 和第 5 章表 5-6 和表 5-7。

表 2-20　常用保温层材料性能[10]

序号	保温层材料		适用温度 /℃	执行标准	制作方法
1	硬质聚氨酯泡沫塑料	常温型	< 120	GB/T 50538 第 5.2.2、5.2.3、5.2.4 条	工厂预制 / 现场制作 / 补口
		高温型	120 ~ 130	GB/T 29047	
2	硬质聚异氰脲酸酯泡沫塑料		≤ 150	GB/T 25997	工厂预制 / 现场制作 / 补口
3	硬质酚醛泡沫制品		≤ 160	GB/T 20974	现场制作 / 补口
4	玻璃棉制品		≤ 300	GB/T 13350	—
5	岩棉制品		≤ 350	GB/T 11835	现场制作 / 补口
6	复合硅酸盐制品		≤ 450	JC/T 990	现场制作 / 补口
7	硅酸钙制品		≤ 550	GB/T 10699	现场制作 / 补口

2.5.5　钢外护真空复合保温管道

适用于工作压力 ≤ 2.5 MPa、温度 ≤ 350 ℃ 的蒸汽或 ≤ 200 ℃ 的热水热介质[16]。

保温材料性能：导热系数 ≤ 0.3 W/(m·K)（内置导向支座和工作管之间的绝热材料）；导热系数 ≤ 0.05 W/(m·K)（保温材料为无机材料，常压，平均温度 70 ℃）；密度 ≤ 200 kg/m³。

2.5.6 滩海石油工程保温管道

滩海石油工程保温管道[17]，管道保温层结构由保温层、防潮层和保护层组成。如果保护层有防潮功能，可以不设防潮层。

① 保温层材料选用原则　使用温度应高于正常工作时的介质最高温度。应选用热导率小、密度小、造价低、运输方便、易于施工的材料制品。选用湿式保温材料，可以不设防潮层甚至保护层。

② 防潮层材料选用原则　良好的防水（吸水率≤1%）、防潮性能，耐大气腐蚀、微生物腐蚀，且不发生变形和霉蛀，良好的化学稳定性，在温度变化和振动状态下不易开裂和粉化。

③ 保护层材料选用原则　不燃或阻燃材料，抗压强度≥5 MPa，抗拉强度≥10 MPa，保护层应易于表面处理，并能附着无机防腐涂料，无毒，无异味，耐盐雾腐蚀。

2.5.7 城镇供热预制直埋蒸汽保温管

应用于城镇供热直埋管道，输送的蒸汽介质要求符合压力≤2.5 MPa，温度≤350 ℃，外护层采用钢质外护管，并要求增加外防腐层。

保温层结构可采用单一保温材料层或多种保温材料的复合层，保温层为无机层（玻璃棉毡、气凝胶等）或者无机层与保温层（一般为聚氨酯）复合，复合层中可含空气层、真空层和辐射隔热层等。

无机保温材料性能要求见表2-21～表2-23。硬质聚氨酯保温层材料性能要求见表2-24。

表 2-21　无机保温材料性能指标[18]

序号	项目	指标
1	导热系数 /[W/(m·K)]	≤0.06（70℃），≤0.08（200℃）
2	抗压强度 /MPa	≥0.4
3	抗折强度 /MPa	≥0.20
4	溶出的 Cl⁻ 含量 /%	≤0.0025

表 2-22　玻璃棉毡的标称密度及导热系数[19]

标称密度 ρ/（kg/m³）	$\rho \leq 12$	$12 < \rho \leq 16$	$16 < \rho \leq 24$	$24 < \rho \leq 32$	$32 < \rho \leq 40$	$\rho > 40$
导热系数 /[W/(m·K)] [平均温度（25±1）℃]	≤0.05	≤0.045	≤0.041	≤0.033	≤0.036	≤0.034
导热系数 /[W/(m·K)] [平均温度（70±1）℃]	≤0.058	≤0.053	≤0.048	≤0.044	≤0.042	≤0.040

表 2-23　气凝胶制品的导热系数要求[20]

温度类型	导热系数 /[W/(m·K)]		
	平均温度 25 ℃	平均温度 100 ℃	平均温度 500 ℃
0 ~ 200 ℃	A 类≤ 0.021	—	—
450 ℃	B 类≤ 0.023	A 类≤ 0.036	—
650 ℃	S 类≤ 0.017	B 类≤ 0.042	—
> 650 ℃	≤ 0.025	—	A 类≤ 0.072 B 类≤ 0.084

注：A、B、S 为产品导热系数分类。

2.5.8　区域供热直埋保温管

区域供热的直埋型保温管道，输送介质（热水或蒸汽）温度要求≤ 120 ℃，偶尔峰值≤ 130 ℃ [21] 或≤ 140 ℃ [16]（不同文献规定不同）；或设计压力≤ 2.5 MPa，介质温度≤ 150 ℃，管径≤ 1200 mm 的热水保温管道[21]。聚氨酯保温层性能参数中密度和抗压强度因工艺不同出现差异（表 2-24）。

表 2-24　硬质聚氨酯保温层性能要求[22]

序号	项目	性能指标
1	泡沫的闭孔率 /%	≥ 90
2	泡沫密度 /(kg/m³)	≥ 60 [17]
		≥ 50（DN ≤ 500），≥ 60（DN > 500）[23]
3	抗压强度 /MPa	≥ 0.35 [17]
		≥ 0.3 [23]
4	吸水率 /%	≤ 10
5	导热系数 /[W/(m·K)]	≤ 0.033（50℃）

2.5.9　玻璃纤维外护直埋保温管

输送介质（热水或蒸汽）温度要求≤ 120 ℃，偶尔峰值≤ 140 ℃ [23, 24]，工作压力≤ 2.5 MPa[24]。保温层性能要求见表 2-25。

表 2-25　聚氨酯保温层性能要求

序号	项目	性能指标
1	泡沫的闭孔率 /%	≥ 88[24]，≥ 90[23]
2	泡沫密度 /(kg/m³)	≥ 60
3	抗压强度 / MPa	≥ 0.3
4	吸水率 /%	≤ 8[23]，≤ 10[24]
5	导热系数 /[W/(m·K)]	≤ 0.033（50℃）

2.6 保温管道外护层

管道外护层指的是直接接触管道敷设和运行环境，包裹在保温层的外部金属、无机、有机等防护壳，其作用是保护保温层不受水侵蚀，抵抗外力和环境对保温层造成损坏，并确保工作钢管不受外界环境的腐蚀，保证工作管长效运行。

① 非金属防护层材料性能应符合表 2-26 的规定。

表 2-26　非金属防护层材料 [10]

序号	防护层材料		适用温度 /℃	性能要求	制作方法
1	聚乙烯	一步法	−25 ~ 80	GB/T 50538	工厂预制
		管中管法	−25 ~ 80	GB/T 50538	工厂预制
		喷涂法	−25 ~ 80	GB/T 50538	工厂预制
2	厚胶型聚乙烯胶黏带		−5 ~ 70	SY/T 0414	补口 / 现场制作
3	玻璃钢外护层		−50 ~ 65	CJ/T 129	工厂预制
4	聚丙烯胶黏带		−5 ~ 110	SY/T 0414	补口 / 现场制作
5	玻璃钢		−25 ~ 90	CJ/T 129	工厂预制 / 补口 / 现场制作
6	电热熔套		−25 ~ 80	GB/T 29047	补口
7	聚乙烯热收缩带		−25 ~ 80	GB/T 23257	补口 / 现场制作

② 高温管道外护层分类（表 2-27）。

表 2-27　高温管道外护层

序号	外护层分类	长期耐温 /℃	壁厚 / mm	备注
1	玻璃钢外护层	≥ 90[25]	外径：壁厚 ≤ 100，最小壁厚 ≥ 3	产品性能满足 CJ/T129—2000 规定
2	钢质外护管	≥ 95[9]	外径：最小壁厚 ≤ 140，外径：最小壁厚 ≤ 100(带空气夹层)	三层 PE 等防腐层，防腐层长期耐温 ≥ 70 ℃，抗冲击强度 ≥ 5 J/mm
3	高密度聚乙烯	—	—	满足 GB/T 29047—2021 规定

③ 滩海石油保温管道保护层类型及其材料性能（表 2-28）。

表 2-28　保温管道保护层类型及材料性能 [17]

名称	厚度 /mm	抗压强度 /MPa	抗拉强度 /MPa
铝箔 - 玻璃钢	≥ 0.8	> 5.8	> 16
镀锌铁皮	≥ 0.5	> 8.0	> 20
铝金属板	≥ 0.5	> 6.0	> 15

2.7　聚氨酯直埋保温管道优点

保温管道的保温材料经历了无机绝热材料到有机绝热材料的过渡，并逐渐形成了无机材料和有机材料并存的保温材料以及复合保温层材料（无机加有机）。而常规的民用或油田管道直埋保温层均采用聚氨酯材料，其结构如图 2-9 所示，其中城镇供热一般不采用防腐层。

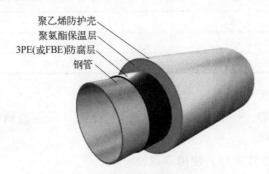

聚乙烯防护壳
聚氨酯保温层
3PE(或FBE)防腐层
钢管

图 2-9　直埋保温管结构形式

2.7.1　直埋保温管道与管沟敷设比较

在这里我们主要讨论的是常见领域，如城镇供热和石油输送管道，管道建设也以埋地管道为主。

埋地管道的常见方式是管沟和直埋，其中管沟方式因为保温层材料和结构的改变已经逐渐被直埋所取代。

直埋敷设是把保温管道直接埋设在土壤中，相较于管沟敷设，具有缩短施工周期、节省投资等优点。供热管道直埋敷设时，由于管道外保温层结构与土壤直接接触，所以相较于管沟敷设的管道绝热材料要求更高，如低导热系数、低吸水率、高电阻率、高抗压强度等，并要求外防护层具有高的机械强度等。所以直埋保温管道所采用的绝热材料与管沟敷设完全不同，如保温层采用硬质聚氨酯泡沫塑料，保护层采用高密度聚乙烯等。

一般认为，"直埋管"寿命大于 30 年，"管沟管"为 15 年。应当注意的是，"直埋管"渗漏难以检查和维修，故必须严格按设计要求施工。

相关文献中对热力保温管道的管沟敷设方式和直埋敷设方式进行了比较[26]。

（1）热效率高

采用直埋保温管，管道内流体的温降≤ 0.8 ～ 1 ℃/km（蒸汽管道可以达到 ≤ 0.4 ℃/km）。采用保温管直埋方式较管沟敷设方式减少热损约为 40%。热损比较见表 2-29。

表 2-29 聚氨酯直埋保温管道与其他保温管道热损比较

管径 /mm	直埋保温管热损失 / [kcal/(m·h)]	玻璃纤维制品热损失 / [kcal/(m·h)]	矿渣棉制品热损失 / [kcal/(m·h)]
30	0.22	0.64	0.64
200	0.25	0.77	0.64
125	0.29	0.87	0.77
150	0.36	0.89	0.88
200	0.40	1.17	1.23
250	0.55	1.47	1.43
300	0.56	1.69	1.70

（2）工程造价低

双管制供热管道，一般情况下可降低造价 25%（采用玻璃钢保护层）和 10%（高密度聚乙烯保护层）。

（3）防腐、绝缘性能好，使用寿命长

直埋保温管道，绝热材料要求具备非常高的性能，如更低的导热系数，或占比在 80% 以上的完全封闭式的泡孔等，以利于更进一步降低热传导率，达到极高热效率，完全抵消埋地后所受的抗压强度。并且涂覆的各层之间以及钢管与黏结涂层之间结合紧密，隔绝水和空气渗透，起到良好的防腐作用。所采用的玻璃钢外护管或聚乙烯外护管，具备非常好的绝缘和力学性能，所以工作管外护很难受到外界的空气、水等的侵蚀，使用寿命可以达到 50 年以上，比管沟管道寿命长 3 ～ 4 倍。

（4）减少维护费用

砌筑的管沟，在地下水富集区域，地下水会渗入管沟，并长期集聚，保温管道部分或全部浸没在水中，保温层因为采用捆扎或瓦块黏结方式，加上保护层密封性能低下，造成水窜入保温层，再加上地下水盐碱侵蚀，造成保温等涂层脱落，严重者造成管道腐蚀，不但造成巨大热损，还需要时时进行管道维护，包含保温层等涂层修复，严重者需要进行锈蚀管道更换，极大地缩短了管道使用年限。而直埋管道因为其优异的材料性能、层间结合力和外护壳的抗渗透、力学性能，大大降低了管道维护费用。

（5）占地少，施工快，有利于环境保护

直埋管道采用完全开挖后直接埋设，只对沟的深度和回填土等有一定要求，不需要砌筑庞大的管沟，与管沟方式相比，土方开挖量减少 50%，土建砌筑和混凝土减少 90%，可以缩短工期 50%。不需要砌筑所用的砖、灰、石等建筑材料和土石方，避免了运输或施工过程中的废气和尘土排放，有利于环境保护。

对于常见的城镇供热、原油输送供热管道，所用的绝热保温材料已经从最初的岩棉等低端无机材料向发泡型有机材料转换，并且这类材料的优异性能，不但提高了热效率，而且工作管、保温层和防护层三者结合成一个整体，所成型的保温层可以完全直埋。

2.7.2　硬质聚氨酯泡沫塑料特性

泡沫塑料具有保温材料所要求的优良特性：密度小、热导率低、耐振动、绝热性能好、与管材等易黏结等。

（1）泡沫塑料与常用保温材料热损失及导热系数比较

目前，管道上应用的发泡型塑料保温材料逐步出现多样性，适用于常规温度的管道直埋保温材料优选的应该是硬质聚氨酯泡沫塑料，其与无机保温材料比较，导热系数最低（表 2-30），热损失最小（表 2-31）。

表 2-30　硬质聚氨酯泡沫与常用保温材料导热系数比较

材料名称	导热系数 /[W/(m·K)]
硬质聚氨酯泡沫	$0.013 \sim 0.033$
石棉毡	0.1
泡沫混凝土	$0.11 \sim 0.34$
水泥矿渣棉	$0.07 \sim 0.087$

表 2-31　聚酯"硬泡"与其他"硬泡"热损失比较

保温方式	保温层厚度 /cm	热损失 /(10^6kcal/h)		
		聚酯"硬泡"	与不同厚度的"硬泡"相比热损	
			$\delta=5$	$\delta=3 \sim 4$
硬质聚氨酯泡沫	5	0.097	—	—
硬质聚氨酯泡沫	$3 \sim 4$	0.15	—	—
沥青膨胀珍珠岩	$5 \sim 7$	0.4	0.07	2.53
水泥膨胀珍珠岩瓦	5	0.26	0.26	1.73

（2）硬质聚氨酯泡沫性能

硬质聚氨酯泡沫塑料是聚酯多元醇和异氰酸酯在催化剂及其他助剂（发泡剂、匀泡剂等）作用下进行聚合、反应并发泡，逐渐形成一定密度、一定强度、低导热系数、耐一定温度的高分子泡沫材料。

硬质聚氨酯泡沫塑料强韧并且柔软度低，因为泡沫体骨架网络的回弹和伸长率很低，所以具有一定的脆性，但抗压缩强度很高，这主要是因为生成的聚合物交联密度高，而各交联点之间的分子量较小，整个聚合物呈现网状结构，如图 2-10 所示[27]。

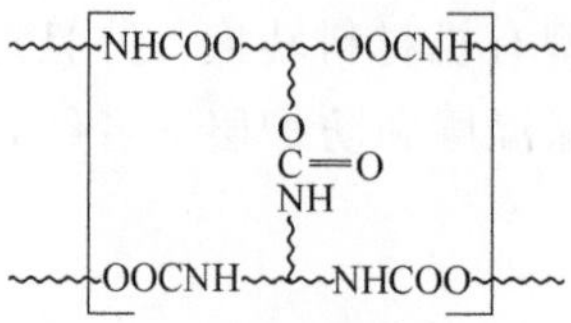

图 2-10 硬质聚氨酯分子结构

聚氨酯泡沫塑料是由基体物质的连续相和气体的分散相两部分组成的，当双组分物料混合后进行化学反应的反应物出现饱和时，就会产生放热反应，使气体在物料内部发生扩散，形成无数滞留在物料内部的小气泡，形成独立单元的气孔，聚氨酯的泡孔结构又有由很多个孔单元组成，主要通过相互挤压最终组合成一个个泡孔[28]。泡孔有开孔、闭孔之分。绝热用硬泡，基本上是闭孔结构，并且闭孔结构含量基本大于 90%。

而封存在泡孔内的气体具有极低的热传导系数，因此，用聚氨酯硬泡制备的绝热型材，即使在很薄的情况下，也能获得很好的绝热效果。

聚氨酯硬泡黏合力强，对钢有极好的黏结强度，能够紧紧地黏附在钢管的表面，并形成一个整体的圆形壳。

聚氨酯硬泡的机械强度在低温环境下，不仅不会下降，而且还有所提高，它们在低温下的尺寸稳定性好，不收缩。老化性能好，绝热使用寿命长。实际应用表明，在外表皮未被破坏时，在 -190 ~ 70 ℃下长期使用，寿命可达 14 年之久。显示出优越的抗老化性能。

反应混合物具有良好的流动性，能顺利地充满复杂形状的模腔或室间。

聚氨酯硬泡生产原料的反应性高，可以实现快速固化，能在工厂中实现高效率、大批量生产。

与其他有机发泡塑料相比，在材料性能上更适合热力管道和原油输送直埋保温管道（表 2-32）。

表 2-32 聚氨酯与其他有机发泡塑料性能比较

材料名称	密度 /(kg/m³)	导热系数 /[W/(m·K)]	使用温度 /℃	特性
聚苯乙烯泡沫塑料	20 ~ 50	0.031 ~ 0.047	-80 ~ 70	密度小，导热系数小，施工方便，但不耐高温，适用于 60 ℃以下的管道保温
硬质聚氨酯泡沫塑料	60 ~ 80	0.023 ~ 0.035	-50 ~ 120	导热系数极小、吸水率低、绝缘性好、轻质、耐腐蚀、耐热、黏结性能好
轻质聚氯乙烯泡沫塑料	27	0.052	-60 ~ 60	密度小、导热系数小，适用于温度范围小的管道保温

续表

材料名称	密度/(kg/m³)	导热系数/[W/(m·K)]	使用温度/℃	特性
聚丙烯泡沫塑料	650 ~ 750	0.15 ~ 0.18	-160 ~ 130 ℃	适用于海洋水深 600 m 管道保温
聚异氰脲酸酯硬质泡沫塑料	≥ 545	0.020	-196 ~ 140	适用于深冷绝热及集中供热供水管道的保温工程等

（3）聚氨酯泡沫发泡成型

聚氨酯泡沫塑料在工业上有三种成型方法，即预聚法、半预聚法和一步法，对于保温管成型采用一步法发泡。

一步法发泡是将多元醇（聚醚或聚酯）、催化剂、水、泡沫稳定剂、发泡剂等（工业上简称 A 组分）和异氰酸酯（工业上简称 B 组分）一次加入，使链增长、气体发生及交联等反应在短时间内几乎同时进行。在物料一并混合均匀后，1 ~ 10 s 即行发泡，0.5 ~ 3 min 发泡完毕，得到具有较高分子量并有一定交联密度的泡沫制品。

实际应用一步法发泡时，常常采用双组分发泡方法。此法是将异氰酸酯以外的其他所有组分预先混合（A 组分），然后再让异氰酸酯（B 组分）与混料反应，如图 2-11 所示。

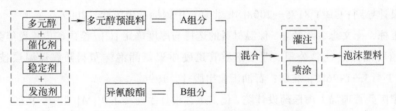

图 2-11 反应示意图[24]

当前发泡成型装置已经非常完善，聚氨酯泡沫成型的双组分高压无气浇注机、喷涂机以及低压双组分浇注机，不但可以达到聚氨酯料所用的压力，而且可以变比例调整，更好地满足一步法发泡成型工艺。

采用硬质聚氨酯泡沫塑料的性能指标、填流动性，以及成熟的一步法发泡成型工艺，可以充分充填钢管与套管之间的间隙，并具有一定的黏结强度，使钢管、外套管及保温层三者之间形成一个牢固的整体，是目前常用管道中最佳的管道保温材料。

2.7.3 聚乙烯外护聚氨酯保温管典型成型方式

（1）"一步法"聚氨酯保温管成型

按照工作钢管的直径，塑料挤塑机挤出相应直径的聚乙烯管壳，钢管推动挤出的塑料管壳延伸，在管壳和钢管外壁之间形成的空腔内，灌注聚氨酯发泡料进行发泡，填充形成聚氨酯保温层和聚乙烯防护壳。

（2）"管中管法"聚氨酯保温管成型

按照管径和长度预制挤出成型的聚乙烯管壳，并穿套在工作钢管的外壁，在形成的空腔内灌注发泡料进行聚氨酯保温层充填成型。

（3）"喷涂缠绕法"聚氨酯保温管成型

在工作钢管的表面通过高压喷涂方式，在管表面形成要求厚度的聚氨酯保温层后，再在层表面通过挤塑机挤出聚乙烯保护壳进行缠绕成型，并冷却定型形成聚氨酯保温层。

参考文献

[1] 郭延秋. 大型火电机组检修实用技术丛书锅炉分册 [M]. 北京：中国电力出版社，2003.

[2] 刘奎武. 管道施工理论与实际操作集成 [M]. 北京：冶金工业出版社，2017.

[3] 《机修手册》第 3 版编委会. 机修手册第 5 卷：动力设备修理 [M]. 北京：机械工业出版社，1964.

[4] 中华人民共和国国家质量监督检验检疫总局，国家标准化管理委员会. 设备及管道绝热设计导则：GB/T 8175—2008[S]. 北京：中国标准出版社，2009.

[5] 亓玉栋，徐文忠，陈炳志. 保温材料的选择与厚度确定 [C]// 全国矿山建设年会，2001.

[6] 中国石油天然气总公司. 埋地钢质管道硬质聚氨酯泡沫塑料防腐保温层技术标准：SY/T 415—1996[S]. 北京：石油工业出版社，1996.

[7] 国家医药管理局上海医药设计院. 化工工艺设计手册（下）[M]. 2 版. 北京：化学工业出版社，1996.

[8] 魏玉满. 供热管道保温材料的选择及经济保温层厚度计算 [J]. 应用能源技术，2012（4）：38-40.

[9] 中华人民共和国住房和城乡建设部. 城镇供热直埋蒸汽管道技术规程：CJJ/T 104—2014[S]. 北京：中国建筑工业出版社，2024.

[10] 中华人民共和国住房和城乡建设部. 埋地钢质管道防腐保温层技术标准：GB/T 50538—2020[S]. 北京：中国计划出版社，2021.

[11] 日本实用节能机器全书编委会. 实用节能全书 [M]. 郭晓光，等译. 北京：化学工业出版社，1987.

[12] 徐家保. 建筑材料学 [M]. 2 版. 广州：华南理工大学出版社，1986.

[13] 中华人民共和国国家质量监督检验检疫总局，国家标准化管理委员会. 设备及管道绝热技术通则：GB/T 4272—2015[S]. 北京：中国标准出版社，2009.

[14]　中国石油化工集团公司，中国石油化工股份有限公司. 设备及管道保温、保冷维护检修规程：SHS 01033—2004[S]. 北京：中国石化出版社，2004.

[15]　国家能源局. 低温管道与设备防腐保冷技术规范：SY/T 7350—2016[S]. 北京：石油工业出版社，2016.

[16]　中国工程建设标准化协会. 钢外护管真空复合保温预制直埋管道技术规程：CECS 206—2006[S]. 北京：中国计划出版社，2006.

[17]　中国石油天然气总公司. 滩海石油工程保温技术规范：SY/T 4092—1995[S]. 北京：石油工业出版社，1995.

[18]　住房和城乡建设部. 城镇供热预制直埋蒸汽保温管及管路附件：CJ/T 246—2018[S]. 北京：中国标准出版社，2018.

[19]　中华人民共和国国家质量监督检验检疫总局，国家标准化管理委员会. 绝热用玻璃棉及其制品：GB/T 13350—2017[S]. 北京：中国标准出版社，2017.

[20]　中国工程建设标准化协会. 纳米孔气凝胶复合绝热制品：GB/T 34336—2017[S]. 北京：中国计划出版社，2006.

[21]　中华人民共和国住房和城乡建设部. 城镇供热直埋热水管道技术规程：CJJ/T 81—2013[S]. 北京：中国建筑工业出版社，2014.

[22]　国家市场监督管理总局，国家标准化管理委员会. 高密度聚乙烯外护管硬质聚氨酯泡沫塑料预制直埋保温管及管件：GB/T 29047—2021[S]. 北京：中国标准出版社，2021.

[23]　国家市场监督管理总局，国家标准化管理委员会. 城镇供热玻璃纤维增强塑料外护层聚氨酯泡沫塑料预制直埋保温管及管件：GB/T 38097—2019[S]. 北京：中国标准出版社，2019.

[24]　中华人民共和国建设部. 玻璃纤维增强塑料外护层聚氨酯泡沫塑料预制直埋保温管：CJ/T 129—2000[S]. 北京：中国标准出版社，2001.

[25]　国家能源局. 直埋高温钢质管道保温技术规范：SY/T 0324—2014[S]. 北京：石油工业出版社，2015.

[26]　穆树芳. 实用直埋供热管道技术 [M]. 徐州：中国矿业大学出版社，1993.

[27]　徐培林，张淑琴. 聚氨酯材料手册 [M]. 北京：化学工业出版社，2011.

[28]　肖力光，俞毅，王文彬. 硬质聚氨酯泡沫保温材料泡孔结构的研究 [J]. 吉林建筑工程学院学报，2014，31（2）：15-18.

第 3 章

聚氨酯保温管"一步法"成型技术

地下直埋保温管道常用硬质聚氨酯泡沫塑料做绝热保温层，用聚乙烯塑料及添加剂做防护层（黑色称为黑夹克、黄色称为黄夹克）。这种聚氨酯加聚乙烯的复合结构被认为是理想的绝热防腐体系之一。其涂层结构形式为筒状聚乙烯壳与钢管外壁之间填充聚氨酯泡沫材料，在钢管外壁形成均匀地减少管内输送介质热量散失的保温层结构。一般采用"一步法""两步法"（管中管法）"模压法"以及"喷涂缠绕法"等成型方式。

3.1 "一步法"成型原理

聚氨酯保温管"一步法"成型，即采用外护聚乙烯管壳的塑性挤出和聚氨酯保温层发泡填充同步成型技术。挤塑机热挤出的塑性聚乙烯筒状管壳（直径为钢管外径加 2 倍保温层厚度）随需要保温的直线传动钢管连续延伸，同时在管壳和钢管之间的均匀间隙中注入聚氨酯发泡料发泡、密实并填充间隙形成外护壳的保温结构（图 3-1）。可以生产的管径范围 $\phi 38 \sim 377$ mm，泡沫厚度 60 mm（受纠偏

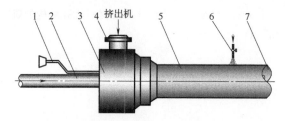

图 3-1 "一步法"成型原理

1—送料喷枪；2—钢管；3—直角管型模具；4—挤塑机连接体；5—聚乙烯外护壳；
6—水冷装置；7—聚氨酯保温层

机限制），管壳厚度 1 ~ 3 mm。

"一步法"保温管成型技术中，挤出的塑料管壳需要包覆在钢管外表面，并为保证塑料管壳与钢管包覆的连续性，钢管需要穿通模具并推动通过挤塑机热挤出的聚乙烯管壳随其向前连续延伸。所以，"一步法"保温管工艺保温层及其聚乙烯管壳成型中，最关键的装置及技术就是复合成型装置、定径技术、纠偏技术及装置等，只有完成了上述装置的设计定型和技术参数，才能设计出完整的"一步法"保温管成型工艺。

3.2　复合成型装置

复合成型装置[1]是塑性筒形管壳挤出成型、聚乙烯夹克层圆膜包覆（钢管表面）、保温泡沫塑料层成型（喷灌、发泡、密实和固化）等技术的综合。使用时，有五种物质（聚乙烯、异氰酸酯、组合聚醚、水、气）同时输入模具，需要控制这 5 种物质的流量、流速及挤出物料温度、发泡物料温度、管壳挤出速度、泡沫料发泡时间等多个参数。该复合成型装置主要由直角管形模具、定径系统以及喷灌发泡系统组成。

3.2.1　直角管形模具

直角管形模具是聚乙烯管壳挤出成型的模具，为直角式平口结构，有环状分配沟和节流缝，有锥体压缩段和平直段，各个设计参数应合理选择，才能达到良好的挤出效果[1]。

"一步法"待保温的工作管（钢管或塑料管等）与聚乙烯挤出管壳同步运行，为使工作管通过，要求采用中空的直角聚乙烯塑料管挤出包覆成型模具。其结构如图 3-2 所示。

图示模具结构适用于聚氨酯保温管"一步法"成型钢管表面均匀间隙空腔聚乙烯管壳复合层挤出成型。采用 Q235、Q275、45、50、40Cr、65Mn、38CrMnAlA 以及弹簧钢等制造。

（1）模具结构

① 口模　成型聚乙烯管壳外表面，与聚乙烯塑料接触面表面粗糙度 R_a 要达到 0.16μm，建议进行镀铬处理，可采用 Q235A 及以上钢级制造。

② 芯模　成型聚乙烯管壳内表面。机加工要求流延膜经过区域（接触面）的表面粗糙度 R_a 达到 0.16 μm，可以进行镀铬处理，可采用 Q235A 制造。

③ 调节螺栓与调节环　用来调节成型区内口模和芯模之间的间隙和同轴度，以保证聚乙烯管壳的厚度均匀，通常调节螺钉数目为 4 ~ 8 个。调节环多采用 40Cr 制造。

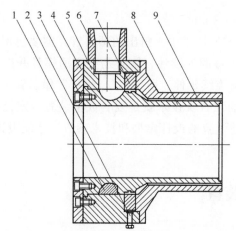

图 3-2 "一步法"挤出直角管形包覆管式模具结构图

1—分流块；2—调节螺钉；3—紧固螺栓；4—固定法兰；5—模身；6—挤塑机连接段；
7—调节环；8—芯模；9—口模

④ 加热圈 整体均匀加热整个模具达到聚乙烯挤出的最佳温度，保证聚乙烯正常流动和挤出质量。采用铸铝、陶瓷或不锈钢加热圈。

⑤ 机头体 连接芯模和口模，并支撑各零件，加工为密封面，防止物料泄漏。可采用 Q235A 制造。

⑥ 分流块 又称为鱼雷头。使通过它的塑料熔体分流变成薄环状，平稳地进入成型区，同时进一步加热和塑化塑料。流延膜接触面加工精度与芯模相同。可采用 Q235A 制造。

（2）挤出成型模具设计

模具设计主要确定机头内口模、芯模、分流块和调节环等主要零部件的形状和尺寸及其工艺参数。在设计管材挤出机头之前，需要获得的数据包括挤出机型号，管壳的内径、外径及制件所用的材料等。

① 聚乙烯管壳尺寸确定 聚乙烯管壳的内径及其厚度依据需要进行保温的钢管直径，按照相关标准要求，并参照设计院或业主要求。依据保温层的厚度、聚乙烯壳的厚度，确定聚乙烯壳的内径和外径。

② 口模的设计 口模是用于成形管壳外表面的部件，设计时需要考虑对应挤出材料的离模膨胀和冷却收缩效应，所以口模内径的尺寸并不等于挤出管壳的外径尺寸。

③ 芯模的设计 芯模是用于成形管壳内表面的部件，由于与口模结构设计同样的原因，即离模膨胀和冷却收缩效应，所以芯模外径的尺寸不等于管壳内径尺寸。

④ 定型段、压缩段和收缩角的设计 为保证塑性物料挤出过程中或冷却后合流缝黏结强度，防止开裂，芯模定型段的长度和口模定型段的长度相等或稍长，

芯棒压缩段长度也要求按照物料特性进行计算,芯模收缩角要求为 45° ～ 60°(低黏度塑料)或 30° ～ 50°(高黏度塑料)。

⑤ 分流块的设计　挤出物料通过分流块使料层变薄并均匀流动,防止滞留,并便于均匀加热和进一步塑化,所以设计时需要考虑分流块的角度、长度以及过渡半径等。

聚氨酯保温管"一步法"成型技术关键:聚乙烯颗粒料通过挤塑机加热(220 ℃)后,经过直角管形模具挤出熔融塑性管壳,并经过水冷式定径套定型,在挤出的同时钢管均匀穿过模具中心,推动挤出的聚乙烯管壳连续延伸,钢管外壁和聚乙烯壳内壁形成均匀环形空腔,在空腔内灌注聚氨酯泡沫料形成保温层。

3.2.2　定径系统

因为挤出的塑性聚乙烯壳为管状结构,内部无支撑,离模(挤出模具)后塑性材料温度依然较高,没有足够的刚度和强度来支撑,同时受到离模膨胀和冷却后长度收缩的影响,且薄壁管壳在聚氨酯泡沫料灌注发泡过程中可能出现的扁塌、拖坠,因此需采用定径套进行冷却定型,保证管壳的尺寸精度和整体及其表面质量。

定径采用固形管壳,一般分为内定径法和外定径法:内定径法采用收缩贴附冷却方式定型,聚乙烯管壳内壁表面与定径套外壁接触;外定径法采用压差加贴附冷却方式定型,聚乙烯管壳外壁与定径套内壁表面贴附。内外定径技术描述参见本章 3.3 节和 3.4 节。

3.2.3　喷灌发泡系统

泡沫保温层采用双组分材料混合后进行发泡和固化,常规方式分为浇注法和喷注法。浇注法,双组分料在枪管内通过输料压力输送至枪口无压力浇涂,组分料容易在喷枪管内混合时固化造成堵枪。喷注法,通过输料泵给予输送物料一定的压力,枪管内的双组分混合料带压送入需要发泡密实的保温层空腔,虽然降低了堵枪风险,但因为送出物料带压,容易对未完全定型的塑性管壳造成形变(尤其薄型管壳),并引起发泡料的料位波动,造成偏心现象。

灌注系统,采用压缩空气为动力进行物料输送、搅拌和喷枪清洗,满足"一步法"泡沫料的发泡要求。灌注系统描述请参见 3.6.3 小节中的(2)条。

3.2.4　纠偏系统

钢管与挤出的塑性聚乙烯管壳在同步延展推进过程中,在管壳与钢管外壁的空腔中灌注发泡,总会造成钢管与聚乙烯管壳不同心(偏心),需要外加装置,以确保聚氨酯发泡过程中聚乙烯管壳与钢管同心，这是开发"一步法"保温管成型技术的关键。纠偏系统描述可以参见本章 3.5 节。

3.3 外定径"一步法"

受限于当时钢质管道聚氨酯保温管成型技术，20 世纪 70 年代中后期，化工部化工机械研究院（今天华化工机械及自动化研究设计院有限公司）专家吴序木带领他的团队，开始了聚氨酯保温管"一步法"成型技术的研究工作，并于 20 世纪 80 年代初成功研制出外定径"一步法"聚氨酯保温管成型技术，该技术在 1983 年获得国家科技进步二等奖。这个奖项，是管道涂层涂装行业迄今为止唯一国家级奖励，并对管道涂装技术的发展起到了深远的影响。

外定径"一步法"成型工艺原理如图 3-3 所示，挤塑机通过模具挤出与需要保温的钢管直径相适应管径的外聚乙烯管壳（聚乙烯壳采用外定径法定型），与通过挤出模具中心的钢管之间形成要求保温层厚度的空腔，聚氨酯泡沫料在空腔内灌注发泡、成型。

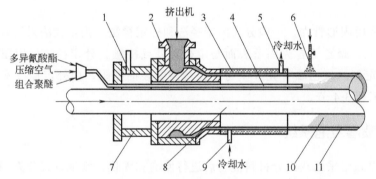

图 3-3 钢管聚氨酯保温层外定径"一步法"成型工艺原理图

1—稳压排气装置；2—直角管形挤出模具；3—外定径套；4—物料喷管；5—定径套出水口；6—外冷却；
7—稳压装置；8—钢管；9—定径套进水口；10—聚氨酯泡沫层；11—聚乙烯夹克层

外定径是使挤出的塑料管壳和定径套内壁相接触，为此，常用内部加压或在管壳外壁抽真空的方法来实现。因而外定径又分为内压法和真空法。其最关键的装置之一是特殊设计的复合模具，采用上述直角管形包覆管模具安装外定径套，外定径套采用内冲压外定径套或真空吸附外定径套。

3.3.1 内冲压法成型技术

内冲压外定径"一步法"成型工艺，利用直线行进的钢管通过带有定径套直角复合模具，推延挤塑机通过模具成型的聚乙烯壳延伸，同时在钢管外壁与管壳内壁之间送入压缩空气冲压，挤出的热管壳贴附在通水的外定径套内壁并定型，在钢管和聚乙烯壳之间形成一个间隙均匀的空腔，聚氨酯双组分料在空腔内混合并发泡，填充空腔，形成保温层。

内冲压法外定径成型，要求在挤出的管壳内部送入预热的压缩空气（图 3-4），压力要求为 0.02 ～ 0.1 MPa，为保持压力，采用堵板等对管壳内空腔进行封堵，对于钢管聚氨酯保温层成型，初始状态下（生产第一根管），塑性材料在钢管管端黏结，在钢管外壁和管壳内壁之间形成封闭的空腔（引管），连续生产状态下，聚氨酯保温料发泡密实钢管与管壳之间的空腔，所以聚氨酯物料可作为封堵材料。

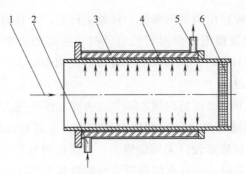

图 3-4　内冲压外定径套结构及工艺原理图

1—压缩空气；2—冷却水入口；3—冷却水螺旋流道；4—聚乙烯管壳；5—冷却水出口；6—保压管壳内堵

（1）内冲压外定径管形复合模具

内冲压外定径法的挤出复合模具是聚乙烯管壳和保温层成型的关键，要求达到产品质量，必须满足聚乙烯管壳均匀挤出，保证挤出管壳的定型，除挤出所用的直角管形包覆管模具外，还需要安装内冲压装置和外定径套，为防止定径套过热，在定径套和模具间设置隔热板，以构成完整的内冲压复合模具（图 3-5）。

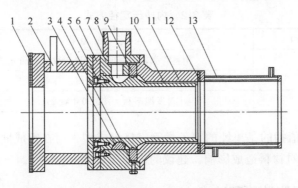

图 3-5　内压法外定径复合模具结构图

1—钢管密封环；2—内冲压稳压装置；3—分流块；4—调节螺钉；5—紧固螺栓；6—固定法兰；7—模身；
8—挤塑机连接段；9—调节环；10—芯模；11—口模；12—高温隔热环；13—内压式外定径套

（2）定径套设计要求

定径套设计一般参数有两个：直径和长度。这两个参数与挤出管壳的材料性能以及管径有直接关系，一般参照设计的是经验值（表3-1）。

表3-1 内冲压定径套设计参数参考表

材料	定径套的直径	定径套的长度
PE、PP	（1.02～1.04）DN	10DN

注：DN为管材的公称直径。当管壳直径DN=40 mm时，定径套的长度 $L<$10DN，定径套的内径 $d>$0.8%～1.2%DN；当管壳直径DN＞100 mm时，定径套的长度 $L=3～5$DN；设计定径套的内径时，其尺寸≥口模内径。

外定径工艺是一种挤出模具机头配一种外定径套，并且只能生产一种聚氨酯泡沫保温管，更换其他规格泡沫保温管的生产时，必须把机头、外定径套及其他装置全部更换，不仅费力费时，而且降低了设备的使用寿命。

（3）内冲压装置设计

内冲压装置，其主要功能是向聚乙烯管壳内冲压缩空气，并具备保压和稳压功能，因此必须设计压缩空气进气口和压力稳定口，并防止压缩空气泄漏，钢管进管口设置密封装置，长度等设计无固定值，一般依据模具直径选择。

钢管穿通复合模具时，定径套的内壁会与钢管外壁形成均匀环形空腔，为保证挤出的热塑性管壳贴附在定径套的内壁上具有一定的内压力，这个空腔必须封闭，因此需要在钢管和模具的进管位置、进枪位置、出管位置（定径套出口与钢管外壁间隙）设置柔性密封（如硅橡胶密封），并安装稳压阀等，以维持空腔内压力稳定。

聚乙烯颗粒料通过挤塑机和模具加热至200℃以上后挤出聚乙烯塑性管壳，在冷却定型前管壳一直处于熔融状态，所以聚乙烯管壳在离开模具后为确保挤出尺寸的稳定和塑料管表面的光洁度，内压必须在合理的范围内取值。试验内冲压力取值见表3-2[2]。

表3-2 内冲压定径方式

压力 /(kg/cm²)	效果
0～0.1	塑料管壳表面纵向易出现沟纹，表面光洁度不好
0.1～0.3	表面光洁度好，作业稳定
0.3～0.4	对发泡不利，接近 0.4 kg/cm² 时，易爆管

上述冲压取值指的是单纯的聚乙烯管壳挤出成型，而在完成同步聚氨酯发泡时应防止压力过高对物料造成影响。建议的内冲压力为 0.3 MPa。

3.3.2 真空吸附法成型技术

真空吸附法外定径成型工艺过程类似内冲压法，只是在定径方式上有差异。钢管直线行进连续穿过与挤塑机连接的直角模具，通过模具挤出的聚乙烯壳在钢管的推动和挤塑机连续挤出作用下，以管壳形式均匀延伸，同时聚乙烯管壳外壁在定径套的真空吸附作用下贴附在通入冷却水的外定径套上定型，形成厚度均匀和符合直径要求的管壳，与钢管外壁形成圆周间隙均匀的空腔，聚氨酯保温料在管壳延伸和钢管行进的同时在四周的空腔中发泡，同步形成保温层和聚乙烯保护壳。

根据材料性能和塑性管壳的厚度，要求在挤出的塑性管壳外壁与外定径套之间形成 0.053 ～ 0.066 MPa 的负压，使得热的塑性管壳均匀贴附在外定径套内壁，冷却定型形成聚氨酯保温层防护壳。

（1）真空吸附外定径复合模具

真空吸附外定径复合模具除采用结构相同的直角管形包覆管模具外，还安装了真空吸附外定径套（图 3-6）。

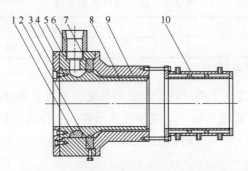

图 3-6　真空吸附外定径复合模具结构

1—分流块；2—调节螺钉；3—紧固螺栓；4—固定法兰；5—模身；6—挤塑机连接段；
7—调节环；8—芯模；9—口模；10—真空吸附外定径套

（2）真空吸附外定径套设计要求

为满足真空吸附作用，一般设计会在定径套内壁上打很多小孔，用于抽真空，借助真空吸附力将管材外壁紧贴于定径套内壁，与此同时，在定径套夹层内通入冷却水，挤出的塑性管壳随真空吸附过程的进行而被冷却硬化后定型（图 3-7）。

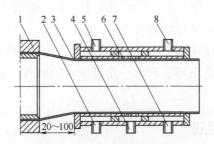

图 3-7　真空吸附外定径套结构

1—挤出模具；2—定径套进水口；3—挤出聚乙烯管壳；4—抽真空口；
5—定径套出水口；6—定径套本体开孔；7—进水口；8—出水口

从模具口模中挤出的塑性管壳具备离模膨胀特性，为了保证挤出产品的质量稳定，从口模挤出的塑性管壳预留离模膨胀的时间，并经过一定时间的空气冷却，真空定径套与挤出模具的口模之间预留 20 ～ 100 mm 的安装后距离。

定径套内的真空度是保证管壳质量的重要参数之一，不同文献给出的数据有一定差异，有的为 0.030 ～ 0.070 MPa，也有的为 0.053 ～ 0.066 MPa，需要按照塑性管壳厚度、直径要求进行设计选取。

真空泵通过定径套上成型的多个抽真空口来抽真空，一般要求孔径在 0.6 ～ 1.2 mm，其值与挤出的塑料黏度和管壳薄厚度有关，塑料黏度大或管壳厚度大，孔径取大值，反之取小值。对于保温管用管壳挤出后定径，要求采用小孔径，多数量。

真空定径套的内径见表 3-3。

表 3-3　真空定径套的内径

材料	定径套内径 /mm
PE	（0.98 ～ 1.96）DN

注：DN—挤出塑性管壳的公称直径。

真空定径套的长度大于内冲压定径套的长度。为改善塑性材料的离模膨胀和冷却收缩对管壳造成的质量影响，一般按照挤出管壳直径的倍数计算定径套的长度，例如，对于直径大于 100 mm 的挤出管壳，真空吸附定径套的长度一般取 4 ～ 6 倍管壳外径。

3.4　内定径"一步法"

1987 年，化工部化工机械研究院（今天华化工机械及自动化研究设计院有限公司）教授张嗣仮针对外定径内压问题（内压不足造成管壳塌陷，过高可能造成爆管），以及保温管生产过程中开车困难等问题，开发出了内定径"一步法"保温管成型技术，并在 1990 年获得甘肃省科技进步三等奖。当前国内聚氨酯保温管"一步法"生产线均采用此工艺，在此工艺上延伸的钢管三层 PE 包覆法成型技术也得到了广泛的应用，可见其影响力之远。

当钢管的口径相近或同种规格的钢管要求不同厚度的泡沫保温层时，使用一种机头更换相应的内定径套就可实现在一定范围内的各种聚氨酯泡沫保温管的生产，即内定径"一步法"成型工艺。

3.4.1　内定径成型原理

内定径"一步法"成型原理如图 3-8 所示，钢管由送进机构送进，通过带有定径套的挤出模具，从口模挤出的塑性管壳由钢管向前推进，通过挤塑机连续挤出并均匀延伸，挤出的塑性管壳内壁收缩后贴附在定径套的外壁，通过定径套内均匀水流冷却定型形成管筒，定型的塑料管壳与钢管外壁之间形成连续均匀空腔，双组分的聚氨酯物料在塑性管壳定型位置的钢管外表面进行混合后灌注、发泡、填充密实钢管外壁与塑料管壳内壁之间的空腔，并随钢管和管壳延伸连续成型保温层。

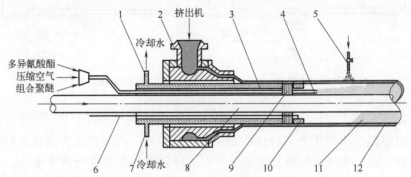

图 3-8　内定径"一步法"成型工艺原理

1—定径套出水口；2—直角管形挤出模具；3—内定径套；4—物料喷管；5—外冷却；6—高压静电电极；
7—定径套出水口；8—钢管；9—绝缘隔离层；10—闪电刷；11—聚氨酯泡沫层；12—聚乙烯夹克层

内定径成型法，相比外定径成型法工艺进一步简化，成型过程中不需要采用内冲压或真空泵提供额外的张紧力，热塑性管壳离模膨胀和空冷收缩后自由贴附在定径套上，通过内定径套即可获得精确的管壳尺寸，并且没有额外的压力，塑性管壳内应力分布均匀。

3.4.2　内定径套设计

内定径套是采用内定径法时，塑性管壳定型的关键部件，对设计参数要求严格，其结构有两种：穿通式内定径套 [图 3-9（a）] 和外接式内定径套 [图 3-9（b）]，要求的设计参数如下：

① 离模后的塑性管壳，通过定径套冷却定型后，其尺寸不能完全固定，离定径套后会有一定的收缩，并且聚氨酯保温料在发泡过程中也会产生一定的内鼓胀，如果这两种力能够抵消，则设计的定径套外径等于管壳内径，否则需要设计定径套外径稍大于管壳内径，定径套外径（D）一般取值：$D = 1 + (2\% \sim 4\%) d$，d 为挤出管壳内径。

② 管壳成型时内壁紧贴在定径套外壁上，为挤出流畅并保证内壳一定的光滑度，要求定径套具备一定的粗糙度等级（实际上，管壳内壁带有一定的表面粗糙度可以更好地与保温层箍紧）。

③ 管壳的定型过程是一个收缩过程，所以定径套应沿其长度方向带有一定的锥度：在 0.6：100 ～ 1.0：100。

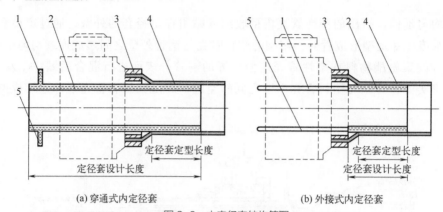

(a) 穿通式内定径套　　　　　　　　(b) 外接式内定径套

图 3-9　内定径套结构简图

1—定径套出水口；2—内定径套；3—挤出模具；4—挤出塑性管壳；5—定径套进水口

④ 内定径法不同于外定径法的定径套安装方式，内定径法为满足钢管穿通和离模后塑性管壳冷却定型的长度要求，内定径套设计长度分为两个部分：一是外形长度（设计长度），为定径套的总长，包含进出水口；二是冷却定型的工作段长度（定型长度），为定径套的主要长度尺寸（图 3-9）。工作长度一般取 80 ～ 300 mm（根据挤出聚乙烯管壳直径和壁厚进行设计），定径套总长 [图 3-9（a）] 为工作长度加上挤出直角模具纵向长度、冷却水进口与模具间距以及与模具固定的安装尺寸等。

3.4.3　内定径复合模具

作为内定径保温管挤出发泡的关键设备，内定径复合模具（图 3-10）就是安装了内定径套的直角管形复合管模具，其要求为：通过法兰与模具端面连接安装，在法兰和模具之间安装隔热法兰板，定径套外直径小于模具中间空腔的内直径，并预留一定间隙，防止模具热量传输到定径套上，影响到定径套的冷却效果。

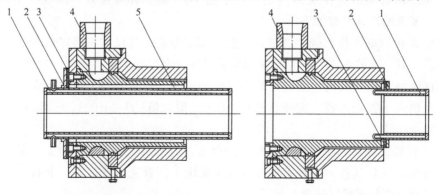

(a) 穿通式内定径复合模具　　　　　　(b) 外接式内定径复合模具

图 3-10　内定径复合模具结构简图

1—内定径套；2—连接法兰；3—热隔离法兰；4—挤出模具；5—热隔离间隙

3.5 "一步法"保温管成型纠偏

综上所述,"一步法"保温管成型技术中,塑性保护管壳的挤出和中间保温层的发泡同步进行,保护壳的挤出尺寸精度,保证了保温层的发泡均匀度,在断面处任何一点的发泡密度一致,避免了材料的浪费,但其缺点是存在偏心。

偏心是"一步法"保温管成型工艺中最常见的一种缺陷,指的是从保温成品管纵向断面观察,保温层的周向厚度出现超过标准规定的偏差,从而造成工作钢管和外层的聚乙烯防护层不同心,并且随保温层厚度的增大越发严重。偏心造成了不合格产品,为防止这种不合格品的出现,在"一步法"应用初期,就提出了纠偏的概念,纠偏机就是在这一要求下出现的。

3.5.1 偏心的形成

聚氨酯保温管"一步法"成型过程中,直线行进的钢管与挤出延伸并包裹在钢管外的塑料管壳之间形成的空腔中同步进行聚氨酯物料的发泡和填充,钢管通过传送机构提供动力并协同定位滚轮确保钢管行进中心的直线度(包括穿通挤出模具并与模具中心的直线度),这样挤出的圆筒形管壳基本与钢管中心的直线度一致。但这种同心度只是理论上的,在实际操作过程中,管壳自身质量以及发泡物料的膨胀、钢管的不直度等,均会引起钢管与管壳的不同心,从而造成发泡填充的保温层厚度不均匀(偏心)。

3.5.2 纠偏工艺的选择

调整泡沫保温管偏心就是调整钢管与聚乙烯管壳之间的同心度,使其一致,调整同心度前首先需要测量沿保温管壳周向方向与钢管外壁的间距,周向间距一致则同心度一致。如果检测出偏心,就需要进行同心度的调整。同心度调整一般有两种方式:一是调整钢管使其与塑料管壳中心一致,二是调整挤出的塑性管壳中心位置使其与钢管保持一致。而调整的最佳位置是聚氨酯泡沫料在双组分混合、发泡、填充并在完全固化前完成,所以第一种方式因为钢管包裹在保温层和聚乙烯管壳内部,施加的外力无法在发泡位直接作用于钢管上,而第二种方式则在检测偏心后可以施加调节外力直接作用于挤出定型的塑料管壳上,所以纠偏机主要作用是调整塑性管壳的中心位置,通过机械推顶方式作用于塑性管壳表面来完成纠偏。

3.5.3 纠偏原理

纠偏机纠偏工作过程为探测—偏心—反馈—纠偏—探测。如探测位截面图

（图 3-11），为达到塑料管壳和钢管中心的同心度，采用端面二维纠偏方式（如图 3-11 所示的 X、Y 轴方向），以计算的差值来调整管壳距离钢管表面的上、下、左、右距离，这种四自由度的调整完全涵盖两种管的同心度调整。其主要原理就是通过传感器检测管壳外表面距钢管的距离，采用的方式有两种：一是检测数据计算后差值法［四探头，图 3-11（a）］，采用四传感器，在 Y 轴方向，通过 I、III 传感器分别检测钢管顶面外壁与 I 传感器距离 h_1 和钢管底部外壁距 III 号传感器距离 h_2，若 h_1 和 h_2 检测数据在偏差范围内，则不进行纠偏；如出现较大偏差，计算两个检测数据的差值，通过机械推顶机构纠偏环推动未完全硬化的塑料壳向探测距离小的方向移动，检测达到允许范围，停止推动。同理，在 X 轴方向，同样通过 II、IV 探头完成检测，并进行纠偏。二是探测后与标准值差值校准法［两探头，图 3-11（b）］，按照标准要求相应管径的取值范围计算泡沫厚度和管壳直径，给定泡沫厚度加管壳厚度值，通过传感器检测距钢管表面的距离并与计算数值进行比较，出现偏差，则通过机械推顶机构纠偏环推动塑性管壳进行上、下、左、右调整。

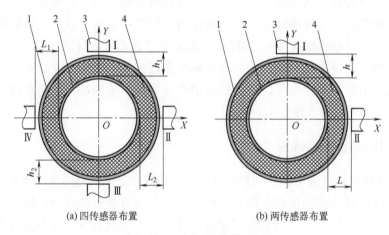

(a) 四传感器布置　　　　　　　　(b) 两传感器布置

图 3-11　纠偏传感器布置示意图

1—塑料管壳；2—钢管；3—传感器；4—聚氨酯保温层

3.5.4　纠偏机工作过程

采用"一步法"工艺进行聚氨酯保温管生产，纠偏装置进行纠偏需要与钢管直线行进、塑料壳挤出以及聚氨酯保温层灌注发泡的过程同步进行。用纠偏装置进行纠偏前，第一步工作就是寻找已经灌注至钢管与塑料管壳空腔间隙的聚氨酯双组分料开始发泡的液面位置（常规采用灯光照射并光线穿透聚乙烯防护壳），并调整纠偏机的前后距离，以确保机械推顶机构（纠偏环）位于聚氨酯泡沫发泡液面后充胀固化前位置（约 100 mm）；在聚氨酯发泡过程中，通过计算机控制的安装在挤出管壳外的纠偏机传感器随时检测管壳、钢管同心度的变化,如果出现偏心(超过标准规定值),计算机检测系统反馈给上下调整机构和左右调整机构,通过电控的机械推动纠偏环对管壳位置进行调整(图3-12)。

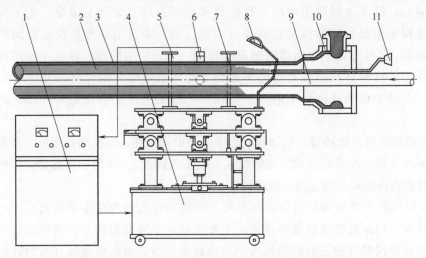

图 3-12　聚氨酯泡沫保温管"一步法"生产自动纠偏示意图

1—控制柜;2—聚氨酯泡沫保温层;3—聚乙烯防护壳;4—自动纠偏机;5—纠偏环;6—偏心检测探头;
7—聚氨酯发泡料位;8—料位观测光源;9—钢管;10—挤出模具;11—保温料输料管

3.5.5　纠偏机结构

纠偏机由检测单元(包含传感器等)、控制单元和机械执行机构组成(图3-13)。

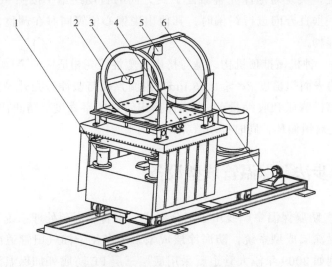

图 3-13　液压纠偏机三维结构视图

1—上下调整机构;2—纠偏环;3—水平探头(传感器);4—左右调整机构;
5—垂直探头(传感器);6—前后移动机构

检测单元指的是检测偏心的电磁传感器和信号转换系统，控制单元包括反馈回路和控制电路。三个控制单元，根据检测信号和反馈回路，两个用于控制水平及垂直方向偏差的调整，经控制电路驱动执行机构，由纠偏环推顶塑料管壳与钢管同心。这个过程属于闭环负反馈自动跟踪系统，完全不需要人工干预，在生产过程中根据出现的偏差自动进行调整。第三个行走调整是发泡液面的位置自动跟踪，它利用光电传感器敏感发泡位置，实现位置跟踪。在几十年的操作经验积累中，这种自动跟踪装置并不适用。通常聚氨酯双组分料的发泡液面固定不变，不同于偏心这种偏差的随时出现，一般采用人工干预完全可以达到生产要求。

传感器是检测塑料管壳和钢管同心度的关键元器件，除检测精度外，还要求距离纠偏环安装位内圈最近点为定数据或一致（四探头），其理想状态是，传感器端面接触管壳外表面，防止出现数据偏差。

纠偏机的主要机构是机械执行机构。机械执行主要由液压系统或直流电机系统，对整个纠偏机提供机械推动力，主要包括三个方向的动力：沿钢管轴向方向平行的针对纠偏环的左右调整机构，与地面垂直的管道断面垂线方向的针对纠偏环的上下调整机构，与管道传输方向（管道轴线）平行的水平整机调整机构。为防止调整量过大，在误差范围内，调整精度要求小于 3 mm，采用电机驱动容易烧毁电机，并且其精度、稳定性低于液压，所以建议采用液压系统提供动力。机械执行机构由三个控制回路控制三个液压回路（或三台直流电机），通过传动机构来驱动纠偏定位座的水平、垂直和整机的前后行进。可在聚氨酯物料启发以及固化前的位置处，实现对泡沫壳管截面上四方向的自动纠偏（按照360°周向偏心原理，对水平垂直方向进行纠偏时，其他出现偏心位置同时在调整，所以可满足360°圆周纠偏）。

纠偏环是一种机械推顶机构，是与挤出的塑性管壳相适应的金属环状构件，与管壳接触面的表面粗糙度 $Ra \leqslant 0.16$ μm，内圈直径与塑性管壳外径完全一致（设计时需考虑离模膨胀和收缩量），为确保挤出管壳的平直度，防止出现纠偏错位，采用并排布置双纠偏环，同时推动管壳移动调整。

3.6 "一步法"保温管成型设备

"一步法"防腐保温生产线由三部分组成：钢管表面预处理系统、防腐涂层成型系统和保温涂层成型系统。防腐涂层成型系统多见于油气田管道或特殊要求的管道工程，例如 2009 年漠大管道就采用底层三层 PE 防腐外加保温涂层。对于市政等管道工程，典型的"一步法"生产线只包含钢管表面预处理系统和保温层成型系统（图 3-14）。

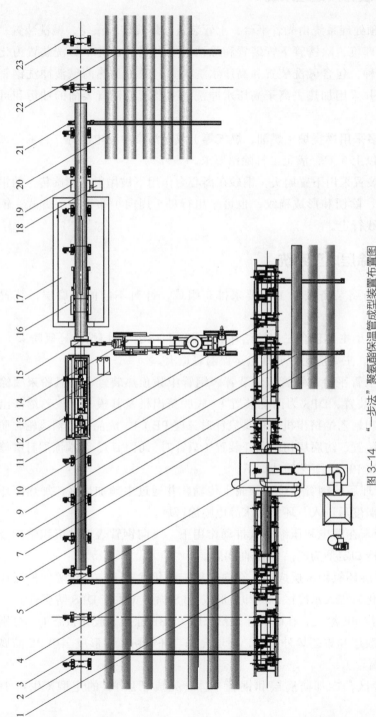

图3-14 "一步法"聚氨酯保温管成型装置布置图

1—除锈下管装置;2—直线传输滚轮;3—上管装置;4—除锈装置;5—外抛丸机;6—除锈后钢管;7—碱洗+预热装置;8—光管上管平台;9—未除锈光管;10—上管装置;11—螺旋传输装置;12—稳定送进机构;13—比例泵送料装置;14—聚乙烯管壳挤塑机;15—直角管形复合模具;16—自动纠偏装置;17—水冷却装置;18—自动找接头装置;19—管及保温层切割装置;20—成品保温管;21—下管装置;22—成品管平台;23—下管滚轮

3.6.1 钢管表面预处理系统

钢管表面预处理系统由光管平台、上管装置、螺旋传输滚轮、碱洗装置、预热装置、抛丸清理机、除锈管下管装置和除锈管平台组成。其中碱洗装置为化学预处理装置的一种，包含碱洗装置和高压水洗装置，采用加热的碱液冲洗钢管沾有油污的部位，并采用加热去离子高压水冲洗，主要清除钢管表面的油污和可乳化的介质。

预热装置多采用燃烧炉（燃油、燃气等）或无污染中频电源等，目的是加热钢管表面至露点以上3℃，满足击打除锈要求。

抛丸清理装置采用下置抛头，钢砂在离心力作用下被抛射至螺旋传送的钢管底部，进行清理、除锈和形成锚纹，也可采用行星（周向）布置抛头方式，钢管在直传辊道上直线行走。

3.6.2 防腐涂层成型系统

由成套的防腐装备按照工艺要求排布组成，针对不同的防腐层，装置各不相同。

防腐涂层类型主要包含三层熔结环氧粉末（FBE）、双层熔结环氧粉末（DPS）和三层PE涂层，主要应用在原油输运保温管道上。

设备包含上管平台、钢管传输装置、钢管中频预热装置、环氧粉末喷涂装置[（FBE为单套装置、DPS为两套装置）、底胶挤出机及其模具、聚乙烯挤出机及其模具（底胶和聚乙烯挤出机与模具只针对三层PE）]、成品管传输滚轮、防腐层及其钢管冷却装置、防腐层切割断开装置（只针对三层PE）、管端涂层打磨修整装置（只针对三层PE）。工艺简述如下。

① 外壁清理后的钢管在传输滚轮上传输，并通过中频加热区，加热至环氧粉末胶化的最低温度后进入，环氧粉末静电喷涂区域。

② 环氧粉末在静电和压缩空气推动作用下，飞向钢管表面并沉积熔融，形成环氧粉末层，冷却定型为成品FBE防腐管。

③ 满足双层环氧粉末层成型，在内层粉末胶化状态下，继续喷涂外层环氧粉末层，熔融固化后进入水冷区，冷却后形成DPS涂层（生产DPS防腐管）。

④ 完成三层PE涂装。在底层环氧粉末层（FBE涂层）胶化状态下，分别挤出缠绕聚乙烯底胶层和聚乙烯外护层，逐层叠加与环氧粉末层形成三层PE防腐结构（生产3PE防腐管）。

⑤ 在水冷区，冷却防腐层和钢管本体，完成三层PE的定型（生产3PE防腐管）。

⑥ 通过切割装置断开连续的聚乙烯胶层和外护层，形成单根防腐管（生产

3PE 防腐管)。

⑦ 经过管端防腐层修切整理装置的修切,端部形成防腐层 30° 坡口,满足补口要求,形成最终的三层 PE 防腐管成品(生产 3PE 防腐管)。

3.6.3 保温涂层成型系统

"一步法" 保温管成型,采用挤出聚乙烯管壳、钢管行进以及组合聚醚和多异氰酸酯双组分料同步发泡填充密实方式。

其设备包括:除锈管平台、上管装置、直线传动滚轮、稳定送进机构、比例泵送料装置(组合聚醚和多异氰酸酯)、直角管形复合模具、聚乙烯管壳挤塑机、自动纠偏装置、自动找接头装置、聚乙烯及保温层切割装置、水冷却系统、下管滚轮、成品管下管装置、下管平台(图 3-14),其中关键设备在三维图 3-15 中能够更明确地展示。部分设备描述如下。

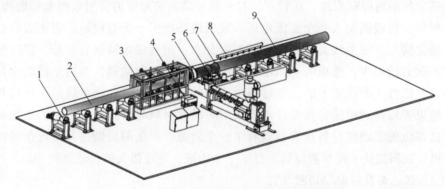

图 3-15 "一步法" 保温管成型装置设备布置三维视图
1—直线传动滚轮;2—除锈后钢管;3—稳定送进机构;4—比例泵送料装置;5—直角管形复合模具;
6—聚乙烯管壳挤塑机;7—自动纠偏装置;8—水冷却系统;9—成品保温管

(1)稳定送进机构

钢管在直线传送滚轮上向前运行,处于无约束状态,因钢管的平直度、椭圆度等影响,传动的钢管会发生跳动或窜动,影响到保温发泡和聚乙烯管壳挤出的稳定性,须采用稳定送进机构上下夹紧传送的钢管,并提供稳定的传输动力,确保直线行进钢管在成型工位的跳度和行进速度保持在合理范围内,满足生产要求。动力提供由调速电机(或变频控制调速)通过减速机构控制压辊转速,实现钢管匀速直线传输。

(2)比例泵送料装置

组合聚醚和多异氰酸酯比例泵送料装置,按照发泡物料要求,可以进行两种物料的混合比例调整,并要求具备加热和搅拌功能(组合聚醚)。泡沫每分钟注入量依钢管外壁与聚乙烯管壳内壁环形面积和钢管前进速度而定。用无级调速调整泵轴转速控制双组分物料异氰酸酯（A料）和组合聚醚（B料）的注入量。长杆式喷枪从复合模具尾端伸入物料发泡位置，喷枪杆空心管设计，直径 $\phi 12$ mm × 2 mm 或 $\phi 10$ mm × 2 mm，尾端分别接入上A组分料、B组分料和压缩空气。采用直喷枪。结构简单，便于清理和拆装。

发泡位置确定：发泡位置离机头太近易堵喷枪，离机头太远聚乙烯保护层挠度过大，所以发泡位置离定径套出口处 600～900 mm 较好。喷枪空气压力大小需根据 A、B 料的黏度来调整，一般为 0.4～0.7 MPa[3]。

（3）自动找接头装置

待涂钢管在传送过程中，首尾相接且连续不间断地通过涂层成型区。为保证接头段的平直度，防止管端翘头、脱垂，采用接管器进行连接，管头和管尾衔接区域包裹的防腐层和保温层连成一整体，涂层成型管道须通过分割管端衔接区域，才能完成单根管分离。自动找接头装置在切割区域自动找出衔接位置，采用的是电磁感应加磁场屏蔽原理，在管左、右两侧分别安装对应的发射线圈和接收线圈，工作时向发射线圈输入一个交流电压，发射线圈产生一个变磁场。当钢管穿过两个线圈之间时，磁力线会较集中地沿钢管分布，出现磁场被钢管屏蔽，穿过接收线圈的磁力线很少，感应的电压信号（检测到）也就很微弱。当两个线圈之间穿通的是非磁性（非铁质）的，穿过接收线圈的磁力线很多，则感应的电压信号很强，所以管端连通的接管器设计加工采用非磁性材料时，线圈所产生的磁场每通过衔接部位的非磁性材料接管器就有了一个间隙，产生的反馈信号就可带动机械执行机构在间隙处（接管器位置）打下一个印迹，完成接头的自动寻找[1]。

（4）聚乙烯及保温层切割装置

聚乙烯管壳挤出和保温层发泡是同步连续进行的，涂层会包裹钢管首尾相接，需要采用切割刀具进行每根管的塑料管壳和保温层的分割。按照生产线设计初期思路，采用端头检测装置检测管端位置，以行星切割刀具周向进行保温层分割，并切除管端保温层，并按照标准预留管端裸管长度。但这种方式在实际操作中存在较多问题，无法准确找到接头，所以实际操作多采用人工找接头并用手工刀具进行切割。

3.7 "一步法"保温管成型工艺

直埋聚氨酯保温管实际"一步法"生产局部视图如图 3-16 所示。

"一步法"聚氨酯保温管道成型技术，由天华化工机械及自动化研究设计院（原化工部化工机械研究院）开发，并在胜利油田和长庆油田最终完善并推向市场，因此最初针对的市场主要是油气田行业，最初应用的标准就是《埋地钢质管道硬质聚氨酯泡沫塑料防腐保温层技术标准》（SY/T 0415—1996），现行《埋地钢

图 3-16　"一步法"保温管生产局部图

质管道防腐保温层技术标准》（GB/T 50538—2020）对"一步法"成型技术进行了明确要求。而新修订的城镇供热的相关标准《高密度聚乙烯外护管硬质聚氨酯泡沫塑料预制直埋保温管及管件》（GB/T 29047—2021）未明确采用"一步法"，以"管中管（两步法）"为主。

3.7.1　工艺介绍

（1）生产准备

首先对进厂钢管进行检验，要求钢管弯曲度不得超过钢管长度的 0.2%，最大不超过 20 mm，椭圆度不得超过管子外径 0.2%。长度要以稳定通过包覆与纠偏工位为宜（可不参考标准规定的 6.5 m 长度）。对于发泡保温材料需进行进厂验证，聚乙烯挤出料满足干燥要求。

根据管径大小，确定发泡料的发白时间、拔丝时间和固化时间等工艺参数。明确施工环境，禁止不适宜环境施工。

（2）成型参数确定

聚乙烯挤塑机挤出参数，从落料段到挤出模具，物料设定温度为阶梯式上升，最终挤出模口温度满足物料的挤出温度要求。从挤塑机落料段开始，各加热区加热温度设定基本以 2～5 ℃为温度梯度进行。

依据待涂钢管管径，选择适应管径的直角复合模具和纠偏环。调整直线行进滚轮高度、稳定送进机构（牵引装置）夹装位置、复合模具高度以及纠偏环高度，确保生产过程中钢管、复合模具以及纠偏机的中心线一致。

保温层泡沫由多异氰酸酯、组合聚醚和发泡剂反应生成。按照物料要求调整泵送多异氰酸酯和组合聚醚的比例。根据不同的管径，按规定配方配制好双组分分别装料罐待用，同时按照规定温度预热物料。生产时，两种组分物料通过比例泵输送到喷枪内，在喷枪内连续混合后，靠喷枪的压缩空气将混合料喷注到钢管与聚乙烯保护层形成的环状空间内，连续发泡，形成保温层。送料压缩空气压力为

0.4～0.7 MPa，连续注入，连续发泡。

为更好地满足物料发泡质量要求，钢管表面温度预热至（30±5）℃，组合聚醚和多异氰酸酯预热到最佳温度，组合聚醚要求连续搅拌。

聚乙烯塑性管壳挤出速度、钢管的传输速度、组合聚醚和多异氰酸酯双组分料送入流量、冷却速度等参数需要达到最佳匹配值。一般通过挤塑机挤出的聚乙烯管壳厚度来确定钢管传输速度和泡沫料流量。

纠偏装置作为稳定产品质量最主要的装置，纠偏环位置极其重要。位置靠定径套过近，达不到纠偏效果；过远，泡沫固化无法纠偏。确定喷枪送料管口位置，设定发泡液面位于定径套后 0.6～0.9 m，纠偏环必须设置于发泡液面后 100～150 mm 并处于泡沫固化位置开始前，控制纠偏机与发泡位置同步。纠偏机最大纠偏范围 60 mm（特殊检测传感器最大可达到 80 mm），可控同轴度误差 ±3 mm。

（3）钢管表面预处理

采用抛丸式机械除锈方式，清除表面锈蚀物和轧制鳞片等，除锈等级达到 Sa2½ 级，并达到一定锚纹要求（一般按照防腐层要求进行）。如有油品类黏附物，须采用碱洗法或用化学药剂进行清理。环境温度过低或钢管表面有结露现象，须对钢管表面进行加热。

（4）防腐层涂覆

按照相关涂层类型的工艺要求进行涂装，并在保温层成型前，采用电火花进行检漏，确保涂层的完成性满足保温层成型要求。

（5）保温层和聚乙烯防护层成型

挤塑机挤出塑性管壳，同时待涂钢管直线送进，并通过稳定送管机构提供动力，挤出的塑性管壳通过直行钢管推动前行，挤塑机挤出延展，在钢管外壁形成有均匀间隙的管壳，管壳在定径套作用下定型，组合聚醚和多异氰酸酯通过送料管送入空腔，调整纠偏机在物料液面和固化前进行纠偏，同时完成挤出、送进、送料和固化以及纠偏。

（6）水冷却

采用循环水喷淋，在涂层离纠偏环约 100 mm 处开始冷却，经冷却的外表面温度低于 60 ℃。

（7）管端切割

聚乙烯塑料管壳和发泡密实随钢管首尾相接连续运行，管端衔接位置采用刀具进行分割，按照标准预留光管端，还需要切除多余泡沫与聚乙烯层，要求在成型时找出接头的准确位置，用锯或刀切掉接头处的保护层和保温层。多采用人工方式，或行星切割锯进行切割。"一步法"成型工艺的保温结构，可采取二次切头（先分割，后切除多余涂层），最终留头长度为（150±10）mm。所切割的保温层半瓦可作为补口材料。

（8）外观检查

保护层表面应光滑平整无麻点、无暗泡、无裂纹、无分解变色等缺陷，用钢板尺（管端界面）或电子测厚仪测试涂层厚度，达到设计要求。

保温层应充满钢管与保护层的环状空间，无收缩、开裂、泡孔条纹及脱层、烧芯等缺陷。

（9）安装防水帽

端部防水帽的规格必须和管径配套。清理并切齐端面，安装防水帽且紧贴铅垂的端面，四周间隙应相同。为了提高防水帽与夹克层的黏结力，应将与防水帽接触部分的聚乙烯保护层用砂纸打毛。

用蘸水的湿毛巾或湿帆布缠绕靠近防水帽的夹克层外表面，防止夹克过热变质。

用无烟火炬加热防水帽，先加热钢管圆周方向，再加热垂直端面，然后加热安装在夹克层外表面上的防水帽，直至防水帽全部收缩，热熔胶均匀溢出。火炬应斜对防水帽烤并沿周向及轴向均匀加热，以免局部过热。

检查是否有鼓包现象，底胶是否全部熔化，并抚平皱纹和翘起的边，有气泡的地方应加热抚平，直至气泡消失，防水帽四周有少量的胶滋出，防水帽与防护层及防腐层黏结牢固，自然冷却到常温。

（10）合格品转运及储存

经质量检测合格的保温成品管，粘贴产品标签和质量合格证，并按同规格、同型号堆放在一起，每一吊之间加吊管带隔离。

合格品吊装时应采用宽度为 150 ～ 200 mm 的尼龙带或胶皮带或用吊钩挂钢管的两端，严禁用钢丝绳直接作用于保护层表面进行吊装作业。吊装过程中应轻起轻放，行走平稳，严禁磕碰拖拉而损坏保护层。

泡夹管的储存区地面应平整、无碎石和铁块等坚硬杂物，地面应有足够的承载能力，堆放场地应有排水沟，场地内不允许积水。

储存场地应设置管托和隔栏，管托应高于地面 150 mm。储存区应悬挂铭牌，铭牌上应标明钢管规格、数量等。装卸、倒运泡夹管时，应采取保护措施，不得损坏防腐保温层。"一步法" 保温管成型工艺流程如图 3-17 所示。

3.7.2 泡沫灌注发泡控制要点

"一步法" 保温管挤出发泡成型，除上面所述的聚乙烯管壳的挤出定型外，保温料的发泡成型也是需要严格控制的。

（1）发泡方法

灌注发泡是 "一步法" 泡沫保温层发泡成型所采用的唯一方法。采用尾部三个进口后汇总一根长枪杆的送料方式，尾端三个进口分别连接多异氰酸酯、组合聚醚以及送料管。采用比例泵输送物料的同时，以一定压力的压缩空气为动力将混合的双组分物料混合搅拌均匀，并灌注到要求的发泡位置。灌注法集喷涂、浇注发泡两者之优点：设备简单，操作方便，在短时间内停喷，不需清洗喷枪和输料管路。

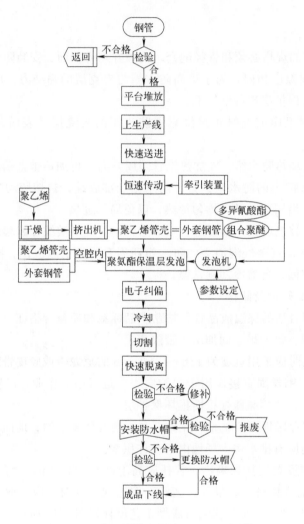

图 3-17 "一步法"保温管成型工艺流程[4]

（2）工艺控制

双组分保温料的灌注和发泡，要严格控制温度，因为温度是影响泡沫保温层质量的主要因素。温度过低，物料反应慢，不利于泡沫层成型，而且保温层表皮厚，容重高；温度过高，物料反应快，保温层易产生空洞、烧芯和夹层现象。所以依据生产经验和实际测算，按照如下要求进行温度（包括物料的温度和钢管表面的温度）控制。

① 对于物料罐采取保温措施，使泡沫原料控制在（24±5）℃，必要时，采用在输料管路上安装伴热带进行保温（长距离输送），以防止外界温度过低，造成加热物料温降过大。

② 为保证浇注物料不受钢管表面温度影响，并且具备更好的流动性，要求钢管表面温度控制在（30±5）℃，可根据环境温度，采用燃气或无污染中频等对钢管进行预热。

③ 聚乙烯塑性管壳为保证其定型，必须强制冷却到 60 ℃以下，可采用冷却水来冷却。

④ 压缩空气是输送和搅拌物料的最主要动力，直接与双组分物料接触，所以必须保证其温度值，最佳温度是与物料温度一致，即（20±5）℃。

（3）喷枪长度

以伸出定径套 150～200 mm 的长度进行枪杆长度设计，过长则阻力大，物料在枪杆内停留时间过长易堵喷枪；过短则双组分物料没有充分的混合时间，且灌注枪头离聚乙烯挤出机头过近，泡沫物料易倒灌进入机头。

（4）压缩空气压力

一般要求控制在 0.5～0.7 MPa 较为恰当：压力过低，则原料混合不匀并易回流和堵塞喷枪与料管；压力过高，最终灌注的原料离枪冲压过大，易破坏泡孔结构以及浪费原料。

（5）双组分原料配比

应根据工艺要求和发泡条件选定，由于具体的要求和条件不同，针对同一工况，要求采用固定的配比。按照实际应用，"一步法"工艺选用的双组分原料配比范围：多异氰酸酯：组合聚醚 =1：1～1.2[5]。

（6）发泡动态的可见性

在操作过程中，泡沫塑料在钢管与聚乙烯保护层管之间的发泡动态和位置是保证产品质量的重要因素。泡沫料的性能以及生产的环境条件差异，会使发泡位置（或称之为发泡液面）在环形空间内忽前忽后（往后易堵塞喷枪管和机头，往前则易跑出纠偏控制区段），影响产品质量。对于透光性较好的聚烯烃保护层，可以采用强光灯泡在管壳处进行照射，人眼可以直观地观测到发泡液面位置；对于透光性差的聚乙烯保护壳，也可以采用激光探测、X 射线以及内窥镜的方式寻找发泡液面。

3.7.3　技术参数

相关标准以及相关文献要求聚氨酯保温管及其材料具备如下技术指标。

（1）保温层厚度参数（表3-4）

表3-4　输送介质在100℃以下保温层及保护层偏差表[4]

成型工艺	钢管直径 /mm	保温层轴向偏心量	防护层最小厚度 /mm
"一步法"	$\phi48 \sim 114$	±3	≥1.4
	$\phi159 \sim 377$	±5	≥1.6
	$>\phi377$		≥1.8

（2）保护层参数

保护层选用聚乙烯，适用温度范围 -25 ~ 80 ℃，材料性能见表3-5[4]。

表3-5　"一步法"工艺的聚乙烯专用料及防护层的性能

序号	项目		指标	试验方法
聚乙烯专用料				
1	密度 /(g/cm³)		≥0.935	GB/T 4472
2	熔体流动速率（负荷 5 kg, 190 ℃）/(g/10min)		≥0.7	GB/T 3682.1
3	拉伸强度 /MPa		≥20	GB/T 1040.2
4	断裂标称应变 /%		≥600	GB/T 1040.2
5	维卡软化点 /℃		≥90	GB/T 1633
6	脆化温度 /℃		< -65	GB/T 5470
7	耐环境开裂时间（F50）/h		>1000	GB/T 1842
8	电气强度 /(MV/m)		>25	GB/T 1408.1
9	体积电阻率 /(Ω·m)		$>1 \times 10^{12}$	GB/T 31838.2
10	耐化学介质腐蚀（挂泡 7d）/%	10%HCl 溶液	≥85	GB/T 23257
		10%NaOH 溶液	≥85	GB/T 23257
		10%NaCl 溶液	≥85	GB/T 23257
11	氧化诱导期（220 ℃）/min		≥30	GB/T 23257
12	耐紫外光老化（336 h）/%		≥80	GB/T 23257
聚乙烯防护层				
13	拉伸强度	轴向 /MPa	≥20	GB/T 1040.2
		径向 /MPa	≥20	GB/T 1040.2
		偏差 /%	<15	GB/T 1040.2
14	断裂标称应变 /%		≥600	GB/T 1040.2
15	压痕硬度 /mm	（23±2）℃	≤0.2	GB/T 23257
		（60±2）℃	≤0.3	
16	耐环境开裂时间 /h		>300	GB/T 29046

（3）聚氨酯双组分泡沫料性能指标

多异氰酸酯性能参数见表 3-6，组合聚醚性能参数见表 3-7，泡沫塑料性能参数见表 3-8。

表 3-6 多异氰酸酯性能指标

序号	检验项目	性能指标
1	异氰酸根（NCO⁻）/%	29 ～ 32
2	酸值（mgKOH/g）	＜ 0.3
3	水解氯含量 /%	＜ 0.5
4	黏度（25℃）/(Pa·s)	＜ 0.25

表 3-7 组合聚醚性能指标

序号	检验项目	性能指标
1	羟值 (mgKOH/g)	400 ～ 500
2	酸值 (mgKOH/g)	＜ 0.1
3	含水量 /%	＜ 1
4	黏度（25℃）/(Pa·s)	＜ 5.0

表 3-8 聚氨酯泡沫塑料性能指标（GB/T 50538—2020）[4]

序号	项目		性能指标
1	表观密度 /kg/m³		40 ～ 70
2	抗压强度 /MPa		≥ 0.2
3	吸水率 /%		≤ 15
4	导热系数（23±2）℃ / [W/(m·K)]		≤ 0.03
5	耐热性	尺寸变化率 /%	≤ 3
		质量变化率 /%	≤ 2

注：耐热性试验条件为 100 ℃，96 h。

（4）其他参数

采用"一步法"成型技术，技术规范和设备参数见表 3-9，钢管规格和生产速度对照见表 3-10[6]。

表 3-9 "一步法"技术规范及设备参数

序号	项目	单位	指标
1	管径范围	mm	ϕ38 ～ 377
2	挤出机挤出量	kg	≤ 450
3	管道运行速度	m/mir	0.8 ～ 5
4	喷枪空气压力	MPa	0.4 ～ 0.7

续表

序号	项目		单位	指标
5	塑性管壳厚度		mm	1.5～3.0
6	纠偏系统死区		mm	1.0～2.5
7	纠偏机适用泡沫厚度		mm	≤60
8	垂直纠偏范围		mm	±40
9	水平纠偏范围		mm	±40
10	纠偏机动力形式		—	液压
11	纠偏机功率		kW	1.5
12	纠偏环位置（发泡液面后）		mm	100
13	塑性管壳冷却位置（距离定径套）		mm	100
14	纠偏机液面跟踪距离		m	1
15	黄色聚乙烯壳探测灯		W	36
16	预热中频		kW	200
17	泡沫罐	容积	m³	0.35
		转速	r/min	22
		功率	kW	0.4
18	环形泵	流量	cm³/r	6.0 或 9.0
		最高压力	MPa	6.0
19	泡沫喷枪（直杆型）	长度	m	0.9～1.2
		直径	mm	10×2 或 12×2
		距离定径套	mm	150～200
20	内定径套	长度		400～500
21	外定径套	长度	mm	300
22	外定径法	稳压套压力	kg/cm²	0.1～0.3
23	直角管形模具	口模间隙	mm	3～5
24	泡沫发泡位置	距离定径套	mm	800～1600
25	泡沫密度		kg/m³	≤60

表 3-10　钢管规格和生产速度对照表

管径/mm	48～60	76～89	114	159	219	273～325	377
速度/m	5～6	4～5	3～4	2～3	3～4	2～3	1～2
保护层厚度/mm	≥1.4±0.2			≥1.6±0.2			

3.8　黑夹克保温管成型

直埋聚氨酯保温管出现以来，黄色聚乙烯外护管，俗称为"黄夹克"，多应用于市政管道或少部分油气管道；黑色聚乙烯外护管，俗称为"黑夹克"，多应用于油气管道。采用"一步法"保温管成型技术，成型管道基本以"黄夹克"为主。但"黑夹克"保温管道，因为其聚乙烯保护层添加了炭黑等填料，所以其材料性能优于黄色聚乙烯层。因此，近几年"一步法"聚氨酯保温管成型技术逐步开始使用"黑夹克"保温管。

采用"一步法"生产"黑夹克"保温管，其工艺过程与"黄夹克"保温管没有根本区别，主要设备选型及其布置也基本一致。而对于"黑夹克"保温管道的生产，采用"一步法"成型工艺的难点在于泡沫料发泡液面难以追踪。"一步法"保温管生产过程中，保温层出现偏心不可避免，须采用纠偏装置进行纠偏，而纠偏机的纠偏环在保温层外所处的位置，直接决定了纠偏的效果。而纠偏环的位置，需要根据管径、生产速度、材料特性由人工自行确定和随时调整。对于黄色聚乙烯保护壳，因为其为半透明夹克层，可通过高亮度钠光灯的照射清楚地观测到液面位置，从而准确调整纠偏环与发泡液面的最佳距离，最终完成纠偏。而对于黑色聚乙烯保护壳，因为其不透明性，采用传统的灯管照射，已经无法穿透夹克层，所以探测"黑夹克"保温发泡料液面成为难题，从而影响纠偏机的正常运行。所以解决"黑夹克"层下液面探测，成为"一步法"生产保温管的关键。

抚顺石油学院研制出一种专门应用于"黑夹克"保温管的在线可视检测仪，进行泡沫液面的在线观测（图3-18）。其原理是采用电磁波透射夹克层，接收的透射线转换成电信号，再转换成视频信号，使被监控物体的内部状态在监视器荧光屏幕上显像。其基本原理如图3-19所示。

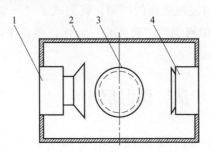

图3-18　装置结构示意图

1—影像增强器；2—金属防护壳；3—黑夹克管和检测通道；4—影像增强器

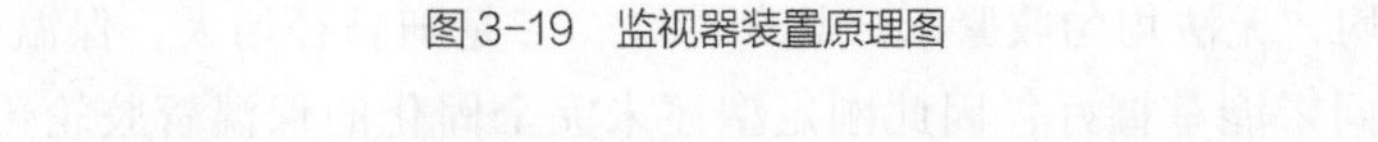

电磁波发生器　→　黑夹克管　→　影像增强器　→　监视器

图3-19　监视器装置原理图

保温管成型过程中，挤塑机挤出的黑色聚乙烯管壳与钢管连续直线前行，管壳与钢管的环形间隙中不断地充填进待发泡的聚氨酯双组分液体原料，随着黑色塑性管壳与钢管前移，双组分液体涂料开始发泡，并逐渐从管面向管壳内壁形成液面陡坡，正在发泡的聚氨酯液面通过该装置时，电磁波发生器发出的电磁波穿过发泡段，由于涂料内部不同发泡阶段具有不同的衰减特性，所以透射电磁波各点上强度不等，被影像增强器接收后通过转换，变成视频信号在监视器屏幕上成像，操作人员据此随时调整工艺参数和监视器里仪器箱位置，其过程如图 3-20 所示。并依据此位置来确定纠偏环位置，进行泡沫保温层偏心的纠正，完成"黑夹克"管的"一步法"成型。

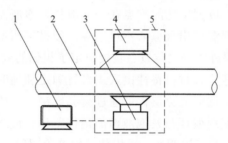

图 3-20　监控系统工作原理图[7]

1—监视器；2—管道；3—影像增强器；4—电磁波发生器；5—仪器防护罩

其他文献或专利中，采用 X 射线探测仪等，均与上述探测原理一致，全部为电磁射线探测原理，基本借鉴的是 X 射线探测仪，如车站机场的安全检测仪，均需要采用铅板进行射线防护，所以在实际操作中，需要防止射线对操作人员的伤害。

实现"黑夹克"物料发泡液面的探测，就完成了"一步法"生产黑色聚乙烯保护层保温的工艺过程，如同生产"黄夹克"一样，可以生产相应管径的"黑夹克"保温管道。

3.9　大口径"一步法"保温层

"一步法"聚氨酯保温管成型技术多用于 ϕ377 mm（有些文献标注为 ϕ325 mm）以下钢管的保温成型。

大口径钢管，主要因为以下几个原因造成其无法采用"一步法"工艺：一是挤出的热塑性管壳随钢管口径的增大，厚度也在放大，过大的口径和壁厚造成管壳自重也在增加，塑料管壳挤出后无法迅速冷却定型，造成塑性膜向下拖坠，造成管壳薄厚不均，无法均匀收紧形成均匀管壳；二是随管径增大，保温层厚度增大，由于固化时间未能掌握好，因此刚定型还未完全固化的保温管胶轮传送时，造成保温管与胶轮接触部位泡沫压扁甚至破碎；三是发泡时液态泡沫塑料的自重使得其与塑性管壳一道向下拖坠，造成保温层上薄下厚，不易实现纠偏；四是泡沫层过厚，造成泡沫的启发、固化时间及用量不易控制，导致泡沫空洞现象严重，使产品的质量很难保证；五是对于厚度＞60 mm 的保温层，没有可实现相应厚度探测的传感器，造成无法纠偏。所以要满足 "一步法" 生产大口径保温管，需要解决上述问题。

对大口径管道采用 "一步法" 生产工艺，需要控制保温层成型及防止偏心问题，所以对要求的关键设备进行设计和改造，包含挤出模具、水冷定径套和纠偏机等[8]。

（1）直角管形挤出模具

对于大口径钢管成型聚氨酯保温层，要求的聚乙烯塑性管壳挤出的直径和壁厚相应进行增大，所要求的模具加热必须更加均匀，口模间隙调整精度更高和更加方便。如果简单地按照原 "一步法" 保温管成型模具结构几何放大，加工出来的模具必将十分笨重、庞大，模具安装、更换不便，口模调整困难，使得聚乙烯套管的圆周厚度难以一致。

所以，第一，应采用合金钢增加模具强度，对整个模具（包含口模和芯模）进行减薄，以降低模具外形尺寸和质量；第二，应采用内螺旋结构作为导热油通道，采用导热油可以非常均匀地加热，稳定模具的温度；第三，应在模具的外套沿 120° 方向加装模口间隙调节螺栓，方便在生产过程中随时进行口模的调整；第四，应增加挤出模具平直段长度，使得挤出的塑性壳增加延展过程，圆周方向更加均匀；第五，应在机头的底部安装上下调节丝杠，这样既可消减因机头的自重而发生下坠的问题，也可对大口径夹克管的中心进行十分便利的上下微调。

（2）塑料管壳定径套

大口径塑性管壳在离模后底部发生拖坠现象，是因为塑料壳未能冷却定型，除上述第四条增加挤出模具平直段长度外，还可以对管壳的定型装置定径套进行改进：一是增加定径套的长度。由于塑性管壳管径和壁厚增大，内部积存的热量更大，因此可以采用加长水冷套长度的办法增大冷却面积。二是改变定径套的内部结构形式，采用螺旋水流通道，使冷却水在定径套内螺旋流动，防止积水死区出现造成定径套局部高温，从而影响到塑料管料的冷却效果，造成局部鼓胀或破损现象。

（3）冷却水

采用内定径法，虽然延长了定径套的长度，但外界环境温度过高，塑性管壳的温度同样不容易散失，可以采用增加外部冷却水与管壳的接触面积、增加流量或采用冷却塔等降低外部和定径套内冷却水的温度。

（4）纠偏机的纠偏范围

采用液压传动机构，增加纠偏环的推动力，防止出现即便纠偏环在合理位置还是出现纠不动现象。选用合理探测距离的传感器，满足大口径管的超厚泡沫距离的探测。

（5）传动线的改造

通过上述改进方案，并不能完全避免泡沫保温层与成型后第一组传动轮接触后出现压扁和破损现象。所以必须对滚轮的结构形式和离模后的间距进行调整：一是采用软包胶滚轮，减少接触压力；二是增加滚轮数量，进行压力分摊；三是改变滚轮形式，如以软带形式进行传动；四是根据生产的管长，在满足钢管不奔头（重心不发生偏移）情况下，调整最佳牵引机出管与第一组滚轮的距离。有文献提出延长模具或定径套与滚轮距离，这是一个错误做法，因为为保证塑性管壳和钢管外表面的环形空腔均匀，钢管不能接触模具或定径套，例如大口径钢管长度一般为 12 m，可以将牵引机出管位于第一组滚轮间距定为 5 m（防止钢管偏心下垂）。

（6）聚氨酯泡沫原材料配方的调整

实际生产中，聚氨酯泡沫保温层是组合聚醚与多异氰酸酯发生化学反应后的产物，所以这两种原材料以及其启发、固化时间和成型效果是影响"一步法"保温管质量的主要原因。

所有这些，必须通过材料性能、混合比、加热温度进行调整，以适应大口径管保温层成型所需要的发泡密度、发泡速度、抗压强度，以满足其生产要求。

（7）生产工艺控制示例[8]

钢管规格：ϕ508 mm × 8 mm，聚氨酯泡沫保温层厚度为 40 mm，聚乙烯防护层厚度为 2.0 mm，参数见表 3-11。随着环境温度的不同、聚氨酯原材料厂家的变更，工艺参数将有所改变，因而在大口径"一步法"施工时主要还应控制好以下三个方面。

表 3-11 针对 ϕ508mm 管道防腐保温层选定的工艺参数

钢管运行速度 /(m/min)	黑白料配比	泡沫启发时间 /s	泡沫固化时间 /s	黑白料泵实际排量 /(kg/min)	环境温度 /℃	钢管预热温度 /℃
1.5		27 ～ 30	55 ～ 60	5.7		
1.8	1：1.1	25 ～ 28	50 ～ 55	6.8	25±5	35±5
2.5		20 ～ 24	45 ～ 50	9.6		

注：白料—组合聚醚，黑料—多异氰酸酯。

① 对管道生产行走参数和水冷却的控制。在施工过程中，钢管的行走速度和冷却速度以及效果对防护及其保温层成型有着至关重要的作用，所以应严格控制钢管的行走参数，并根据双组分料混合后的启发、固化时间决定行走速度。

② 对聚氨酯原材料的检验和施工参数。以此来控制聚氨酯原料的启发和固化时间并匹配在最佳的时间范围，将这些参数与行走速度协调好。如果泡沫料的启发时间和固化时间间隔过短，会使聚氨酯泡沫在没有通过纠偏环时就已经固化，

物料堵塞枪管和模具，造成停车；如果启发时间和固化时间间隔过长，会使管道还未定型就通过纠偏环，使纠偏机未起到纠偏作用而偏心，造成管道产品质量问题。

③ 聚氨酯原材料发泡后的密度控制。由于管体较重，而聚氨酯泡沫料又是主要的重力承载体，必须具备一定的强度和硬度才能在传动中不被压扁压坏，因此在施工中必须要加大泡沫的密度，但过大的密度既不利于保温效果，也会造成材料的浪费，所以最佳的泡沫表观密度为 $58 \sim 62 \ kg/m^3$。

3.10 "一步法" 生产中聚氨酯泡沫易产生的问题 [9]

① 双组分料混合后不发泡。环境过低造成料温低；组合聚醚料漏加催化剂或发泡剂；多异氰酸酯料质量低劣。

② 聚氨酯硬泡收缩。组合聚醚料组分多，使聚氨酯硬泡强度下降引起收缩；喷枪中料液混合不均，喷雾空气太小，或物料黏度太大；固化太快，形成较多闭孔；气体热胀冷缩变形。

③ 聚氨酯硬泡酥脆。多异氰酸酯料组分太多；水分过多；钢管表面温度过低；多异氰酸酯料酸值大，含杂质多；组合聚醚料阻燃剂加入量过多。

④ 聚氨酯硬泡太软，熟化过慢。多异氰酸酯料组分量小；组合聚醚料中锡类催化剂太少；气温、料温、钢管表面温度低。

⑤ 聚氨酯硬泡、塌泡。发泡气体产生过速，应降低 A 料中胺催化剂用量；A料中匀泡剂失效或有碱性；催化剂失效或漏加，应补加 A 料中锡催化剂；原料中酸值大。

⑥ 聚氨酯硬泡泡孔粗大。A 料中匀泡剂失效或漏加；水分多（发泡剂或聚醚中水分）；A、B 料搅拌混合不均匀；B 料纯度低，含氯或酸值高；气体发生速度比凝胶快。

⑦ 聚氨酯硬泡开裂或烧芯。物料温度高；A 料催化剂过量；一次浇注量过大，泡沫过厚；用水做发泡剂时加入量过多；物料中有金属盐类杂质。

⑧ 聚氨酯硬泡脱落。钢管表面湿度大，使反应不充分，底层泡沫发酥、发脆、呈粉末状；钢管表面不洁，有油污，灰尘太多。

⑨ 聚氨酯硬泡逸出烟。A 料中催化剂用量太高；A 料中聚醚羟值过高；料温太高。

参考文献

[1] 莫理京，王致中，刘希和，等 . 绝热工程技术手册 [M]. 北京：中国石化出版社，1997.

[2] 温宗禹，吴序木，陈文锋 . "一步法"泡沫黄夹克成型工艺技术研究总结 [J]. 石油施工技术，1985（6）：11-17.

[3] 于家顺，吴序木，黄福鑫，等 . 钢管道绝热防腐层"一步法"成型工艺：CN85102477[P]. 1987-01-17.

[4] 中华人民共和国住房和城乡建设部 . 埋地钢质管道防腐保温层技术标准：GB/T 50538—2020[S]. 北京：中国标准出版社，2021.

[5] 白恩玉 . "一步法"用聚氨酯原料的质量要求和喷灌要点 [J]. 石油工程建设，1986（6）：41-42.

[6] 张清玉 . 油气田工程实用防腐蚀技术 [M]. 北京：中国石化出版社，2009.

[7] 丁启敏，杨铁民，倪正义，等 . 聚氨酯泡沫发泡位置监视跟踪装置研制 [J]. 辽宁石油化工大学学报，1994（2）：47-51.

[8] 马明来，吴斌，魏广存，等 . 控制大口径管道防腐保温"一步法"作业偏心问题的做法 [J]. 石油工程建设，2009，35（5）：33-36.

[9] 丁泉允，王秋萍 . 大口径管道防腐保温"一步法"工艺研究 [J]. 全面腐蚀控制，2017（7）：68-71.

"管中管法" 聚氨酯保温管成型技术来自欧洲发明的 "pipe in pipe" 工艺。我国于 20 世纪 80 年代中期研制成功并已付诸工业应用。该法也称为 "两步法" 成型工艺，顾名思义就是采用两个主要步骤完成聚氨酯保温管的生产：第一步，采用塑料挤出机按照要求管径和厚度挤出成型高密度聚乙烯外护管；第二步，把单根钢管套入成型的高密度聚乙烯管壳，并向两者形成的环形空间注入聚氨酯泡沫塑料。

这种工艺成型的聚氨酯保温管具有优良的保温、防水、防腐性能和整体强度，直埋敷设是十分理想的，因此这种成型技术被国外大量采用。

"一步法" 保温管成型工艺要求的管径≤ $\phi377$ mm，虽然有文献论述可以生产大口径管道，如 $\phi508$ mm 或 $\phi610$ mm，但只能称之为中口径管道，并且在实际应用中并未在 "一步法" 中进行大规模的推广和普及。所以针对大口径的管道，一般采用 "管中管法" 成型工艺。

4.1 "管中管法" 成型原理

"管中管法" 与 "一步法" 最大的区别是，聚乙烯保护壳和聚氨酯泡沫保温层分两步成型，而非同步完成。其成型原理（图 4-1）可以概括为：挤出聚乙烯管壳后，钢管送入成型的管壳形成 "管中管法" 结构，然后在钢管和管壳的空腔内发泡成型聚氨酯保温层。

首先挤塑机把聚乙烯颗粒料通过加热、熔融、塑化、挤出形成需要的直径和壁厚的塑料管壳，并通过定型装置、冷却装置以及最终的切割，完成定长的塑料防

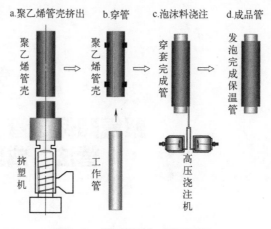

图 4-1　"管中管法"成型原理图

护壳；需要保温的钢管表面处理完成并干燥后，在穿管平台上捆扎定位块（保证钢管在管壳内的支撑后的上下均匀间隙），并穿入已经固定好的管壳内，采用定位块保证钢管与管壳的同心度，并依据标准预留钢管两端延伸出管壳外的长度；在塑料管壳上开注料孔和排气孔，高压或普通发泡机通过管壳上的注料孔或端面封堵模具上的注料孔，把双组分聚氨酯物料灌注进管壳和钢管之间的空腔，使其均匀发泡并注满空腔，形成钢管、聚氨酯保温层和聚乙烯防腐壳的保温管道。全套设备包含除锈设备、防腐设备、聚乙烯管壳挤出设备、"管中管法"保温管成型装置。其中，除锈设备和防腐设备有专门文献进行介绍，本章只介绍聚乙烯管壳挤出设备，详述保温管成型装备。

聚氨酯保温管成型装置，分为以下几大组件：聚乙烯塑性管壳挤出成型成套装置、聚乙烯管壳固定平台、钢管穿管装置、聚氨酯泡沫发泡平台、聚氨酯发泡浇注机等。

4.2　聚乙烯管壳成型

4.2.1　成型原理

成型原理如图 4-2 所示。借助螺杆挤压作用，使得塑化的塑料通过塑型模具挤出定尺寸的均匀管形材料：颗粒聚乙烯原料通过料斗进入挤塑机的落料段，在旋转螺杆的推动下，在外加热和螺杆的剪切热、物流物料之间的剪切摩擦热的作用下物料熔融后呈黏流态。熔融塑化的聚乙烯通过螺杆和料筒间隙，源源不断地向前螺旋挤出。在螺杆挤压推动下，在成型的模具口模进行释放，形成所要求的塑性管壳。并通过定型、冷却、牵引、延伸、切割，得到所需尺寸的塑料管道。

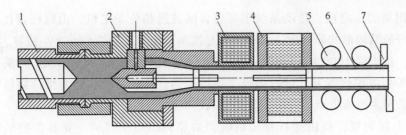

图 4-2　塑性管壳挤出成型原理图[1]

1—挤塑机料筒；2—管形模具；3—管壳定型装置；4—冷却装置；5—管壳牵引延伸装置；6—挤出管壳；7—切割装置

实际运行为两个过程：第一阶段聚乙烯材料塑化（从颗粒料转换成黏流态）、挤压、基础延伸和成型，通过管形模具离模，形成所需的管状；第二阶段为定型、定尺阶段，通过定型装置和冷却等，黏弹性材料转换成为定型的玻璃态成品。

4.2.2　成型成套装置

采用"管中管法"完成保温管的生产，第一步就是挤出成型定长度、定直径、定厚度的聚乙烯管壳，设备采用塑料管壳挤出成套装置，成型方式分为抽真空法和真空定径法两种。现阶段管壳的挤出多采用真空定径法，成型设备由塑料挤出机、管形挤出模具、定型装置、冷却装置、管壳牵引延伸装置、定尺寸切割装置组成（图 4-3）。

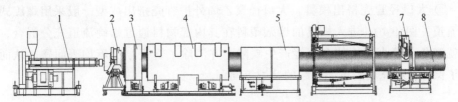

图 4-3　中大口径聚乙烯管壳挤出设备组成

1—挤塑机；2—挤出模具；3—第一真空定径箱；4—第二真空定径箱；5—冷却系统；
6—管壳牵引装置；7—切割刀具；8—聚乙烯管壳

4.2.2.1　挤出装置

塑料管壳挤出装置由挤塑机和直通式挤出管形模具组成。

（1）挤塑机

塑性管壳挤出的专用设备就是单螺杆挤塑机（挤出机），由主机和上料装置等组成。

① 主机。包含挤出系统、传动系统、加热系统、冷却系统等。挤出系统是挤塑机的核心部件，由螺杆和螺筒组成，其结构形式决定了材料的塑化效果，螺杆直径决定了挤出量，长径比决定了挤出效率，螺杆材质决定了其使用寿命和长期

运行挤出量的稳定性。传动系统主要包含减速机和传动电机，由螺杆直径、长径比、螺杆的结构形式等决定，国产一般是按照挤出量 2 ~ 2.5 kg/kW 核算，如 200 挤出机，挤出量 1000 kg，需要 400 ~ 500 kW 传动电机。加热系统，为满足物料塑化，采用电加热等方式进行螺杆螺筒的加热。冷却系统，是为维持物料温度的恒定，采用水冷或风冷，现阶段多采用风冷装置。

② 上料装置。提供螺杆挤塑机所需的原料，由下料桶（安装在挤塑机落料段）、干燥机、真空吸料装置、落地料斗组成。当料桶物料减少时，系统自动检测并上料。对于大口径塑料管壳挤出或湿气较重的环境，需要采用大型的专门干燥机进行干燥，或从物料干燥车间远距离上料。

③ 大长径比螺杆。螺杆作为挤塑机最关键的设备，国内的大长径比一般为 33∶1，国外已经突破技术瓶颈，采用更大长径比的挤塑机，如德国克拉斯菲螺杆直径 105 mm，长径比 36∶1，采用特制双金属材料，电机功率 305 kW，挤出量可以达到 1100 kg，等效国内的 200 或 220 挤塑机，功率消耗降低 20% ~ 30%。

（2）直通式挤出管形模具

单纯的塑料管壳挤出，采用直通式挤出管形模具。

① 挤出模具的设计原则。模具流道呈光滑流线型；模具断面形状和尺寸设计正确合理；设置适当的调节装置；结构紧凑，并便于装配和拆卸；连接处应严密，防止漏料；材料加工外形均匀，以保证传热均匀。

② 大口径管壳挤出模具。大口径聚乙烯外护管壳挤出成型一般采用螺旋式挤出流道（图 4-4），进入模具的熔融塑料在其内部物料通过螺旋流道充分混合，这样就避免了管壳表面的合流缝产生缺陷，并消除了管壳厚度不均等问题，从而减少了保温材料充填后可能引起的开裂等问题。

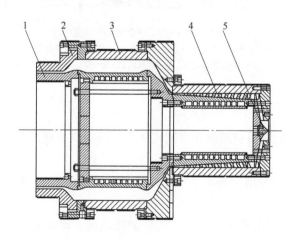

图 4-4　大口径塑料管壳直通管形挤出模具
1—芯模；2—口模；3—模体；4—螺旋流道；5—分流锥

4.2.2.2 真空定径装置

中大口径聚乙烯管挤出的定型方式分为内冲压和真空定径两种，其中保证效率和产品质量的最佳方式为真空定径。真空定径装置由真空定径套和真空箱组成，通过定径装置和水冷系统完成管壳的定型。大口径塑料管挤出采用两级真空箱：第一级为复合真空箱（带定径套），长度较短（2 m 左右），进行初级定型；第二级独立真空箱（长 6 m 左右），最终定型。

（1）真空定径套

真空定径法塑料管壳成型，是以管外抽真空的方式，使挤出的热塑性管壳在定型装置上定径并最终定型的一种加工工艺。工作过程中采用真空吸附方式使得塑料管壳贴附在定径套内壁，同时通过定径套上的冷却水夹套或向定径套的外壁喷淋冷却水进行挤出管壳的定型。

真空定径套有两种结构形式：一是单体式真空定径套 [图 4-5（a）]，采用黄铜或铝合金材料，定长度设计并适应塑性管壳直径的金属薄壁套，有良好的导热性，管壁上开有透气抽真空的小孔或窄缝（孔径或缝宽＜ 0.8 mm，孔间距约10 mm）[2]；在套的进入端，有通水式预冷却装置，它的作用是将挤出的熔体预冷却，防止熔体粘附定径套管内壁，单体式定径套安装在真空箱入口端并密封，与其连接为一个整体结构 [图 4-6（a）]，并通过真空箱提供真空吸附和对定径套进行周向喷淋冷却，工作时熔融的管壳通过真空箱时，进出端通过真空箱上的密封装置与管壳外壁密封，并在管壳外壁与真空箱体形成密闭空腔，用真空泵对空腔形成一定的真空度，促使其贴附在定径套内壁后迅速冷却定型。二是复合式真空定径套 [图 4-5（b）]，定径套上安装有水冷夹套和真空吸附结构，水冷区和抽真空区各自独立，并在真空区的管壁上同样开有抽真空的小孔或窄缝；这是一种简易的真空定径法，不适用于大口径管壳挤出成型。

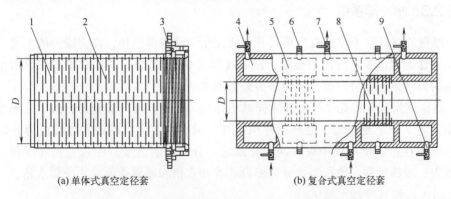

(a) 单体式真空定径套   (b) 复合式真空定径套

图 4-5 真空定径套示意图（D 为定径套内腔直径）

1—抽真空通道；2—真空定径套筒体；3—连接法兰；4—水冷腔；5—真空腔；6—出水口；
7—真空管；8—真空通道；9—进水口

（2）真空箱

真空箱是塑性管壳定型的关键设备，与单体式定径套配合使用，常规的挤管设备采用的是一套安装有定径套的真空箱［图4-6（a）］。为了防止废品的出现，也可采用两级真空箱［图4-6（b）］。真空箱是一种具备抽真空和水冷却的仓形设备，由仓体、进出口密封、冷却水路、喷雾式喷头、冷却水泵、真空泵、可调压真空系统以及辅助的观察窗等组成，某些真空箱上还安装有检测真空度的检测仪器，以降低废品率。

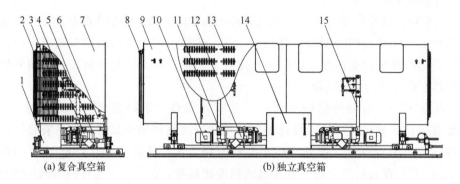

图4-6　真空定径箱

1—冷水水箱；2—定径套；3—喷淋水管；4—冷却水泵；5—真空泵；6—冷水供水管；7—箱体；
8—密封；9—箱体；10—真空泵；11，15—供水管；12—供水泵；13—喷淋管；14—冷却水箱

真空箱通过真空泵使箱体内形成真空度，而真空度的大小一般需要根据挤出的管壳来确定，不但与管壳的直径有关，管壳的壁厚也是决定真空度的一个重要因素，并且真空度要求与管壳挤出速度值相匹配，一般合理的取值范围为0.02～0.08 MPa。

4.2.2.3　水冷却系统

厚壁的塑料管壳经过真空箱后并不能完全排除内部热量，需要额外的水冷却系统，并通过水流带走管内的热量，使温度降到60 ℃以下，防止管子变形。根据冷却水的温降速度，可以设立水冷塔等外散热系统。

高密度聚乙烯管壳迅速冷却才能减小球晶，提高强度。管壳挤出的实际操作过程中，为了减小变形量，提高尺寸稳定性，减小内应力，改进耐环境应力开裂性等，一般在挤管生产线中设置两段冷却水，分别控制温度，使管壳完成冷却、内热散失、冷却过程。冷却装置分为浸没式冷却水槽和喷淋或喷雾式冷却水箱。

（1）浸没式冷却水槽

浸没式冷却水槽采用半开式槽形结构，需要冷却的塑料管壳可以完全浸没在水中，冷却时水的流向与管壳的挤出延伸方向相反。冷却水槽的长度根据挤出管壳

的直径和挤出速度确定，一般为 2～3 m。浸没式水槽结构比较简单，管壳在水中属于全浸式，水会对管体产生浮力，使管壳发生弯曲，而浮力大小与管壳直径成正比，所以只适用于小管径管壳的冷却。

（2）喷雾式冷却水箱

喷雾式冷却水箱（图 4-7）的结构是全封闭的通过式箱体，箱体内管壳通道的四周均匀排布喷淋头、给水泵、水箱、压力调节装置、给水管道以及观察和检修窗。靠近定径套一端喷淋头设置较密，产生的冷却水流量大。工作过程中通过给水泵的压力形成多点冷却，水流或冷却水雾作用于通过的塑性管壳外表面，冷却效率高，适用于中大口径塑料管壳的冷却。

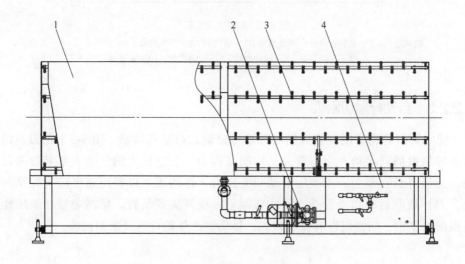

图 4-7　通过式塑料管壳喷淋式冷却水箱

1—箱体；2—冷水水泵；3—喷淋头；4—水箱

4.2.2.4　履带式牵引机

塑料管壳在挤出初期通过挤塑机的挤出推动延伸，当达到一定长度时，需要额外的作用力牵引完成塑料管壳的连续运行，一般采用专用的牵引机进行拖拽。牵引机的结构分为滚轮式和履带式，现阶段塑性管壳的挤出牵引多采用履带式。

履带式牵引机采用柔性两爪至十爪（由管径范围决定）的履带式结构（图 4-8），履带上安装有 V 状柔性块，防止夹紧管壳时造成塑管损坏。结构包括主体架、传送履带、柔性块、履带开合调整机构（图 4-8 中 2，以适应管径范围）、驱动装置（减速机、电机）、同步传送机构（如图 4-8 中 9，确保履带的同步传送）。牵引机设计的关键是履带传送装置、多履带同步机构以及牵引装置传送的无级调速。

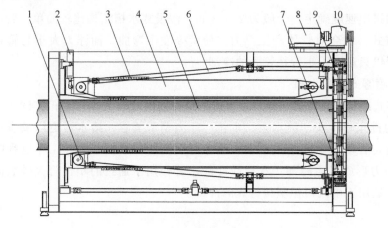

图 4-8　履带式牵引机[3]

1—二级减速机；2—牵引履带开合调整机构；3—柔性块；4—牵引履带；5—塑料管壳；6—万向节；
7—传动链条；8—传动电机；9—传动齿轮；10—减速机

4.2.2.5　自动行星切割机

管中管的管壳长度需要根据定长进行分割，行星式切割（图 4-9）是刀具沿着圆周导轨做周向运动并切割管壳，切割过程为：切割机上的气动夹紧装置夹持管壳，行星刀具在牵引力（液压推动和夹持力）作用下，以相同速度随管壳延伸移动，刀片周向运动切割管壳，完成切割后，松开夹紧装置，切割装置在液压作用下返回原工位。切割机设有吸尘装置，将切割产生的碎屑及灰尘回收。

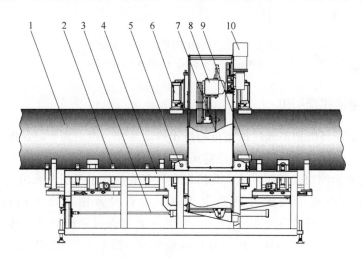

图 4-9　塑料管壳随动行星切割机（图中回收系统未标识）

1—塑料管壳；2—V 形支撑轮；3—动力油缸；4—滑动轨道；5—传动滚轮；6—上夹紧装置；
7—切割刀片；8—切割动力；9—下夹紧装置；10—行星回转电机

4.3　保温层成型

钢管保温层成型包含穿管、夹持、发泡、修切等工序，成型设备主要包括钢管穿管装置、塑料管夹持装置、发泡平台、泡沫层端面修切装置以及高压发泡装置（图 4-10）。

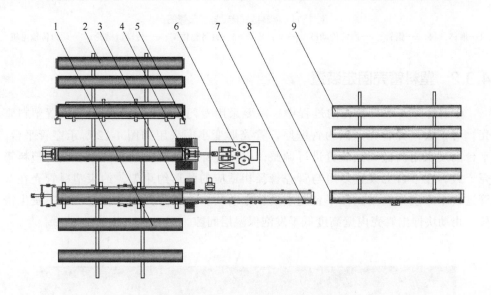

图 4-10　"管中管法" 保温管生产线布置图
1—聚乙烯管材；2—保温成品管；3—聚乙烯管材箍紧平台；4—保温层发泡平台；
5—管端修切平台；6—高压发泡机；7—穿管平台；8—传动线；9—钢管

4.3.1　钢管穿管装置

钢管穿管装置采用外加力作用推动钢管穿入塑料管壳。设备设计要求有推动钢管的外作用力，满足钢管直线行走的滑动辊道，满足不同管径的调整机构（适应钢管中心线和塑料管壳中心线一致）。钢管穿管机构因外作用力方向不同而采用不同的结构，外作用力一般有前推方式和拖拽方式，传动方式有链式传动、齿轮齿条传动、卷扬牵引传动等，支撑方式又分为整体块和管口支撑。推动方式分为回转方式和往复方式。链传动又分为单列链传动和双列链传动。

图 4-11 所示为回转链式传动穿管装置图。推动顶块安装在回转链上，工作过程中钢管放置在 V 形传动辊道上，顶块推顶钢管管口，外加在回转链上的动力带动推块顶送钢管前移，稳定送入塑性管壳内。

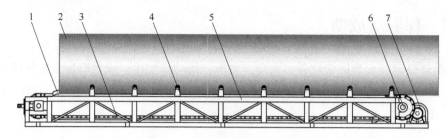

图 4-11 回转链式传动穿管装置图

1—推移顶块；2—钢管；3—回转传动链；4—V 形辊道；5—设备整体架；6—传动链链轮；7—动力传输电机

4.3.2 塑料管壳固定装置

在钢管穿入塑料管壳的过程中，需要采用专门设计的平台固定和放置塑料管壳，对于大口径管壳，因为管壁厚，管壳形变小，采用如图 4-12 所示穿管平台。平台高度采用高低调整装置进行调整，以保证穿管装置上钢管的中心线与塑料管壳一致。在平台上设置多组与管壳管径相适应的弧形约束架，约束塑料管壳在穿管过程中不发生摆动。在平台尾端设置止动块，约束管壳在穿管过程中不发生滑移，止动块伸出管壳内壁高度低于发泡保温层间隙。

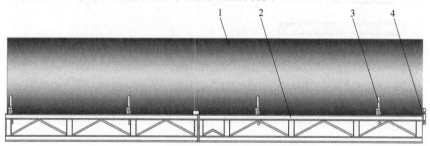

图 4-12 聚乙烯管壳固定装置

1—聚乙烯管壳；2—设备整体架；3—管壳弧形约束架；4—止动块

对于中口径塑料管壳，管壁比较薄，自由存放时为扁塌状态，就需要设计正圆机构，例如采用多组与管壳直径相适应的液压调整的弧形箍紧环（图 4-12 中 3），约束后使管壳成为较为标准的筒状结构，并通过箍紧力和止推块，保证穿管过程中管壳不发生滑移。

对于小口径的薄壁塑料管壳，根本无法采用标准的塑料固定台架，则采用塑料管壳穿钢管的方式，如同套袖，把管壳套入钢管。塑料管壳固定装置和钢管穿管装置共同组成保温管成型的穿管装置。

4.3.3 聚氨酯泡沫发泡平台

完成穿管工作的钢管和塑性管壳，采用两种结构的平台进行聚氨酯保温料的灌注。第一种为水平发泡方式。发泡平台为固定式水平结构，需要发泡的管壳放置在平台上，并进行管端封堵，发泡前在管壳的中间位置（长度方向）正上方打孔，灌注喷枪从空中注入发泡原料，原料向管壳和钢管之间的空腔左右流淌，从管的中部开始发泡，并填充整个管道。中间发泡方式需要在塑料管壳的合理位置设置排气孔，满足发泡过程中反应气体的排出，一般采用海绵状结构封堵出气口，防止物料喷出。发泡完成，则采用塑料塞封堵焊接。第二种为倾斜式发泡方式。发泡平台为铰链固定可液压倾斜的整体结构（图4-13），初始状态平台为水平结构，穿好塑料管壳的钢管放置在发泡平台上，首先进行管端液压环封堵，以形成封闭式发泡空腔结构。发泡前，平台通过液压顶升装置（图4-13中2、5）沿固定铰链倾斜1°～15°，从升起端灌注聚氨酯发泡料，流淌到管尾端进行发泡，并填充管道空腔，而不需要在塑料管壳上开设灌注孔。

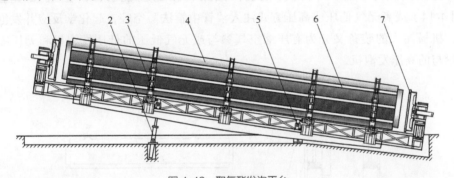

图 4-13　聚氨酯发泡平台

1—管端液压堵环；2—液压升降油缸；3—液压箍紧装置；4—待发泡管道；5—发泡平台旋转铰链；
6—条形箍紧块；7—管端液压封堵环

任何一种发泡平台的结构均由钢质材料焊接而成，必须在管端设置可根据管径大小和保温层间隙进行更换的封堵环（图4-13中7），封堵环为凸台法兰形式，外环（凸台外沿）大于塑性管壳内径，凸台内沿直径与塑性管壳内径一致，凸台法兰内圈直径大于钢管外直径5 mm，封堵环安装在液压调整机构上，待发泡管壳固定后，封堵环在液压推动作用下封闭管端空腔间隙，满足发泡要求，并按照要求在封堵环上开设排气孔（均布6个）。对于倾斜式发泡平台，还需要在升起端的封堵环上开设聚氨酯发泡料的灌注孔。

穿有钢管的厚壁塑管壳，在静置和发泡过程中不会因为重力作用或内冲压而造成管壳形变，所以一般的穿管平台只设计适应管壳外径放置的多组弧形台架（图4-12），而对于薄壁管壳，因为承重变形和内压变形，所以在发泡平台上设置多道液压开合调整的等管壳外径的箍紧装置（图4-13中3），无管时属于张开状态，有管时箍紧装置上安装的周向布置的条状张紧块（6条或8条）在液压缸作用下收紧，箍在塑性管壳表面，要求箍紧装置的弧面结构一定适应相应的管径，所以根据管径不同可调整张紧块位置；倾斜式发泡平台安装时地基设置满足平台倾斜要求的地坑。

4.3.4 聚氨酯发泡机

"管中管法"保温泡沫料采用注入方式。操作过程是：按原材料混合比例，将各种化学原料均匀混合后，注入钢管与塑料管壳的发泡空腔，发生化学反应的同时进行发泡、填充、硬化等，最终密实空腔形成保温层。注入成型方式主要分为人工注入发泡成型和机械注入发泡成型两种。

人工方式包含原料桶清洗的整个过程由人工来完成，操作人员手工配料、混合、搅拌，并最终完成混合料的注入。

机械注入方式用专门的发泡机，把原料按比例混合，并通过压缩空气（图4-14）或者无气低压或高压方式注入"管中管法"空腔，起化学反应并发泡成型。机械注入的装备又分为有压缩空气参与或无气低压的低压发泡机和无压缩空气参与的高压发泡机。

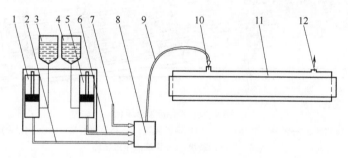

图 4-14　机械注入发泡成型工艺示意图[4]

1—聚醚多元醇组合料（白料）输送计量泵；2—单组分（白料）输料管；3—聚醚多元醇组合料储罐；
4—异氰酸酯（黑料）储罐；5—异氰酸酯输送计量泵；6—单组分（黑料）输料管；7—压缩空气管；
8—双组分料混合头；9—混合料输料管；10—发泡料注料孔；11—发泡空腔；12—排气孔

"管中管法"低压发泡工艺：①采用比例泵将不同量的双组分料送入长杆喷枪内，枪杆内的物料在压缩空气作用下均匀混合，混合后的泡沫料输送到钢管与外护管组成的环形空腔内，枪杆边退边注入物料，同步发泡。泡沫料比例泵送入压缩空气混合注入，在一端敞开的空间内自由发泡。②采用无气低压发泡机，两种物料在机械混合头处混合后经过喷枪送入发泡空间进行发泡。从本质上讲，有空气参与的"管中管法"低压发泡工艺相当于"一步法"低压浇注成型工艺。

"管中管法"高压发泡工艺：A、B两组分泡沫料分别由两台高精度计量泵，通过各自管路输送到混合头，经过高速度强烈二次搅拌，使混合料液均匀从灌注头喷出，从注料口注入外护聚乙烯管和钢管形成的环形空间，泡沫料为一次性灌注，在相对密闭的空间被强制发泡，泡沫混合均匀，密度大，抗压强度高。

因此，"管中管法"高压发泡工艺，更适用于口径大、自重大的管道，在保温层抗压强度要求高的条件下使用。二者主要技术指标见表 4-1。

表 4-1　高低压发泡工艺主要技术指标

技术指标	低压发泡工艺	高压发泡工艺
适用工艺	一步法、管中管法	管中管法
防护层厚度 /mm	≥ 1.4	≥ 2.5
保温层密度 /(kg/m³)	40 ～ 70	60 ～ 120
抗压强度 /MPa	≥ 0.2	≥ 0.3

4.3.4.1　低压发泡机

低压发泡机是以多元醇和异氰酸酯两种液体原料进行循环混合的成型设备，并配备外接动力的机械式混合头。此种聚氨酯混合泡物料是在面糊状、半发泡状态下喷出的，发泡压力非常低。设备比较简单，原料在混合头内拌合时间较长，完成注料后，必须用溶剂清洗混合头，操作不便。

低压注入发泡机结构如图 4-15 所示，其工作原理如图 4-16 所示，主要由单位时间一次供料量的供料系统、泵出、混合及注射系统组成。在供料系统中，主要是在两种组分储料罐上安装有定量泵单元和料液温度调节单元。罐体上附带有电机联动的搅拌器，采用氮气或干燥空气进行加压。泵出单元是由稳定准确、计量精度很高的自吸式低压齿轮泵组成的系统，供应低黏度至高黏度的原液，很高的自吸性，使得料液不经过加压即可形成真空，从而成为关键性部件。定量泵的驱动电动机转速可在 1 : 6 范围内控制（可调）。原液温度调节装置使致冷设备产生

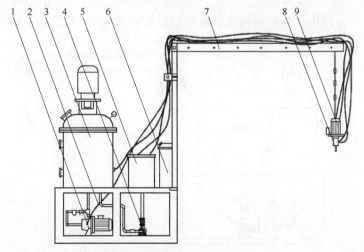

图 4-15　聚氨酯低压注入发泡机结构

1—单组分料定量泵；2—单组分料输料管；3—组分料储料罐；4—水泵；5—加热恒温水槽；
6—清洗溶剂罐；7—枪头支撑悬臂；8—带搅拌低压喷枪；9—搅拌电机

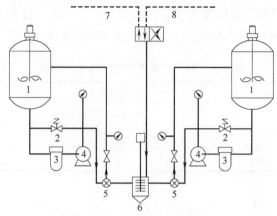

图 4-16　低压发泡机原理图[5]

1—原料储罐；2—安全阀；3—过滤器；4—计量泵；5—切换阀门；6—低压混合头；7—空气；8—溶剂

的冷水和电热器产生的热水向原液槽水套中循环，来准确地控制温度。搅拌头是十分关键的部件。滑动式原液喷出装置，使两种原液可靠地以超高速喷出，并同时完成，不产生初喷出差和后喷出差。搅拌的转子对高低黏度的原液均能混合。

　　低压注入发泡机的主要技术参数有：喷出能力，它是在多元醇和异氰酸酯配合比为 1 : 100 或 2 : 1 的情况下，以不同时间的注射量来表示的。此外，还有搅拌变速装置的转速（r/min），定量泵驱动电动机的调速范围，原液温度调节装置的调节温度范围，注入时间定时器的调节范围，原液槽及溶剂槽的容量以及整机功率的消耗等。

4.3.4.2　高压发泡机

　　高压注入发泡机，外形结构及其原理如图 4-17 和图 4-18 所示，主要由混合头、

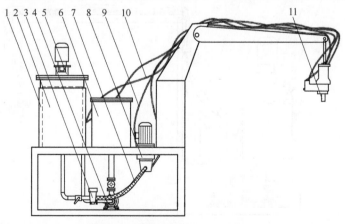

图 4-17　聚氨酯高压注入发泡机结构

1—恒温夹套；2—单组分储料罐；3—片隙式过滤器；4—供水泵；5—原料搅拌器；6—温冷热水箱；
7—柱塞泵送料管；8—高压柱塞泵；9—单组分供料管；10—单组分回料管；11—高压混合头

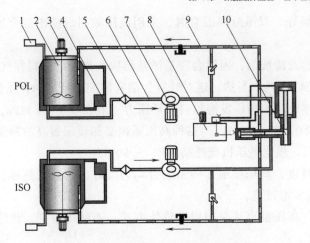

图 4-18　聚氨酯高压注入发泡系统原理图

1—压缩气体注入装置；2—原料罐；3—原料搅拌装置；4—原料恒温冷热供水单元；5—原料过滤器；6—供料管；7—高压柱塞泵；8—液压单元；9—回料管；10—高压自清洗喷枪头

高低压转换装置、计量泵单元、数字定时装置（0.01 ～ 99.99 s），液压系统，A 组分储料罐、B 组分储料罐，料罐附带的温度调节水套和电机驱动搅拌器、电伴热输料管、主控制盘一套以及原液温度调节装置、液位显示装置、自动供料泵、多元醇侧空气混入和多搅拌系统组成。与低压发泡机最大的区别是：无溶剂清洗装置，泵送压力高，采用机械清洗式混合头。

高压注入发泡机的工作原理（图 4-19）与低压注入发泡机的工作原理基本相同，所不同的是多元醇和异氰酸酯在混合头中进行高压（10 ～ 20 MPa）的定量、定比例混合，在其上配有特殊的高压混合头，能够对两种循环的原液进行混合或分开的灵活转换。原料进入混合头前是不断循环的，以确保温度的恒定。原料注入模具时，压力为 10 ～ 20 MPa。

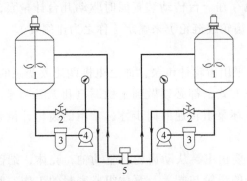

图 4-19　高压发泡机原理图

1—原料储罐；2—安全阀；3—过滤器；4—高压柱塞泵；5—高压混合头

高压发泡机主要特点如下。

① 混料效果好。双组分料混合时，采用高压喷射、撞击混合这种混料方式均匀度极高。

② 无残料、无清洗剂。因混合腔是活塞结构。当双组分料在气缸中混合完毕，活塞自动压下清除残料。当然，这对气缸、活塞的配合精度和材质要求较高。

③ 制造成本较高。高压发泡机料循环压力一般在 5 ~ 10 MPa，高压发泡机控制油路压力一般在 10 ~ 20MPa，这种高压系统必然要求很高的制造成本。

④ 能耗较高。相比低压机能耗高30% ~ 50%。

⑤ 易发泡过度。高压喷射，撞击混合均匀度好，但是发热较快，如果散热处理不好极易出现发泡过度。

⑥ 无污染。高压混合头采用机械清洗方式，不使用溶剂，杜绝了对环境的污染和人体的伤害。

高低压发泡机的主要区别：高压聚氨酯发泡机的 A、B 料混合靠主泵提供压力，A、B 料高压撞击混合；高压聚氨酯发泡机节省原料 10% 以上；低压聚氨酯发泡机的混合是靠空气推动 A、B 料，在混合管中采用机械法搅动，最终达到混合；高压聚氨酯发泡机混合端不需要清洗，使用方便；低压聚氨酯发泡机混合端残留量大，需要清洗，不然会堵塞，比较麻烦，并且容易浪费原材料。

4.3.4.3 计量泵

聚氨酯双组分物料单独输送，并按照一定比例要求进行混合，须通过单独的精确计量泵计量后输送进入混合枪头，并且要求各组分物料的混配比以及输出量在一定的范围内进行精确的控制和调整，所以计量泵是聚氨酯发泡机的核心装备。

输送聚氨酯双组分料的计量泵，多采用精密制造的转子式及往复式容积泵（如齿轮泵、环形活塞泵、柱塞计量泵等）。为了便于计量调节，一般每台计量泵配有独立的传动装置。也存在一台传动装置同时驱动几台计量泵，各泵之间的速度则根据需要，由轮组（齿轮或链轮）来确定（称之为比例泵）。

（1）齿轮计量泵

低压发泡机大多采用齿轮计量泵，通过电机调速改变泵的转速来调整排料量。电机的任何一种调速方式，都必须做到平稳调整和无级调速，不受电网参数等外界因素波动的影响破坏泵组转速的同步性。常用的齿轮计量泵有外啮合齿轮泵和内啮合齿轮泵两种。

外啮合齿轮泵主要由主、从动齿轮，驱动轴，壳体，端盖及密封等组成。其中，泵体内相互啮合的齿轮与端盖及泵体组成密封的工作空腔，齿轮的啮合线将左、右空腔隔开，形成吸、压物料腔，其工作原理如图 4-20（a）所示。外啮合齿轮泵在吸入口，由于进口两齿轮的齿脱离啮合，齿间空隙的扩大产生真空，把物料吸入齿间，并经过壳体送到泵体另外一侧。当主动齿轮与被动齿轮发生啮合时，两齿轮间形成高压，齿间的液体受挤压，被压送至出料口，从而完成一个吸料与排料的循环过程。外啮合的齿轮泵，压力高，输出最高 17.5 MPa，甚至更高，可输送更高黏度的流体。

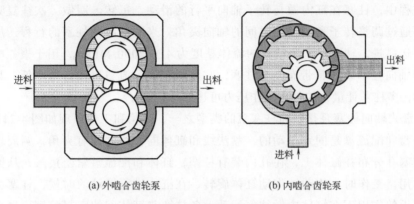

(a) 外啮合齿轮泵　　　　　　　　　(b) 内啮合齿轮泵

图 4-20　齿轮计量泵输送物料原理图

内啮合齿轮泵分为渐开线齿形和摆线齿形（转子泵）。内啮合齿轮泵的工作原理和外啮合齿轮泵的工作原理基本相同，同样是依靠容积的改变来实现吸料和送料的。但是为了保证吸、送料口隔开，渐开线齿轮泵的中间要加一块月牙隔板，而摆线齿轮泵中由于两个齿轮只相差一个齿，在啮合时始终能保证吸、送料过程中的通道阻断，不需要月牙隔板，其工作原理如图 4-20（b）所示，内啮合齿旋转与内齿脱离啮合形成低压，把物料吸入，物料在内齿腔流动，经过内齿轮和内齿圈啮合形成高压，把物料送出，在内齿轮与齿圈啮合过程中，完成一个循环。内啮合齿轮泵输送压差小，出口压力不高，但也可输送高黏度流体。

与外啮合齿轮泵相比，内啮合齿轮泵根据进出物料空腔容积的变化，所形成的压差在啮合时齿的接触面较大，当主动轮齿数相同时，内啮合齿轮泵的送料量要小一些，但内啮合齿轮泵的理论输出脉动度要比外啮合齿轮泵小得多，在相同条件下只有外啮合齿轮泵的 1/7 ~ 1/2，而且噪声低，外形体积也较小，因此被较多地选用。但内啮合齿轮泵加工难度较高，制造比较复杂[6]。

（2）多柱塞计量泵

高压发泡机通常选用多柱塞计量泵，这种泵分为垂直和轴向两种柱塞形式精密机械结构。它们的共同特点是：传动装置一般为 1000 ~ 1500 r/min 的恒定转速，因为采用了多缸结构（常见 4 ~ 10 个活塞缸），输出的流体只有轻微的脉动，并且靠柱塞与缸体间的精密配合，使泵具有较高的输出工作压力。

多柱塞计量泵的自吸能力较差，必须采用加压供料方式，即通过向机上贮罐施加 0.2 ~ 0.5 MPa 的干燥空气或氮气，或使用供料泵供料。这里只介绍应用于聚氨酯高压发泡机的轴向柱塞泵。

轴向柱塞泵传动轴带动装有柱塞的蜂窝驱动盘转动，并通过柱塞带动具有若干个柱塞缸的转子在转子套内旋转。柱塞与驱动盘之间的球窝连接保证了柱塞头转动的灵活可调。转子套的安装位置与传动轴呈一定角度，角度可以精确调整。在旋转过程中，柱塞在缸内做与转子轴向平行的滑动，每转一圈做一次往复吸料与排料，通过调整转子和传动轴之间的轴向夹角，来改变缸内柱塞的行程，从而调整泵的送料量。轴向柱塞泵适合的流体黏度为 4 ~ 2000 MPa·s，用于聚氨酯物料喷涂的轴向柱塞泵通常带有 7 个柱塞，它计量精确，流量可调，噪声低，且使用寿命长，多柱塞计量泵的最大工作压力可达 30 MPa[7]。

斜盘式轴向柱塞泵是轴向柱塞泵的类型之一，结构和工作原理如图 4-21 所示。泵的斜盘和配流盘是固定不动的，盘法线和缸体的轴线之间有夹角，圆周均布的轴向柱塞孔分布在缸体上，在孔内装有柱塞，缸体和配流盘紧密接触，从而起到密封作用。工作时，传动轴带动缸体旋转，在缸体进行转动的时候，柱塞会在斜盘和压板的作用下在缸体内做往复运动，各柱塞与缸体间的密封腔容积也会发生变化，吸料和压料会通过配流盘上的弧形吸料口和送料口得以实现。

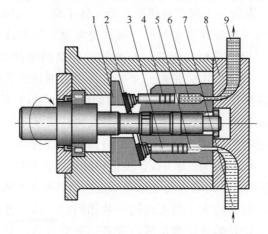

图 4-21　斜盘式轴向柱塞泵结构及工作原理图
1—斜盘；2—回程盘；3，4—柱塞；5—进料仓；6—出料仓；7—进料口；8—配流盘；9—出料口

4.3.4.4　聚氨酯发泡混合头

（1）低压发泡混合头 [8]

低压聚氨酯注入发泡机，采用低压输送 A、B 组分至枪头，其压力不足以使物料碰撞后充分混合，必须采用混合料搅拌器进行搅拌才能混合充分，并在送料结构搅拌器作用下通过枪头流道送入发泡空腔，采用了外力带动的混合器，所以低压混合喷枪，无法采用机械式结构进行枪头混合物料的清理。如图 4-22 所示，为低压聚氨酯发泡枪体结构图，是一种比较典型的结构，采用特殊设计的聚氨酯启

闭阀，开启（注料）或关闭（送料）流道，同时关闭或开启单组分料自循环流道（涂装间歇），也可采用其他结构形式的启闭装置进行物料自流或输送。注料后混合流道、搅拌器等，需要采用压缩空气或溶剂进行清洗，一般要求停机 5 s 以上须用压缩空气吹 6～10 s，丙酮洗 4～6 s，空气二次吹 15～20 s，吹扫空气压力等级 0.3～0.5 MPa，丙酮压力等级 0～0.4 MPa，加料压力 0.075 MPa，气缸压力 0.5 MPa。停机 5 s 内则不需要清洗。

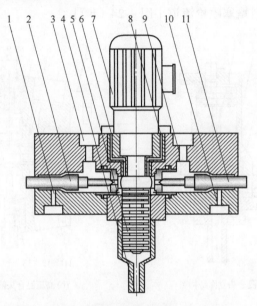

图 4-22 典型聚氨酯注入低压混合头结构图

1—A 料回流流道；2—A 料启闭及回流阀；3—A 料进料流道；4—混合料注入口；5—混合料搅拌器；6—压缩空气流道；7—搅拌电机；8—溶剂流道；9—B 料进料流道；10—B 料回料流道；11—B 料启闭及回流阀

（2）高压发泡混合头 [8]

高压发泡混合头是高压发泡机的关键部件，具有以下特点：间断停机，单组分原料在混合头内单通道自循环，配置机械清理头，防止混合流通道堵塞，双组分料在稳定压力下连续不断地输送，结构件和通道柱塞杆等密封严密配合，精度高，防止高压下泄漏或出现枪头内混料现象，造成喷枪报废。

高压发泡的混合头体积很小，原料自身的高压能充分把各种原料混合均匀，然后注射入密闭的模具中。注射完毕，混合头不必溶剂清洗。

混合头是高压注入设备的关键部件，其结构和原理如下：聚氨酯高压注入发泡，采用双组分原料单独高压输送后，在注入枪的非搅拌室内静态混合，一般的混合枪头的结构形式为混合室和注入流道各自独立的独立式或一体式，这两种结构注射枪均为机械清洗结构。

独立式高压混合头（图 4-23），由 A、B 组分物料通道和回流通道、大活塞杆、小活塞杆、混合室、混合料流道（喷枪头）组成，小活塞杆上设计 A、B 组分料的回流流道。工作状态时，大活塞杆提起，保证混合料通道畅通，小活塞杆打开混合室，关闭 A、B 组分料的回料通道，开启针阀使 A、B 组分料通过各自流道进入混合室混合。同时在高压作用下，混合后的双组分料进入喷枪流道注入发泡型腔 [图 4-24（a）]。喷涂完成后，保持针阀开启，小活塞杆关闭混合室，同时推动残余混合物料进入混合料流道，大活塞杆向混合料流道延伸，推动残余混合料排除喷枪头外，防止物料堵塞喷枪流道 [图 4-24（b）]。

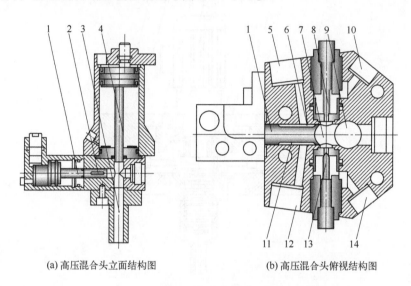

(a) 高压混合头立面结构图　　　　　(b) 高压混合头俯视结构图

图 4-23　独立式聚氨酯高压混合头结构图

1—小油缸活塞杆；2—涂料回流通道；3—喷枪头；4—大活塞杆；5—A 料回流口；6—A 料自循环通道；
7—混合室；8—A 料控制针阀；9—混合料流道；10—A 料进料口；11—B 料自循环通道；
12—B 料回流口；13—B 料控制针阀；14—B 料进料口

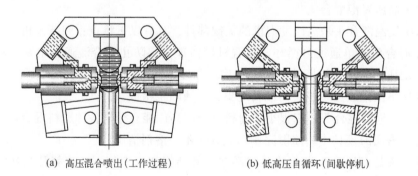

(a) 高压混合喷出（工作过程）　　　　　(b) 低高压自循环（间歇停机）

图 4-24　混合头工作状态示意图（俯视图）

一体式高压混合头（图 4-25），混合室和注入流道为一体结构，大活塞杆上设计 A、B 组分料的回流流道，工作时控制两种组分流通的启闭阀门打开，打开大活塞杆提起，打开注料流道，并同时关闭 A、B 组分料的回流流道，两种物料的注入流道内边混合边送出枪头，达到混合输送的目的。工作完成（间歇状态），大活塞杆在液压作用下，向流道推动，关闭混合流道，并清理残余混合料，并同时满足回流流道接通 A、B 组分物料的进出料流道，达到自循环目的。

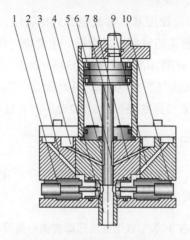

图 4-25 一体式高压混合头结构图
1—A 组分料启闭阀；2—A 组分料进料流道；3—A 组分料回流流道；4—双组分料混合
及注入流道；5—A 组分料自流流道；6—B 组分料自流流道；7—工作活塞杆；
8—B 组分料回流流道；9—B 组分料进料流道；10—B 组分料启闭阀

一体式聚氨酯混合头，结构较独立式简化，控制要求低，但因为无独立混合室，容易造成物料混合不匀。因此，建议聚氨酯注入混合头结构采用独立混合室和独立流道结构。

4.3.5 管端修切装置

聚氨酯发泡材料充填完成后的保温管道，泡沫层和塑性管壳的管端因为液压封堵环作用形成非平齐结构，或因为机械结构以及机械张紧等原因造成管端泡沫层倾斜，必须采用修切刀具，修整管壳和保温层两者齐平，并形成 90° 的外端面。

管端修切装置是一组成套装置，修切过程中需要专门的工位，并且为简化修切工具，管道在工作时必须呈连续旋转状态，在切割过程中会产生许多的飞溅废料，所以管端修切装置主要由管道旋转辊道、专用修切工具、废料回收系统以及电控系统组成。修切刀具为特制的由旋转电机带动的专用刀片和根据修切量向管中心调整进给的调整机构，其中的简易结构为气缸调整升降机构，但实际设计过程中，为防止切割出倾斜断面环，需要设置以钢管端面进行定位的切割定位装置。

4.4 "管中管法"生产工艺

4.4.1 材料性能和工艺参数

"管中管法"成型的保温涂层基本参数包含外护管层、聚氨酯泡沫塑料层、防腐层等涂层参数以及与涂层相关的材料性能指标，主要参考依据是国内和国外的相关标准，国内的"管中管法"成型标准是 GB/T50538—2020 版和 GB/T 29047—2021 版，其中 GB/T 50538—2020 以油气行业为主，明确规定了防腐层要求，GB/T 29047—2021 以市政供热为主，主要参照欧盟标准 EN 253，只对极少参数进行了更改。

4.4.1.1 聚乙烯外护管尺寸参数表

因为参考的标准不同，外护管尺寸或其偏差存在一定差异值，具体见表 4-2 ～表 4-7。实际应参照具体要求以及相关施工工艺。

表 4-2 输送介质在 100 ℃以下保温层厚度偏心量及保护层最小厚度[9]

钢管直径 /mm	保温层轴向偏心量 /mm	防护层最小厚度 /mm
DN50 ～ DN150	± 3	3.0
DN200 ～ DN250	± 4	4.9
DN300 ～ DN400		7.0
DN450 ～ DN500	± 5	9.8
DN600 ～ DN700	± 6	11.5
DN800 ～ DN900	± 6	14.0
DN1000 ～ DN1200	± 8	15.0
DN1200 ～ DN1400	± 10	16.0

表 4-3 外护管外径和最小壁厚[10]

外径 /mm	最小壁厚 /mm	外径 /mm	最小壁厚 /mm
75 ～ 180	3.0	760	7.6
200	3.2	800	7.9
225	3.4	850	8.3
250	3.6	900	8.7
280	3.9	960	9.1
315	4.1	1000	9.4
355	4.5	1055	9.8
400	4.8	1100	10.2
450	5.2	1155	10.6
500	5.6	1200	11.0
560	6.0	1400	12.5
600	6.3	1500	13.4
630	6.6	1600	15.0
655	6.6	1700	16.0
710	7.2	1900	20.0

表 4-4　发泡后外护管最大外径[10]

外径 /mm	发泡后外护管最大外径 /mm	外径 /mm	发泡后外护管最大外径 /mm
75	79	630	649
90	95	655	675
110	116	710	732
125	132	760	783
140	147	800	824
160	168	850	876
180	189	900	927
200	206	960	989
225	232	1000	1030
250	258	1055	1087
280	289	1100	1133
315	325	1155	1190
355	366	1200	1236
400	412	1400	1442
450	464	1500	1545
500	515	1600	1648
560	577	1700	1751
600	618	1900	1957

表 4-5　外护管轴线与工作钢管轴线间的最大轴线偏心距[10]

外护管外径（D_c）/mm	最大轴线偏心距 /mm
$75 \leqslant D_c \leqslant 160$	3.0
$160 < D_c \leqslant 400$	5.0
$400 < D_c \leqslant 630$	8.0
$630 < D_c \leqslant 800$	10.0
$630 < D_c \leqslant 1400$	14.0
$1400 < D_c \leqslant 1900$	16.0

表 4-6　外护管外径和最小壁厚[11]

外径 /mm	最小壁厚 /mm	外径 /mm	最小壁厚 /mm
75 ～ 180	3.0	560	6.0
200	3.2	630	6.6
225	3.4	710	7.2
250	3.6	800	7.9
280	3.9	900	8.7
315	4.1	1000	9.4
355	4.5	1100	10.2
400	4.8	1200	11.0
450	5.2	1400	12.5
500	5.6	—	—

表 4-7 外护管轴线与工作钢管轴线间的最大轴线偏心距[11]

外护管外径 /mm	最大轴线偏心距 /mm
75 ~ 160	3.0
180 ~ 400	5.0
450 ~ 630	8.0
710 ~ 800	10.0
900 ~ 1400	14.0

4.4.1.2 材料性能指标

材料性能指标主要指的是发泡料多异氰酸酯（表 4-8）、组合聚醚（表 4-9）、耐高温组合聚醚（表 4-10）和外护聚乙烯料（表 4-11、表 4-12）性能指标。但在新修订的 GB/T 50538—2020 中取消了多异氰酸酯和组合聚醚性能指标描述，需要参考旧标准或其他相关标准规范。

表 4-8 多异氰酸酯性能指标（≤ 100 ℃）[9]

检验项目	性能指标
异氰酸根（NCO⁻）/%	29 ~ 32
酸值 /(mgKOH/g)	< 0.3
水解氯含量 /%	< 0.5
黏度（25℃）/(Pa·s)	< 0.25

表 4-9 组合聚醚性能指标[9]

检验项目	性能指标
羟值 /(mgKOH/g)	400 ~ 510
酸值 /(mgKOH/g)	< 0.1
水含量 /%	< 1
黏度 /(Pa·s)	< 5

表 4-10 耐高温组合聚醚性能指标[9]

检验项目	性能指标
羟值 /(mgKOH/g)	430 ~ 700
酸值 /(mgKOH/g)	< 0.1
水含量 /%	< 1
黏度 /(Pa·s)	< 5

表 4-11　聚乙烯专用料性能指标[9]

序号	检验项目	性能指标	试验方法
1	外观	黑色、无起泡、裂纹、凹陷、杂质、颜色不匀	目视
2	密度 /(kg/m³)	≥ 0.94	GB/T 4472
3	炭黑含量（质量分数）/%	2.0 ～ 3.0	GB/T 13021
4	熔体流动速率（负荷 5 kg, 190 ℃）/(g/10min)	0.2 ～ 1.4	GB/T 3682.1
5	氧化诱导期（22℃）/min	≥ 30	GB/T 23257
6	含水率 /%	≤ 0.1	HG/T 2751
7	耐热老化（100 ℃、2400 h）/%	≤ 35	GB/T 3682.1

表 4-12　聚乙烯材料性能指标[10]

检验项目	性能指标	备注
密度 /(kg/m³)	935 ≤ ρ ≤ 950	—
炭黑密度 /(kg/m³)	1500 ～ 2000	—
甲苯萃取量 /%	≤ 0.1	质量分数
平均颗粒尺寸 /μm	0.01 ～ 0.025	—
使用回用料比例	≤ 5%	质量分数
熔体流动速率（MFR）（5 kg/190 ℃）/(g/10min)	0.2 ～ 1.4	结块、气泡、空洞或杂质尺寸
热稳定性（210℃）/min	≥ 20	—

4.4.1.3　聚氨酯保温层和聚乙烯外护管性能指标

成品管道的性能指标除防腐层外，主要针对聚氨酯保温层（表 4-13 ～表 4-15）和聚乙烯防护壳（表 4-16 和表 4-17），同样标准规范不同，参数值不尽相同。

表 4-13　聚氨酯泡沫塑料性能指标[9]

检验项目		性能指标	备注
表观密度 /(kg/m³)		≥ 60	—
压缩强度 /MPa		≥ 0.3	—
吸水率 /%		≤ 10	—
闭孔率 /%		≥ 88	—
导热系数（50℃）/[W/(m·K)]		≤ 0.033	—
耐热性	尺寸变化率 /%	≤ 3	试验条件 100 ℃，96 h
	质量变化率 /%	≤ 2	

表 4-14 聚氨酯保温泡沫塑料性能指标 [10]

检验项目	性能参数	备注
材料	硬质聚氨酯保温层	—
密度 /(kg/m³)	≥ 55mm（管径≤ 500 mm）； ≥ 60 mm（管径> 500mm）	任意位置
压缩强度 /MPa	≥ 0.3	径向压缩强度或径向相对形变为 10% 时
吸水率 /%	≤ 10	—
闭孔率 /%	≥ 90	—
导热系数（λ_{50}）/[W/(m·K)]	≤ 0.033	50 ℃状态下
运行时外护管温度 /℃	≤ 50	—
外径增大率 /%	≤ 2	—
管端预留垂直度 /(°)	90	偏差≤ 2.5°

表 4-15 聚氨酯泡沫塑料性能指标 [11]

检验项目	性能参数	备注
密度 /(kg/m³)	≥ 55	任意位置
压缩强度 /MPa	≥ 0.3	径向压缩强度或径向相对形变为 10% 时
吸水率 /%	≤ 10	—
闭孔率 /%	≥ 88	—
导热系数（λ_{50}）/[W/(m·K)]	≤ 0.029	—
运行时外护管温度 /℃	≤ 50	—
外径增大率 /%	≤ 2	—
管端预留垂直度 /(°)	90	偏差≤ 2.5°

表 4-16 聚乙烯外护管（压制片）性能指标 [9]

序号	项目	指标	试验方法
	压制片		
1	拉伸强度 /MPa	≥ 20	GB/T 1040.2
2	断裂标称应变 /%	≥ 600	GB/T 1040.2
3	维卡软化点 /℃	≥ 110	GB/T 1633
4	脆化温度 /℃	< −65	GB/T 5470
5	耐环境开裂时间（F50）/h	> 1000	GB/T 1842
6	电气强度 /(MV/m)	> 25	GB/T 1408.1
7	体积电阻率 /(Ω·m)	> 1 × 10^{12}	GB/T 31838.2

续表

序号	项目		指标	试验方法
压制片				
8	压痕硬度 /mm	23 ℃	≤ 0.2	GB/T 23257
		60 ℃	≤ 0.3	GB/T 23257
9	耐化学介质腐蚀（浸泡 7d）/%	10%HCl 溶液	≥ 85	GB/T 23257
		10%NaOH 溶液	≥ 85	GB/T 23257
		10%NaCl 溶液	≥ 85	GB/T 23257
10	耐紫外光老化（336 h）/%		≥ 80	GB/T 23257
聚乙烯防护层				
11	拉伸强度 /MPa		≥ 19	GB/T 1040.2
12	断裂标称应变 /%		≥ 350	GB/T 1040.2
13	纵向回缩率 /%		≤ 3	GB/T 6671
14	长期力学性能（4 MPa，80 ℃）/h		≥ 1500	GB/T 29046
15	耐环境开裂时间（F50）/h		> 300	GB/T 29046

表 4-17　聚乙烯外护管性能指标 [10]

序号	检验项目	性能指标	备注
1	密度	940 ≤ ρ < 960	—
2	溶体质量流动速率 /(g/10min)	0.2 ～ 1.4	实验条件，5 kg，190 ℃
3	炭黑含量 /%	2.5 ± 0.5	质量分数，不应有色差
4	屈服强度 /MPa	> 19	—
5	断裂伸长率 /%	≥ 450	—
6	纵向回缩率 /%	≤ 3	—
7	耐环境应力开裂 /h	≥ 300	—

4.4.1.4　管端预留

管端预留指的是保温层与外护管成型后，工作钢管预留出一定无保温层的焊接段，同样规范不同规定值不同（表 4-18）。

表 4-18　相关标准规定的管端预留长度

标准	预留长度 /mm	备注
GB/T 50538—2020	150 ± 10	输送介质 < 140 ℃
GB/T 29047—2021	150 ～ 250	两端预留之差 ≤ 40 mm
EN 253	150	两端预留之差 ≤ 20 mm

4.4.1.5　发泡剂性能指标

发泡剂选用材料不同，其性能指标中存在较大差异。全水基性能指标见

表 4-19，HCFC-141b 发泡材料见表 4-20，环戊烷发泡材料见表 4-21。

表 4-19 全水基系列发泡材料性能表（非连续管道灌注）[12]

性能		典型值	EN253
聚氨酯硬泡发泡材料			
平均泡孔尺寸 /μm		0.2	< 0.5
闭孔率 /%		94	> 88
泡沫密度 /（kg/m³）		86	> 60
抗压强度 /MPa		0.55	> 0.3
吸水率 /%		6.1	< 10
管道组件			
老化前的抗剪切试验 /MPa	在 23 ℃下加压	0.46	> 0.12
	在 140 ℃加压	0.24	> 0.08
	在 23 ℃下加 T 形切压	0.73	> 0.20
50 ℃下的导热系数 /[W/(m·K)]		0.030	< 0.033
CCOT（计算出来的能连续工作的温度）(30 年)/℃		142	> 120

表 4-20 HCFC-141b 系列发泡材料性能表（非连续管道灌注）[12]

性能		典型值	EN253
聚氨酯硬泡发泡材料			
平均泡孔尺寸 /μm		0.2	< 0.5
闭孔率 /%		94	> 88
泡沫密度 /(kg/m³)		84	> 60
抗压强度 /MPa		0.59	> 0.3
吸水率 /%		6.0	< 10
管道组件			
老化前的抗剪切试验 /MPa	在 23 ℃下加压	0.59	> 0.12
	在 140 ℃加压	0.36	> 0.08
	在 23 ℃下加 T 形切压	1.14	> 0.20
50 ℃下的导热系数 /[W/(m·K)]		0.028	< 0.033
CCOT（计算出来的能连续工作的温度）(30 年)/℃		140	> 120

因为 HCFC-141b 有破坏臭氧层（ODP）和增加地球温室效应（GWP）的潜在危害性，因而终将被全面禁止使用。

表 4-21　环戊烷系列发泡材料性能表（非连续管道灌注）[12]

性能		典型值	EN253
聚氨酯硬泡发泡材料			
平均泡孔尺寸 /μm		0.2	< 0.5
闭孔率 /%		93	> 88
泡沫密度 /(kg/m³)		78	> 60
抗压强度 /MPa		0.45	> 0.3
吸水率 /%		4.3	< 10
管道组件			
老化前的抗剪切试验 /MPa	在 23 ℃下加压	0.42	> 0.12
	在 140 ℃加压	0.25	> 0.08
	在 23 ℃下加 T 形切压	0.64	> 0.20
50 ℃下的导热系数 / [W/(m·K)]		0.027	< 0.033
CCOT（计算出来的能连续工作的温度）（30 年）/℃		144	> 120

与 HCFC-141b 发泡系统和全水发泡系统相比，戊烷发泡系统初始导热系数最低；与全水发泡系统相比，戊烷发泡系统导热系数的老化率比较低，即它的隔热能力随时间而变差的速率比较小[13]。

4.4.2　成型工艺

"管中管法"与"一步法"成型工艺的最大区别就是，聚乙烯外护管的挤出成型与保温层的发泡成型分两步进行，并需要在不同的工位来完成。

进行保温管成型前，首先需要根据相关标准规范以及业主要求，确认保温管的类型：

一工作钢管不采用防腐层，在工作管上直接完成保温层成型，其工艺流程包含除锈、挤管、穿管、发泡、修切、堆放几个工序。

二工作钢管上增加防腐层，其工序包含除锈、防腐层成型、挤管、穿管、发泡、修切、堆放等。防腐层增加并不改变保温管成型的基本工艺，区别在于是否安装报警线，是在保温层发泡成型前需要增加的工序。保温管类型确认完成，需要依据工作钢管直径和保温层厚度确定聚乙烯管壳的长度、直径、壁厚等参数。

依据保温层的性能参数，确定组合聚醚、多异氰酸酯组分料的混合比例、乳白时间、拔丝时间、固化时间、预热温度等，依据保温层空腔体积和聚氨酯塑料密度，确定组合聚醚、多异氰酸酯组分料混合后的注射量和注射时间等。

保温材料在使用前，应进行发泡试验，确定材料的工艺参数，保证其性能特性满足保温管的要求。

成型工艺如图 4-26 所示。

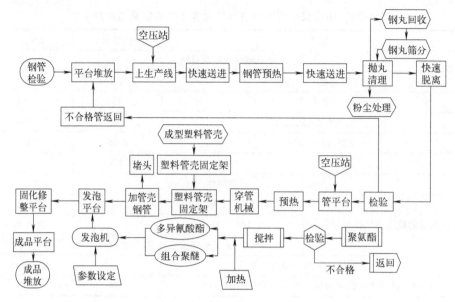

图 4-26 "管中管法"聚氨酯保温管成型工艺（无防腐层）

（1）钢管进厂及检验

满足油气输送、输水、供暖、供冷等设计要求的无缝钢管、焊接钢管均可满足要求，但要求除了对口组焊所形成的环焊缝外，单根管道上不得出现环焊缝。钢管外观要求其表面锈蚀等级符合 GB/T 8923.1 的 A、B、C 级的规定，无点蚀。

（2）钢管表面清理

对于采用防腐层的钢管，要求按照相关防腐层的标准进行表面处理，并达到一定的光洁度和粗糙度。无防腐层钢管，保温前应清理管道外表面，使其无铁锈、氧化皮、油污、油脂、灰尘、油漆、湿气和其他污染物。钢管除锈等级应符合 GB/T 8923.1 的 Sa2½ 级。

（3）聚乙烯防护壳挤出成型

在塑料管挤出工位，依据塑料管壳的具体参数挤出分割定尺寸（长度、壁厚、直径等）的聚乙烯塑料管。要求聚乙烯原料不能受潮，并严格控制回收料的掺混。

（4）聚乙烯防护管与钢管穿管

穿管是保温层成型前的一道工序，满足钢管同心状态下套入挤出的塑料管壳中，可以采用专门的穿管机构完成穿管（图 4-27）：钢管尾端均匀受力，在滚动轮上滑动穿入固定的塑料管壳内，在穿管过程中为保证钢管与管壳的同心度，保证聚氨酯发泡过程中不出现保温层偏心状况，需要人工捆扎定位块。

定位块根据塑料管壳的直径选择，要求捆扎完成并固定到钢管表面的定位块顶部距离管壳内表面距离 ≤ 1.5 mm，定位块在管子圆周方向上均匀布置，定位块径向间距 ≤ 200 mm，定位块距离管端 0.4 ～ 0.5 m，绑扎间距依据管径确定（表 4-22），

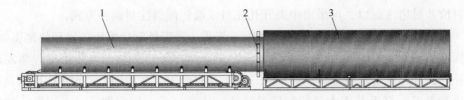

图 4-27 穿管示意图

1—钢管穿管工位；2—绑扎定位块工位；3—聚乙烯管壳固定工位

但这种块的间距和数量需要根据实际经验，并不是固定值，要求以穿入的管壳放置时不形变和发泡时不鼓包为准，并非标准规定，实际物料灌注发泡过程中如果能够确保塑料管壳与钢管间隙稳定一致，管壳始终处于正圆状态，则可以取消定位块的设置。

常用的定位块有木质和聚乙烯塑料两种，进行选择应用时，要考虑支架的强度和能承受的温度。

表 4-22 支撑环绑扎间距表

规格 /mm	20 ≤ DN ≤ 80	DN ≥ 100
间距 /mm	500～800，最大≤ 800	最大≤ 1000

（5）报警线安装

如果设计需要，必须在进行聚氨酯泡沫塑料灌注发泡前在钢管与塑料管壳之间的中空区域完成报警线的穿装工作。安装完成的报警线要求连续不断开，不得与钢管短接，报警线与线之间不得短接，报警线与钢管以及线与线之间的电阻不得小于 500 MΩ。

报警线一般采用两根或四根铜线（管径 DN700 以下两根，DN700 以上为四根）：两根为一组，一根为镀锡铜线（报警线），一根为裸铜线（信号线）。安装要求：报警线距离钢管壁至少 15 mm，两铜线之间最小距离 50 mm。

（6）聚氨酯泡沫灌注及其发泡[14]

① 管壳固定。穿管完成的钢管和聚乙烯塑料管壳放置在发泡平台上，并采用多道箍紧装置箍紧聚乙烯管壳并正圆，防止影响物料流动，端面封堵法兰封堵钢管与聚乙烯管壳端面空腔的间隙，并调整端面密封法兰位置，确保管两端预留长度一致，并在封堵法兰与钢管间隙处安装橡胶圈，防止物料泄漏。环境温度低于 20 ℃时应将组装后的管子进行预热，预热温度为 30～40 ℃。

在塑料管壳中间或其他位置进行注料，需在管壳上钻工艺注料孔，孔径大小与注射枪头直径相适应。采用倾斜发泡台架需倾斜 1°～15°。

② 灌注发泡。设定发泡机的各项参数：保温管的投料量、组合聚醚和异氰酸酯的比例等。移动注料枪头并伸入注料孔固定，启动发泡机，按照预先计算的注料时间，在钢管和塑性管壳的环形空间内注入泡沫料，注入适量发泡料后，取出

注射枪并封堵注射口。可采用中央开孔注料或端面倾斜注料两种方式。

③ 工艺孔修补。对于注料或补注的工艺孔，采用特制热缩压盖进行热缩密封，把压盖置于聚乙烯管壳工艺孔塞焊部位，要求居中不得偏移，电热熔塞焊将发泡孔补好。塞焊前要求清理周围的油污、泥土、水分等，采用铜毛刷对 PE 焊塞及周围进行打毛，打毛范围大于热缩压盖尺寸，注意打毛一定要彻底，采用聚乙烯四氟压辊对热压盖进行压实。

④ 注射压力。高压发泡机：$10 \sim 15$ MPa。低压发泡机：$0.6 \sim 0.8$ MPa。

⑤ 料温控制。聚氨酯料在灌注发泡过程中，环境温度与两种组分的原料温度直接影响到最终泡沫保温层的质量。温度较低时，反应进行缓慢，泡沫固化时间长；温度高时，反应进行得快，泡沫固化时间短。所以正常施工要求环境温度 $20 \sim 30$ ℃，如果达不到，需要对管壳进行加温（$30 \sim 40$ ℃），原料温度控制在 $20 \sim 30$ ℃或稍高一些，如果环境温度过低，需要对输料管采取保温（电伴热等）措施等。一般的规律是当温度较低时可适当加大投料量，温度较高时则适当降低投料量。但过慢和过快都易产生空洞和塌泡等缺陷，需要严格控制。

⑥ 组合聚醚和多异氰酸酯混配比例。双组分料的混配比例是决定保温层质量的关键参数之一，要严格按照标准要求和材料厂家提供的参数确定，并且更换材料厂家和批次也需要重新检验确定。更有甚者，对于环境温度或钢管温度变化时，也要进行混配比例调整。

⑦ 聚氨酯泡沫的固化。灌注发泡料完成之后的管壳，需要在发泡平台静置 $15 \sim 20$ min，待泡沫料充填均匀并完全固化后再开启管两端的液压封堵法兰。

封堵法兰的开启时间影响泡沫保温层的密度以及均匀性。所以按照经验，当环境温度较低时，可以适当延长开启时间，以避免未固化的保温层二次发泡，降低泡沫的密度，造成原材料的浪费。

⑧ 保温半成品管的堆放。安装防水帽之前的保温管在暂存时，需要注意防潮、防雨，并且因为泡沫熟化还不充分，尚未达到最终强度，所以堆放高度不得超过 2 m，存放时要确保支撑管托具有足够的宽度、数量，避免因接触部位压强太大造成管体凹陷，可以采用大接触面的柔性支托。

当保温管管体受力挤压变形时，聚乙烯外护壳和聚氨酯保温层均会发生凹陷等形变，虽然塑性的高密度聚乙烯管壳有一定的自恢复性，但长期挤压也会发生不可逆形变，而硬质聚氨酯泡沫层则会直接发生塌陷变形，其结果就是外护层与泡沫层脱壳，造成废管。

⑨ 防水帽由基材和底胶两部分组成。防水帽的安装应满足 GB/T 50538 中相关章节的规定——外观应无烤焦、鼓包、皱褶、翘边，两端搭接处应有少量胶均匀溢出的要求。

防水帽的安装最易出现的状况就是，保温层端面与防水帽端面贴合不紧密，造成本应垂直的端面变成斜面，给补口留下隐患：易形成散热通道，影响保温效果。在安装防水帽时，应按照其与聚乙烯外护层搭接面、保温层端面、防腐层搭接面（或光管面）的顺序进行加热。

聚乙烯管壳在充填聚氨酯塑料泡沫后，两者直接接触，聚乙烯塑料属于非极性材料，而聚氨酯塑料为极性材料，两者无法通过极性键等结合。一般情况下两者只存在一个简单箍紧状态，可能在应力松弛或受外力时，出现聚乙烯管壳滑移现象（脱壳）。为增加两者之间的黏结，最常采用的方式是对聚乙烯管壳进行极化处理。所以，在聚乙烯管壳冷却定型后，增加一道电晕极化处理工序。

4.4.3　聚乙烯管壳电晕处理

聚乙烯管壳与聚氨酯泡沫层脱壳是聚氨酯保温管道常见的一种缺陷，这种缺陷的存在直接影响保温管质量，即便当时未显现出缺陷，也为管道长期运行埋下隐患。

其主要原因是，聚乙烯管壳为非极性材料，表面坚硬光滑，无法与聚氨酯极性材料通过化学键、离子键等结合，也无法通过锚固形式进行物理嵌合。要解决聚乙烯壳与聚氨酯层的黏结问题，最有效的方式是对聚乙烯壳内壁采用电晕处理。

（1）电晕处理原理

电晕处理的基本原理是外加的高压电场使处理装置放电，对空气进行电离形成带电粒子，带电粒子在定向强电场作用下高速冲击聚乙烯管壳内表面，进行打毛处理，并且带电粒子的能量接近塑料分子中 C—H 键的键能，诱发 C—H 键断裂，进一步增加塑料表面粗糙度[15]。电晕放电时所产生的光线，其包含的紫外线会使聚乙烯表面分子结构性质发生变化。放电装置在对空气进行电离的过程中，会生成大量的臭氧，强氧化性的臭氧可以氧化聚乙烯塑料分子中的碳原子，形成—COOH 或—OH 等极性基团。从而改变聚乙烯管壳的极性[15]。高速定向运动的带电粒子，把冲击聚乙烯表面时的动能转换成热能，使聚乙烯表面温度升高，加剧了化学反应和聚乙烯分子链的裂解。

经过处理的聚乙烯管壳，管壳内表面张力从 30 dyn/cm 提升到 50 dyn/cm，层间剪切强度增加一倍以上，完全满足保温层层间黏结的要求。

（2）电晕处理要求

① 电极处理间隙。聚乙烯壳电晕处理是电极与管壳之间形成的电场。处理装置由高频高压电源、置入管壳内的电晕放电内电极［图 4-28（a）］和套在管壳外的外电极［图 4-28（b）］组成。其中内电极为放电电极（处理电极），外电极为接地电极，电极间隙是处理效果的决定因素之一，处理间隙增大，处理范围就会变宽，处理时间变长，处理效果可以得到改善，但间隙增大使能量分散，导致单位面积管材表面的处理强度下降，处理效果就会变差。所以进行电晕处理时，只有

选择适当的电极间隙，才能得到最佳的处理效果。通常待处理材料表面与放电电极边缘之间的间隙宜控制在 1 ～ 2 mm。

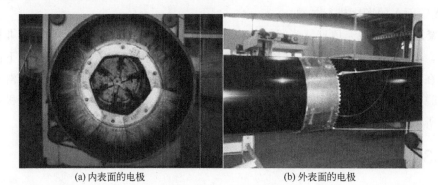

(a) 内表面的电极　　　　　　　　　(b) 外表面的电极

图 4-28　管材内、外表面的电极 [15]

② 处理电压。电压是材料表面处理效果的最基本参数之一，其大小和稳定性会对处理效果产生大的影响。但电压与处理效果不成比例关系，当处理电压达到一个最佳值后再增加，处理效果不会发生明显变化。所以电压值根据管壳的厚度和处理要求来确定。当管材越厚、处理要求越高时，处理电压越高。通常可以参照薄膜 5 ～ 15 kV 的处理电压。

③ 处理电流。电晕处理时输出电流大小值的要求与电压相似，同样有一最佳值。

④ 放电频率。电晕处理采用高频交流电，电离的空气带电粒子，质轻，极易抵达聚乙烯管壳内壁进行作用。但须严格控制放电频率，过高则带电粒子将在内外电极间振荡，无法对管壳表面进行有效轰击，削弱电晕效果。

相应规格的高密度聚乙烯管壳，电晕处理的放电频率值选定：管壳规格 ϕ1370 mm × 17mm（外径 × 壁厚），放电频率 24 kHz；管壳规格 ϕ760 mm × 12 mm，放电频率 21 kHz；管壳规格 ϕ420 mm × 7 mm，放电频率 16 kHz[16]。

⑤ 电晕处理后存放时效性。电晕处理后的高密度聚乙烯管壳，存放一段时间后。电晕处理效果会受到自然因素以及管壳材料特性的影响，随时间逐渐消退。

自然因素包括雨淋、尘土、环境温度等。水、尘土对处理后管壳的表面张力影响较小；温度、存放时间则对表面张力的影响较大。温度升高以及长时间存放，会导致管壳的电晕处理效果明显降低。厚的管壳通常消退速度比薄的要快。添加剂这类低分子量物质在存放过程中也极易析出，会覆盖在处理后的表面，降低材料表面黏附性能[17]。

所以对聚乙烯厚壁管壳，建议电晕处理完成后 30 日内完成聚氨酯灌注。并采用电晕处理消退慢的树脂作原料，控制好处理程度，在储存过程中注意防尘、降温[18]。

4.4.4　聚氨酯泡沫料灌注方式

聚氨酯泡沫料的灌注是完成泡沫料在塑料管壳和钢管空腔中注料、流淌、发泡、充填、固化、熟化的整个过程。在需要发泡的环形空腔内，在原料温度、环境温度等适宜的情况下，灌注的泡沫料流淌的均匀性是决定泡沫层密度、密实度等均匀性的首要因素。泡沫料流淌的均匀性与灌注方式关联，而灌注方式又与发泡机类型、管径范围、管道长度都有关联。下面简单介绍几种常用或非常用的灌注方式，需要明确的是在我国市场首选的灌注方式是中间灌注和倾斜灌注法。

4.4.4.1　中间灌注发泡技术

中间灌注发泡[12]（图4-29），待发泡管壳组件水平放置在发泡平台上，采用箍紧装置箍紧外护管壳，并正圆，同时用封堵法兰环封闭两管端的环形空腔，并用液压张紧。发泡前在聚乙烯管壳的中间位置的正上方，用专用开孔器开出注料工艺孔。移动发泡机注料枪头并通入工艺孔，泡沫材料通过工艺孔灌注进去，注入料达到核算的额定量后，取出注料枪，并封堵工艺孔。

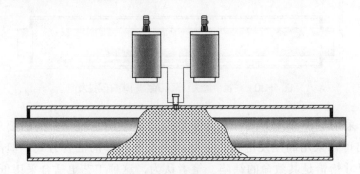

图4-29　"管中管法"聚氨酯物料中间灌注发泡

采用此技术，泡沫材料的流动距离为管长的一半，所以基本可达到最小填充密度，填充料不会增加太多，容易发泡形成密度分布均匀的保温管道。空腔内的空气和物料内的挥发气体从密封法兰环端面的气孔排出。中间灌注成型与其他方式相比，多少有些夹裹空气的可能。泡沫材料灌注完毕填塞的工艺进料孔，待泡沫材料固化后，封堵工艺孔的孔塞必须用热熔密实，即便如此中间灌注发泡的保温管修补后的工艺孔仍为其潜在的薄弱点。

高压聚氨酯发泡机主要应用在中间灌注发泡技术上，因为高压作用更利于物料的流动。

4.4.4.2　喷杆回拉技术

喷杆回拉技术（图4-30）是一种非连续性管道保温层成型技术，但在其注料过程中，泡沫材料的分布却是连续进行的。在该生产方法中，待发泡管壳组件水平放置在专门发泡平台上，箍紧管壳本体并对管端用密封法兰环进行液压封堵，采用加长的硬质喷枪杆，分别输送组合聚醚和多异氰酸酯料，将小型化的混合头置于喷枪杆的末端，把喷枪杆从封堵法兰面的预留孔通入待发泡空腔，并延伸至管子另一端时，开始通过喷枪杆和混合头灌注泡沫材料。在灌注的同时，根据输入物料量计算的速度，喷杆匀速回拉，在回拉过程中，物料均匀注入并密实发泡。该方法可以保证整根管子所灌注的泡沫材料非常均匀地分布，而不受管长的限制。在这个过程中，泡沫流过的路径被大大缩短，它只需围绕管径灌注即可，并在物料启发过程中，裹挟的空气等可均匀排出，而不会出现过度灌注造成的物料浪费和密度不均等现象。

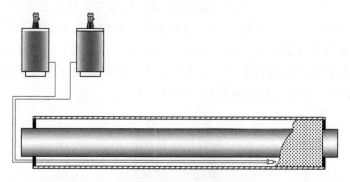

图 4-30　"管中管法"聚氨酯物料喷杆回拉发泡

但是，采用这种灌注方式，混合头的设计必须满足狭小空间的要求，虽然有关文献指出可以采用高压发泡机，主要因为高压优异的混合方式，但高压发泡机的混合头尺寸恰恰是其致命的缺陷。笔者认为，这种工艺更适合采用低压发泡机，采用压缩空气送料和混合方式，因为其排除了其他灌注方式所要求的物料流动时间的限制，可以用较小的泡沫机来灌注非常大的管子。

4.4.4.3　倾斜式顶部灌注技术

倾斜式顶部灌注技术（图 4-31），其实是水平灌注方式的一种延伸，只是发泡平台需要倾斜 1°～ 15°角，从而使待灌注管壳组件同样处于倾斜状态。工作时，核定量的聚氨酯泡沫料通过管端密封法兰环端面的注料孔灌注到发泡空腔中，注入后的物料因为其黏度较低，会在重力作用下沿管表面向下流动，而流体的扩展状况取决于管壳组件的倾角，倾角越大，流到下面的物料越多。在泡沫料开始发泡前，其沿着发泡空腔已经有了一个初始的分布状况。这些泡沫材料随后从管子的中间流向两端，去填满全部的空隙。但过大的倾角容易造成底部发泡密度大的缺陷。

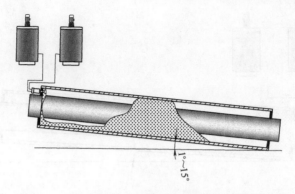

图 4-31 "管中管法"聚氨酯泡沫塑料倾斜顶部灌注发泡

经验表明，当泡沫料到达底部法兰环排气孔的时间比到达顶部的时间快 20 s 左右时，所获得的材料分布状态最佳。当然，一旦泡沫材料从气孔中溢出，该排气孔便被封住了，所以排气孔的设置也很重要。

如果管壳组件的倾角正确，可以使整个管道保温层的密度分布在更小的范围内，分布也更加均匀。所以该技术对管壳倾角的要求比底部向上灌注时更为严格。所以技术要求较高。

向下倾斜灌注技术，泡沫材料发泡之前的这种初始分布状态，减少了材料填满全部发泡空腔所必须流过的路径，可以减少过度填充，并可以确保比较均匀的充填密度，较长的管子也更容易被灌注。为达到物料均匀分布的目的，此工艺采用高压发泡机进行灌注。

4.4.4.4 倾斜式底部灌注技术

倾斜式底部灌注（图 4-32），管壳组件的倾角设置与倾斜向下技术基本一致，只不过物料灌注从管子的最低端开始，与顶部灌注相反。而管壳组件的倾角大小主要取决于管子的长度和使用材料的流动性，但也与环境温度、材料温度有关。

额定量的泡沫混合料，通过管子底部封堵法兰环的注料孔，灌注到发泡空腔中，并立即用一个塞子塞住进料孔，泡沫材料在发泡压力的作用下沿着管外壁向上膨胀，被挤压的空气通过管子顶部排气孔排出，当膨胀的泡沫升至顶部排气孔处时，该排气孔便被很好地封住。

该技术对灌注管子的倾角没有严格的规定，技术要求低。采用该技术，只要做微小的变动便能满足各种长度管道的保温层成型。

倾斜底部灌注技术的主要缺点是整个管道保温层泡沫材料的分布不够均匀，因为从底部向上流动，最后阶段气压较低，物料沉积，所以泡沫材料的密度从底部到顶部逐渐降低，并且由于泡沫材料要在一个狭窄的管腔间隙中流过较长的路径，因此需要多灌注一些材料。而这种技术只能采用高压发泡机。

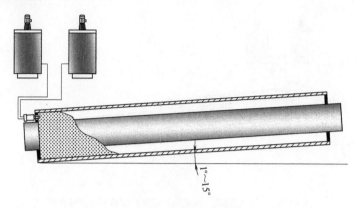

图 4-32 "管中管法"聚氨酯物料倾斜底部灌注发泡

4.4.4.5 穿入式发泡技术

聚氨酯泡沫带穿入式发泡（图 4-33）类似于枪杆回拉注料方式，泡沫料供给是连续的。待灌注管壳组件被水平放置在发泡平台，在聚乙烯塑料管壳和工作钢管的空腔下部传入一条半渗透性的纸质薄带，并以均匀的速度连续不断地从管一端向另一端传送，传送过程中，定量的混合泡沫料被以浇注的方式浇涂在薄带上，泡沫料只需流动很短的路径，所以物料的过度填充量也很少，并且整条管子的泡沫材料混合分布均匀。

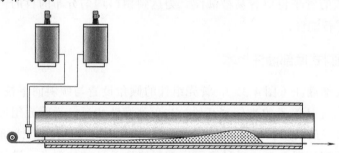

图 4-33 聚氨酯泡沫物料带穿入式发泡

该方法最大优点是可以灌注细而长的管子，如长达 30 m 的管子。而该技术的缺点是发泡完成，保温层中会留有纸质薄带，这会影响到泡沫料与聚乙烯管壳之间的黏着力。并且泡沫料的注入量与纸带的输入速率必须配合好。这项技术只能使用低压发泡技术。

4.5 "管中管法"保温层生产过程常见缺陷

密度严重不均匀，物料流动性不好，受到环境温度、物料温度的影响，对于倾斜发泡方式，管壳的倾角也是影响的一大因素。

泡沫层软，在配比中，多元醇含量偏多，所得泡沫塑料制品较软，高温下尺寸稳定性差。

泡沫颜色深，泡沫层硬而脆，混合料中异氰酸酯含量偏高。在环境温度较低、仅通过调节料温不能很好地保证发泡效果时，反应不够完全，导致个别地方出现"死泡"。

空洞和塌泡等缺陷，发泡速度过慢和过快都易产生，需要严格控制物料的温度。

烧芯，反应发泡时聚乙烯管壳的散热孔设置不当，排气不畅，造成热量无法散失，或催化剂量大或发泡剂量过小，泡沫中热量没及时散发。

泡沫强度低，收缩，双组分混合料中多元醇含量偏高。

泡沫结构不均匀，有条孔，泡孔粗糙，物料混合不均匀、不充分，物料组分比例波动或变化大。

泡沫开裂，泡沫发泡不足，发泡剂用量低，发泡催化剂加入量过高。

聚乙烯管壳脱壳，聚乙烯管壳与聚氨酯层间黏结力过小，造成成品管在热胀或外力作用下发生管壳滑移，需要增加管壳内表面的粗糙度，改变材料极性，增加层间界面结合。

参考文献

[1] 张玉龙，张永侠. 塑料挤出成型工艺与实例 [M]. 北京：化学工业出版社，2011.

[2] 申开智. 塑料成型模具 [M]. 2 版. 北京：中国轻工业出版社，2002.

[3] 薛木庆. 塑料管材牵引机的传动机构：CN 2830037 Y[P]. 2006-10-25.

[4] 穆树芳. 实用直埋供热管道技术 [M]. 徐州：中国矿业大学出版社，1993：51.

[5] 中国轻工总会. 轻工业技术装备手册（第 4 卷）[M]. 北京：机械工业出版社，1996.

[6] 李俊贤. 塑料工业手册：聚氨酯 [M]. 北京：化学工业出版社，1999：77.

[7] 李俊贤. 塑料工业手册：聚氨酯 [M]. 北京：化学工业出版社，1999：81.

[8] 方禹声，朱吕民. 聚氨酯泡沫塑料 [M]. 2 版. 北京：化学工业出版社，1994.

[9] 中华人民共和国住房和城乡建设部. 埋地钢质管道防腐保温层技术标准：GB/T 50538—2020[S]. 北京：中国标准出版社，2021.

[10] 国家市场监督管理总局，国家标准化管理委员会. 高密度聚乙烯外护管硬质聚氨酯泡沫塑料预制直埋保温管及管件：GB/T 29047—2021[S]. 北京：中国标准出版社，2021.

[11] European Committee for Standardization. District heating pipes—Preinsulated bonded pipe systems for directly buried hot water networks—Pipe assembly of steel service pipe, polyurethane thermal insulation and outer casing of polyethylene: BS EN 253:

2009+A2:2015[S].

[12] Jürgen K，Evans D，沈嵘 . 聚氨酯预制隔热管的生产技术和用于集中供热管道高质量的聚氨酯泡沫系统 [C]// 中国聚氨酯工业协会第十次年会论文集，2000.

[13] Kellner J，Dirckx V. 预制隔热管聚氨酯管的热导变化率 [J]. Euroheatt & Powler Fernwärme international，1999：44-49.

[14] 蒋林林，韩文礼，张红磊，等 . 聚氨酯保温管"管中管法"成型工艺及质量控制 [J]. 天然气与石油，2011，29（3）：61-63.

[15] 蒋林林，潘丽红，韩文礼，等 . 电晕处理在聚乙烯外护保温管预制中的应用 [J]. 工程塑料应用，2014（3）：53-56.

[16] 王建文，聂娟，周彬，等 . 高密度聚乙烯管内壁电晕处理技术要点 [J]. 煤气与热力，2016，36（10）：A9-A10.

[17] 何炜德 . 浅谈电晕处理工艺 [J]. 塑料，2000，29（2）：42-44.

[18] 杨帆，叶勇 . 电晕工艺在生产预制直埋保温管中的应用 [J]. 区域供热，2000（6）：6-9.

第 5 章

聚氨酯保温管喷涂缠绕成型技术

中大口径聚氨酯保温管道成型方式为聚乙烯防护壳挤出定型后穿套钢管，并在空腔中进行发泡的"管中管"法成型工艺。但上述成型工艺在多年使用过程中，总存在这样或那样的缺陷，这就需要一种新的喷涂缠绕法保温管成型工艺对其进行完善和补充。

聚氨酯泡沫喷涂技术首先是应用在墙体和储罐等大面物体的保温上，因为设备和材料的限制，造成喷涂保温层的厚度、密度和表面平整度并不能完全适应管道保温层的要求，这就需要保温材料与喷涂设备、喷涂工艺完全匹配后才能完美地应用到管道上进行涂层成型。

5.1 聚氨酯泡沫喷涂

喷涂发泡是将聚氨酯发泡物料直接喷涂在物体表面上，物料快速发泡并凝胶，形成与基体形状一致的聚氨酯硬泡。喷涂发泡利用专用设备所产生的高压，将双组分原料，在专用喷枪的端部或喷射的过程中混合后反应，以细小的雾状液滴形式喷出，并在物体表面完成发泡和凝胶的化学反应过程[1]。

5.1.1 喷涂缠绕成型原理

喷涂缠绕是将一定压力的异氰酸酯和组合聚醚原料送入喷枪的混合室内，由于混合室的体积很小，使得异氰酸酯和组合聚醚原料在混合室内高速混合，再经过喷嘴形成细雾状液体，均匀喷涂在旋转前进的钢管表面，经过自由发泡，从而形成泡孔细密而密度均匀的聚氨酯泡沫层，而且这种工艺适合可以满足不同密度、不同聚氨酯保温层厚度的要求。管道聚氨酯保温层喷涂示意图见图 5-1。

图 5-1　聚氨酯泡沫保温层喷涂示意图

聚氨酯发泡完成后的钢质管道，在保温层表面硬化达到一定的抗压强度后就可以上缠绕传输线进行聚乙烯缠绕，通过挤出机挤出需要的聚乙烯膜片厚度缠绕在聚氨酯保温层表面，经过水冷系统冷却，形成成品保温管道。喷涂缠绕原理如图 5-2 所示。

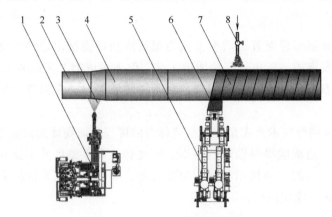

图 5-2　保温管喷涂缠绕成型原理图

1—聚氨酯高压喷涂机；2—表面清理后钢管（或带防腐层）；3—聚氨酯涂料；4—聚氨酯保温层；
5—聚乙烯挤出机；6—聚乙烯挤出膜片；7—聚乙烯外护层；8—聚乙烯层冷却系统

5.1.2　喷涂材料要求

硬质聚氨酯泡沫塑料属于高交联度、低密度、闭孔网状结构泡沫体。由双组分原料异氰酸酯和多元醇混合后化学反应而成。

异氰酸酯是制备聚氨酯硬泡的基础原料，主要是 MDI（有时又称为多苯基多亚甲基多异氰酸酯—PAPI）。多元醇聚合物主要品种是多官能团聚醚多元醇。

作为绝热管道的聚氨酯硬泡，其泡沫结构应以闭孔为主，由于被包覆在闭孔中的不同气体的导热系数不同，通常选择 F11、141b 或水作为发泡剂，虽然 F11 作为发泡剂要比水产生的 CO_2 多，对泡沫体的绝热性能更为有利。但因为环保等要求，尤其采用喷涂发泡工艺，发泡剂逐步被水替代。

水发泡，水与异氰酸酯反应生成 CO_2，CO_2 气体的热导率远比 CFC-11 的高，而且易从泡孔内透过泡沫筋络膜逸出，故生成的硬质泡珠塑料热导率较高。但是要得到尺寸性较好的水发泡的硬泡，要求必须提高密度。

所以为适应这种加工工艺的特殊要求，对喷涂发泡聚氨酯做如下要求。

① 双组分物料要求黏度低，毒性小。黏度低，容易计量和混合，在高压喷出过程中，更易形成细小的雾滴，在钢管表面容易形成均匀、平滑的泡沫层。喷涂施工过程易产生物料、气凝胶及有害物质的扩散，从而造成人员吸入和环境污染，因此，在喷涂发泡配方中要求采用水发泡剂代替 F114 等，尽量减少使用 141b。

② 喷涂发泡要求原料的反应活性高，在喷射至钢管表面后能立即反应、固化，使它能在物体表面上迅速形成泡沫层，而不发生流淌。因此，一般选用高仲羟基含量的聚醚或端氨基聚醚多元醇；多选用—NCO 含量较高的异氰酸酯，同时在配方中使用高效催化剂。

③ 被喷物体表面必须干燥清洁、无锈、无粉尘、无露水以及结霜等，否则形成隔离层，影响泡沫层与基体的黏结。

④ 被喷物表面温度应控制在 15～35 ℃（或依据材料性能要求）。温度过低，泡沫层易从物体表面脱落，参考图 5-3 表示环境温度与密度的关系，温度为 5 ℃时，密度明显升高，温度在 15～25 ℃内，泡沫塑料密度没有明显变化，并且温度过高则发泡剂损耗太大[2]。

⑤ 对于喷涂量，要求一次不宜过厚或过薄，过薄会使泡沫层密度上升，浪费原材料；过厚则泡沫层密度较低（图 5-4），性能不易均一[2]。所以泡沫层一次喷涂厚度在 10～30 mm 为宜。

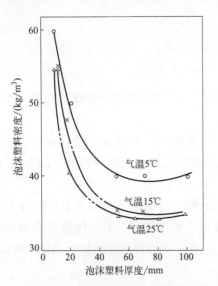
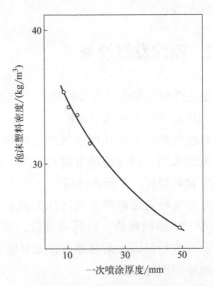

图 5-3　喷涂发泡泡沫密度与温度关系　　图 5-4　喷涂发泡一次喷涂厚度与泡沫塑料密度的关系

管中管法、墙体保温和喷涂缠绕成型的聚合聚醚材料（141b）性能及其反应特性比较见表 5-1 和表 5-2。

表 5-1　材料性能比较表

特性	单位	管中管	外墙保温	喷涂缠绕
外观	—	浅黄色或褐色液体	浅黄色液体	浅黄色液体
羟值	mg KOH/g	300 ～ 450	422 ± 20	400 ～ 600
动力黏度（25 ℃）	mPa•s	100 ～ 250	128 ± 10	820
密度（20 ℃）	g/mL	1.10 ～ 1.16	1.11 ± 0.05	1.14

表 5-2　反应特性（高压发泡机，温度 30 ～ 35 ℃）比较表

反应特性	管中管	外墙保温	喷涂缠绕	
			管径 800 ～ 1400 mm	管径 < 800 mm
料比（多元醇 / 异氰酸酯）（质量比）	1：1.0 ～ 1.1	1：1.0	1：1.45	
乳白时间 /s	15 ～ 35	6	10 ± 2	6 ± 2
凝胶时间 /s	80 ～ 160	12.3	22 ± 3	19 ± 3
不粘时间 /s	≥ 150	15.6	—	—
发泡密度 /(kg/m^3)	60 ～ 80	38.7	55.0 ± 3	47.0 ± 3

适合喷涂的材料不但需要匹配高压无气喷涂机，还需要高精度的喷枪及喷嘴。所以目前能够满足要求的设备基本以进口为主，如德国克劳斯喷涂机、意大利康隆喷涂机等。

5.2　喷涂发泡设备

聚氨酯喷涂发泡设备分两类：一类是采用空气为动力的空气喷涂机；另一类是设备加压方式的无空气喷涂机。

有空气喷涂利用压缩空气把反应物料混合并喷出，双组分在进行化学反应的同时发泡成型，因为物料中混有空气，空气飞散时易带走反应物料细小混合组分，造成原材料损耗，并污染环境。

无空气喷涂发泡机采用高压发泡机，把原料加压后送入喷枪混合室，在枪嘴处由于节流瞬间释放，物料离枪后，流速变大，物料迅速散射。喷枪混合室体积很小，反应物料因为高速撞击，充分混合，高速运动的物料在喷枪口形成细雾状，均匀地喷在钢管表面。

高压无空气喷涂与空气喷涂发泡相比，其最大的优点是原料损失量少，降低了

对环境的污染程度。

喷涂机（计量单元）是聚氨酯泡沫涂料满足钢管表面涂装的关键设备，要求具备双组分原料暂存、搅拌、保温、独立加压输送、预混、喷涂等多项功能。由异氰酸酯料罐、聚醚料罐、各组分输料的轴向柱塞泵、混合头、机械人手臂、控制单元、清洗单元以及液压辅助系统组成（图 5-5）。

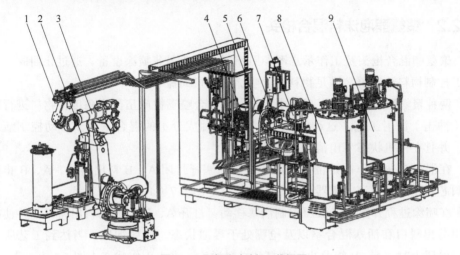

图 5-5　聚氨酯喷涂机三维视图

1—混合枪头；2—柱塞清洗泵；3—机械臂；4—A 组分料计量泵电机；5—B 组分料计量泵电机；
6—A 组分料轴向柱塞计量泵；7—B 组分料轴向柱塞计量泵；8—A 组分料罐；9—B 组分料罐

5.2.1　变频计量泵

原材料部件计量（输送）泵采用轴向柱塞泵（图 5-6）。输出速率可在带手轮的计量泵上设置。当驱动轴转动时，气缸通过一个圆形排列位于驱动法兰周围和球头中的活塞球杆驱动。当倾斜装置处于零位置时，活塞没有移动。倾斜装置倾斜后，每个活塞都会移动，从上止点到下止点，再从下止点到上止点往复运动。

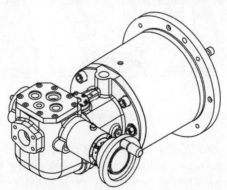

图 5-6　轴向柱塞泵外形示意图

每个活塞执行斜盘的角度由斜盘的长度决定。待计量的物料介质通过盖板上的吸入口，由计量活塞泵通过斜盘和压力法兰将其输送至混合头。泵电机的转速由变频器反馈控制。

在驱动电机和泵轴之间安装了磁力联轴器。扭矩为通过磁力从外转子传递到内转子。

5.2.2 聚氨酯泡沫料混合枪头

聚氨酯混合枪头及工作示意图参照德国克劳斯玛菲喷涂设备。通过止回阀（针阀）控制物料流通道，满足物料混合喷涂和停机回流状态。

两种聚氨酯组分在该混合头中混合，因混合喷嘴彼此呈微小角度，物料进行逆流（冲击）注射工艺。这种混合头（混合两种成分）的混合室位于移动控制活塞内，并且在停机状态下用清洗剂进行冲洗。

在混合头非工作初始位置，液压控制活塞杆封闭 A、B 料出料口，A、B 止回阀阀芯封闭进料通道，机器处于非工作状态［图 5-7（a）］。

在喷涂过程开始时，液压控制活塞移动，打开 A、B 组分物料出料口，并使得两组分出料口和活塞混合室以及枪嘴处于导通状态。物料加压，当达到工艺所需的喷涂压力时，A、B 组分止回阀打开供料通道，进入工作状态［图 5-7（b）］，这两种组分可以通过侧面进入混合室，两相混合物从枪嘴喷出。

喷涂工作停止间隙，混合室活塞封闭 A、B 料出料口，开启回料开关，进料管和回料管连通，物料在外部加压装置的帮助下返回料罐，物料处于自循环状态。此时混合室与喷嘴仍处于导通状态，溶剂清洗泵及其阀门打开，清洗枪嘴和混合室［图 5-7（c）］。

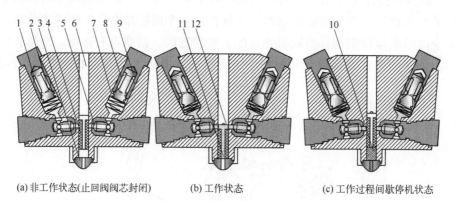

(a) 非工作状态(止回阀阀芯封闭)　　　(b) 工作状态　　　(c) 工作过程间歇停机状态

图 5-7　喷涂聚氨酯泡沫混合枪头运行示意图

1—A 料进料口；2—A 料回料口；3—喷嘴；4—活塞混合室关闭状态；
5—混合喷嘴；6—活塞混合室；7—B 料回料口；8—B 料进料口；9—止回阀阀芯；
10—清洗液；11—A、B 混合料；12—活塞混合室开启状态

5.2.3　工作料罐

工作料罐要求内空间充分干燥，排除水汽的影响，内物料温度要求能精确地控制在工艺要求的范围内，并能充分满足各计量泵的供料要求。工作料罐分为异氰酸酯和聚醚两个料罐。

工作料罐使用带有搅拌及夹套或盘管的贮罐，材质常为不锈钢，或在碳钢表面采用不锈钢金属或塑料喷涂，常以化学镀膜等工艺方法，喷涂或镀上不锈钢或镍、铬、塑料等防腐蚀层，或涂刷上其他能耐原料侵蚀的防腐涂料，这样既可避免物料对罐体的侵蚀，也可防止物料被污染变色、变质。罐内充以干燥的空气或氮气，以防止物料吸水或氧化，搅拌及温度控制系统则是为了保持罐内物料体系的均匀及温度均一，保证发泡工艺的稳定。

气动加压供料各种料罐中，以保持稳定的 0.2～0.5 MPa 干燥空气或氮气气压送物料。主要应用于高压发泡机各物料系统的工作物料以及低压发泡机中高黏度物料（如聚酯多元醇）的压送。在使用 CO_2 发泡工艺体系中，则要根据相应的技术要求，制造、安装和使用 CO_2 贮罐。

图 5-8 为气压送料贮罐控制原理示意图。料罐带有搅拌器，以保证物料及温度均匀，液面控制系统 1 用于保持物料液面的稳定，可由供料管 5 及时补充物料，以保证工作料罐料温不致有大的波动；设在罐外的加热器/冷却器 9 和温度控制系统 6 通过盘管（或夹套）对物料进行加热或冷却，以保持料温的恒定；压力控制系统 7 保证料罐在稳定的供料压力下工作，保持出料稳定；在自循环状态下，物料可由回流管返回料罐。

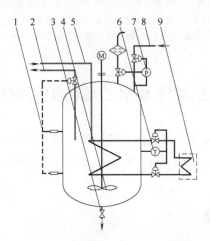

图 5-8　气压送料贮罐控制原理图 [3]

1—液面控制系统；2—送料管；3—排料管；4—搅拌器；5—供料管；6—温度控制系统；
7—压力控制系统；8—干燥氮气或空气；9—加热/冷却器

5.2.4 高压无气喷涂工艺流程

聚氨酯双组分物料高压无气喷涂工作流程如图 5-9 所示。料罐和输料管路设置有加热、冷却以及电伴热装置，保证达到喷涂物料所要求的工作温度。工作储料罐的 A、B 组分的物料分别通过干燥的压缩空气或者 CO_2 进行供料，并由压缩空气或者 CO_2 维持恒定的工作压力，经过计量泵（轴向柱塞泵）的物料，加压后输送至混合枪头，并在枪内混合室冲击混合形成双组分混合料，离枪瞬间释放，形成雾化的液流喷向钢管表面后，乳白、启发、固化形成聚氨酯保温层。喷枪间断停机，混合喷枪工作状态关闭，物料在各自的循环系统内自循环，并同时启动清洗泵（气动柱塞泵），对喷枪混合部分及其枪嘴进行清洗。工作停机前，同样需要对喷枪混合部分及其喷嘴进行清洗后关机。

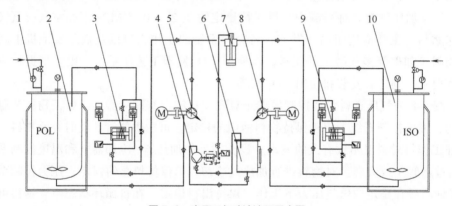

图 5-9 高压无气喷涂流程示意图

1—供料压力控制系统；2—聚醚（POL）工作料罐；3—POL 物料内部循环控制系统；
4—枪头清洗柱塞泵；5—POL 物料计量泵；6—清洗溶剂罐；7—混合枪头；8—异氰酸
酯 ISO 物料计量泵；9—POL 物料内部循环控制系统；10—ISO 工作储罐

5.3 聚氨酯保温层喷涂及聚乙烯防护层缠绕成型技术

聚氨酯保温层喷涂成型，在墙体、储罐等保温工程中已经有广泛的应用。在管道上的应用，在我国只有短短的 10 年左右，并且这项技术的大面积推广应用也在近四五年时间。

5.3.1 在我国的发展

① 喷涂缠绕法保温管成型技术。何雪冰[4] 翻译的朗格斯特的一本手册上这样描述：工作管螺旋转动穿过机器设备，让泡沫喷到工作管上，呈带状挤出的夹克层缠绕在保温层上，热聚乙烯带自动黏结形成平滑、均匀的夹克层。

据描述，丹麦朗格斯特公司在 1993 年完成装备及其工艺研制，管径范围 ϕ355 mm 至 ϕ1000 mm 的保温管均可采用此工艺。但未见国际上相关案例和相关产品、材料的检验报告。

② 2000 年初，我国大庆油田建设集团曾通过日元贷款从美国引进一套聚氨酯泡沫喷涂装置（图 5-10），包括钢管卡装装置（类似工业车床卡具）、聚氨酯喷涂机、聚氨酯喷涂机移动轨道车、聚氨酯泡沫层外表面锥形渐变修切刀具。

图 5-10　大庆油田聚氨酯保温层喷涂试验

喷涂工艺为：工作管表面处理→工作管在钢管卡装装置上卡装→钢管按照设计速度进行自旋转→聚氨酯喷涂枪启动→按照设计速度启动聚氨酯喷枪行走轨道车→聚氨酯泡沫在钢管表面喷涂→聚氨酯泡沫层启发、成型→聚氨酯泡沫层定型后修切。

受到当时装备以及材料等的限制，并且在聚氨酯喷涂过程中，未完全掌握相关工艺参数，喷涂后的泡沫层表面状态、厚度、密度、质量完全没有达到标准要求，即便采用修切刀具，在不考虑材料大量浪费的情况下，泡沫层同样没有达到产品质量要求，并且因为此装置未包含缠绕部分，所以应该为一次失败的试验。

③ 国内有多家企业和科研院所从 20 世纪 90 年代开始关注此项技术。天华化工机械及自动化研究设计院有限公司（天华院）从 2000 年初开始研究，经过 10 年的探索、研究，于 2010 年开发成功聚氨酯泡沫喷涂缠绕成型技术，2011 年申请国内第一个泡沫喷涂发明专利，并于 2015 年获批[5]。

④ 2011 年哈尔滨朗格斯特节能环保制品有限公司，从阿联酋引进一条丹麦朗格斯特二手聚氨酯泡沫喷涂缠绕成型生产线，为国内第一条喷涂聚氨酯保温层外护聚乙烯壳缠绕成型生产线。采用保温层间断法生产技术，满足直径 ϕ1000 mm 以下管道的保温层喷涂缠绕成型，并在东北某供热项目上得到应用。

⑤ 2011 年天华院采用完全国产化的技术，在马来西亚吉隆坡的英世丰公司建成聚氨酯喷涂缠绕生产线，整条线采用德国康隆聚氨酯喷涂机，国产挤出机和其他全套国内配套装置，采用聚氨酯保温层间断式喷涂成型技术，满足 ϕ420 ～ 1420 mm 管道的保温层喷涂缠绕成型。

⑥ 2014 年，天华院在天津中海油建成国内第一条国产化技术的聚氨酯喷涂缠绕生产线，采用德国康隆聚氨酯喷涂机，其他配套国产设备，满足重载海洋管道和焊接伴热集附管的聚氨酯保温层和聚乙烯防护壳成型，并在海洋配重管道的保温层技术上得到应用。

⑦ 2016 年，在民用的供热管道行业中，天华院在河北昊天能源投资集团有限公司建成面向民用的集中供热管道聚氨酯保温管成套装备，聚氨酯保温层采用间断式喷涂方式，并采用德国克劳斯玛菲大挤出量的挤出机，满足 ϕ1620 mm 及以下管道的保温层成型。

⑧ 2017 年，《硬质聚氨酯喷涂聚乙烯缠绕预制直埋保温管》（GB/T 34611—2017）标准发布，国内喷涂聚氨酯保温层外护聚乙烯防护壳技术及其装备在全国开始推广。

⑨ 2019 年，天华院在中投（天津）智能管道股份有限公司建成聚氨酯保温层间断法加连续法双工艺喷涂技术的成型生产线，满足大中口径全系列管道的聚氨酯保温层喷涂缠绕成型。

5.3.2 喷涂缠绕成型技术

喷涂缠绕技术，就是在工作管（钢管）表面首先采用喷涂方式完成聚氨酯保温层的成型，然后缠绕通过挤塑机挤出的热聚乙烯带形成保温层加外护层的过程。

聚氨酯保温层成型是此技术的关键，要求在相应管径的钢管表面（光管或带有防腐层的管道）采用高压无气喷涂方式把聚氨酯保温层喷涂在管表面，并发泡成为均匀一致的保温层，而泡沫保温层的成型在国内又分为单根成型（间断法）和连续成型方式（连续法）。喷涂缠绕成型工艺如图 5-11 所示。

5.3.2.1 间断法成型技术

聚氨酯保温层成型的间断法是指需要喷涂保温层的钢管放置在特殊设计的端部支撑小车或管端卡装小车上，满足需要涂装聚氨酯保温层的管道涂装部位悬空，并在管子端部动力的驱动下，驱动钢管进行旋转。

工作状态一：聚氨酯喷枪位置固定不动，卡装或支撑小车要求在平直的轨道上沿稳定的直线轨道通过喷枪工作区域，并保证喷枪距钢管表面的位置和间距不发生变化。

工作状态二：卡装或支撑小车相对地面位置固定不动，携带喷枪的喷涂机或安装有喷枪的支架（供料管道足够长，满足单根管道的喷涂要求）在移动小车上，沿与钢管轴线平行的轨道进行横向移动，同样满足喷枪位置和距离与被喷涂钢管的管面一致。

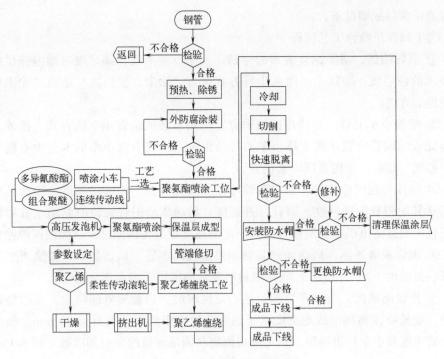

图 5-11　喷涂缠绕成型工艺图

聚氨酯保温管喷涂缠绕成型间断法工艺设备布置如图 5-12 所示。

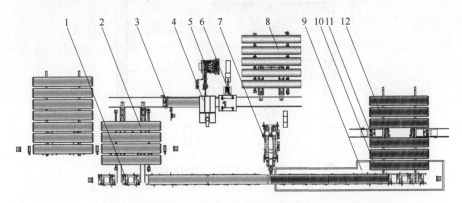

图 5-12　聚氨酯保温管喷涂缠绕聚乙烯间断法工艺设备布置图

1—聚乙烯防护壳缠绕传动线；2—聚氨酯泡沫喷涂管；3—泡沫喷涂传送小车；4—喷涂工作间；
5—聚氨酯泡沫喷涂机；6—钢管预热装置；7—聚乙烯挤出机；8—除锈后钢管；9—聚乙烯壳水
冷却系统；10—缠绕聚乙烯聚氨酯保温管；11—管端处理装置；12—聚氨酯保温成品管

（1）聚氨酯保温层喷涂缠绕设备组成

整个生产线由除锈设备、高压无气喷涂设备、喷涂小车、钢管加热装置、钢管传动设备、聚乙烯挤出机、聚乙烯层冷却系统组成。如果要求防腐层，还需要增加管道防腐层成型设备。

（2）间断法喷涂工艺流程

① 钢管除锈。清除钢管表面的浮锈、灰尘以及杂质，满足聚氨酯泡沫层黏结所要求的清洁度，除锈采用抛丸击打方式进行，除尘、表面微粒杂质清除采用刷轮清理的方式。

② 喷涂小车上管。在待涂区域前方，采用吊装或运管小车的方式，把外表面清理完成的钢管放置在外支撑小车的传动滚轮上；或卡盘小车的卡盘中心线与钢管中心线一致后，采用液压卡紧钢管。

③ 待涂管道喷涂传送。启动喷涂小车，按照管径、泡沫层厚度、喷涂机喷涂量所计算的钢管旋转速度、钢管行进速度，启动驱动钢管旋转的驱动电机和驱动钢管行走的行走电机，驱动钢管按照一定的速度螺旋传输通过聚氨酯泡沫喷涂区。

④ 钢管表面加热。启动加热装置加热通过的钢管，以达到泡沫喷涂所要求的钢管表面温度（25 ～ 35 ℃，或按照材料要求确定钢管表面加热温度）。

⑤ 聚氨酯喷涂。当钢管管端到达一定区域时，启动聚氨酯喷枪，开始聚氨酯喷涂，喷枪喷涂物料形成定宽度水平扇面，枪嘴距离钢管表面 ≈800 mm，根据钢管旋转速度和小车行进速度，定宽度扇面物料满足聚氨酯层叠加层数（图 5-13）。

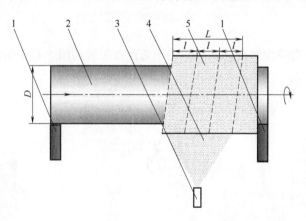

图 5-13　间断法喷涂聚氨酯层装搭接示意图

1—端部支撑轮；2—钢管；3—聚氨酯喷枪；4—聚氨酯扇形流体；5—聚氨酯泡沫层

泡沫料叠加层数的计算：

$$t = \frac{V}{\pi D} \tag{5-1}$$

$$l = tv \tag{5-2}$$

$$n = \frac{W}{l} \tag{5-3}$$

则：

$$n = \frac{W\pi D}{Vv} \qquad\qquad （5\text{-}4）$$

式中　D——管道直径，mm；

　　　V——钢管直线传输速度，mm/s；

　　　v——钢管旋转速度，mm/s；

　　　t——钢管旋转一周时间，s；

　　　W——喷射聚氨酯流体宽度，mm；

　　　l——聚氨酯流体搭接宽度，mm；

　　　n——搭接层数。

⑥ 发泡成型。喷涂的泡沫层在钢管表面自由启发、乳白、熟化等，并在传输过程中形成一定抗压强度的泡沫保温层。

⑦ 平台堆放。采用柔性的接触平台，确保从喷涂车上下线的喷涂泡沫层不发生挤压损坏，并静置 30 ～ 40 min，使得泡沫完全熟化，达到足够高的抗压强度。

⑧ 聚乙烯外护层挤出缠绕。在聚乙烯挤出缠绕传动线上，传输泡沫层成型的保温管道，传动线设计满足多根管道首尾相接的连续传动，在挤出缠绕区域，通过挤塑机挤出的聚乙烯热带缠绕在泡沫表面，碾压后水冷却定型，形成聚乙烯保护壳。

⑨ 切割下线。采用圆盘锯形切割刀具，电动旋转切割管子首尾相连地连续缠绕聚乙烯壳，分割成单根管道，下线；

⑩ 涂层管端修切。采用管端修切装置，修切多余的泡沫层和聚乙烯层，留出焊接的热影响区域，并且所留管端的泡沫层呈 90°；

⑪ 检测检验。检测检验，满足成品管要求，堆放。

（3）喷涂小车设计

喷涂小车是间断法中最关键的设备，要求满足待涂钢管的端面支撑或内部卡装，带有一定的刚度、强度和加工精度，尤其对驱动钢管旋转和小车行走的精度有一定的要求。

① 内卡式喷涂小车。内卡式小车由液压张紧卡盘、卡盘旋转驱动装置（变频调速）、左右小车中间连杆装置（带锁紧机构）、小车前进后退的传动轮和驱动系统组成（变频调速）（图 5-14）。

内卡式小车由于液压卡具的调整范围影响，满足管径范围小，当更换管径范围变化大的管道时，需要更换卡具。设备造价高，并且管道就位工序复杂、烦琐，效率较低，但保温层质量更容易保证。

② 外支撑小车。外支撑小车（图 5-15）采用管外端面支撑方式，滚轮面宽度满足钢管预留热影响区长度或低于热影响区的管端长度，滚轮外表面包裹柔性胶层，防止刚性轮面损坏钢管外表面，在小车上设计安装小车连杆机构和管端面顶

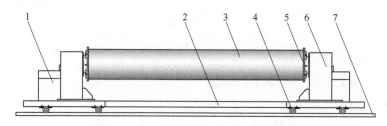

图 5-14 内卡式喷涂小车结构示意图

1—卡盘旋转动力系统；2—卡盘小车连杆；3—待喷涂钢管；4—小车传动轮；
5—卡装钢管液压卡盘；6—卡盘张紧液压系统；7—小车传动钢轨

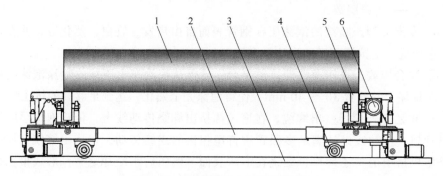

图 5-15 外支撑喷涂小车结构示意图

1—待喷涂钢管；2—外支撑小车连杆；3—小车传动钢轨；4—小车传动轮；
5—钢管端头外支撑滚轮；6—外支撑轮旋转动力系统

轮系统，防止钢管在泡沫层喷涂过程中发生窜管现象。同样支撑轮要求有驱动滚轮旋转的动力系统和小车前进后退的动力系统，并要求有平滑的调速功能。

外支撑小车满足系列管径的钢管涂装要求，不需要更换设备，只需要调整轮间开合，设备结构简单，管道工位就位方便，工序简洁易操作。

两种喷涂小车泡沫层喷涂后涂层结构示意图如图 5-16 和图 5-17 所示。

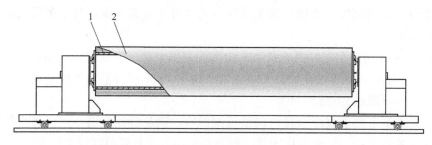

图 5-16 内卡式泡沫层成型后涂层结构示意图

1—喷涂后钢管；2—喷涂泡沫层

内卡式小车泡沫层为整管涂装，管端和管本体的泡沫层厚度一致，不会出现管端涂层与管本体分层现象。

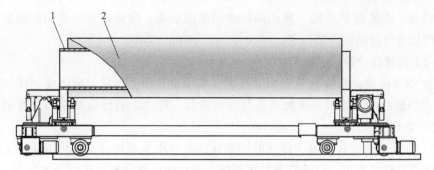

图 5-17 外支撑泡沫层成型后涂层结构示意图
1—喷涂后钢管；2—喷涂泡沫层

外支撑小车，因为管端热影响区域接触传动轮（外支撑），喷涂区域从管支撑端面处开始，所以涂层结构显示在管道端部热影响区域未喷涂泡沫层。采用外支撑小车，喷涂泡沫层管端易出现泡沫层厚度不均匀现象，甚至会出现管本体与泡沫层分层现象。

5.3.2.2 连续法成型技术

连续法针对聚氨酯泡沫保温层的间断法而言，泡沫喷涂区采用连续的传动滚轮，满足泡沫喷涂区域的管道首尾相接，连续传动通过泡沫喷涂区。在喷涂工作区，待涂管段悬空，未涂区域和喷涂后区域都在一定范围内接触传动滚轮，所以喷涂的泡沫层在极短时间内会受到滚轮的挤压和搓碾力。聚氨酯保温管喷涂缠绕成型连续法工艺设备布置图如图 5-18 所示。

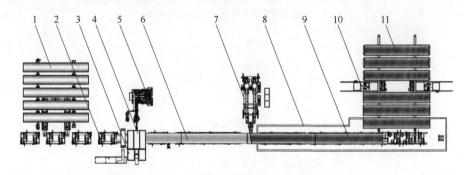

图 5-18 聚氨酯保温管喷涂缠绕聚乙烯连续法工艺设备布置图
1—除锈后钢管；2—喷涂缠绕传动线；3—钢管预热装置；4—喷涂工作间；5—聚氨酯泡沫喷涂机；
6—喷涂聚氨酯泡沫保温层管；7—聚乙烯挤出机；8—聚乙烯壳冷却系统；9—缠绕聚乙烯聚氨酯保温管；
10—管端处理装置；11—聚氨酯保温成品管

（1）设备组成
整个生产线由除锈设备、喷涂设备、喷涂连续传动滚轮、钢管加热装置、钢管传动设备、聚乙烯挤出机、聚乙烯层冷却系统组成。同样，如果要求防腐层，还需要增加管道防腐层成型设备。

（2）连续法喷涂工艺流程

① 钢管除锈。清除钢管表面的浮锈、灰尘以及杂质，满足聚氨酯泡沫层黏结所要求的清洁度，除锈采用抛丸击打方式进行，除尘、表面微粒杂质采用刷轮清理的方式。

② 喷涂工位钢管传输。待涂的钢管通过上管小车放置在连续传动滚轮上，并且在钢管传输过程中，待涂管道首尾相接，连续通过聚氨酯泡沫喷涂工位。

传动线上钢管的传输速度，按照管径、泡沫层厚度、喷涂机喷涂量进行计算，并换算出滚轮的旋转速度。喷枪液流扇面在钢管表面的叠加层数，由管道传输滚轮的偏转角 θ 决定，如图 5-19 所示。

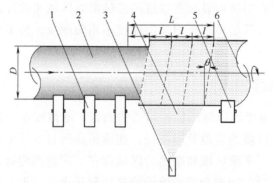

图 5-19 连续法喷涂聚氨酯层装搭接示意图
1—钢管支撑轮；2—钢管；3—聚氨酯喷枪；4—扇形聚氨酯喷射流；
5—聚氨酯泡沫层支撑轮；6—聚氨酯泡沫

泡沫搭接层数计算：

$$n = \frac{W}{l} \tag{5-5}$$

$$l = \pi D \tan\theta \tag{5-6}$$

则：

$$n = \frac{W}{\pi D \tan\theta} \tag{5-7}$$

式中　W——聚氨酯流体接触管道幅宽，mm；

　　　D——管道外直径，mm；

　　　l——聚氨酯喷射流体搭接宽度，mm；

　　　θ——钢管传输螺旋角（滚轮偏转角），(°)；

　　　n——喷射流搭接层数。

③ 待涂钢管加热。启动加热装置加热通过的钢管，达到泡沫喷涂所要求的温度（25 ~ 35 ℃，或材料要求）。

④ 聚氨酯喷涂。当钢管管端到达一定区域，启动聚氨酯喷枪，开始聚氨酯喷涂，喷枪扇面以水平方式，距离钢管表面 800 mm。

⑤ 聚氨酯发泡成型。喷涂的聚氨酯泡沫层在钢管表面自由启发、乳白、熟化等，并在传输过程中形成一定抗压强度的泡沫保温层，以满足连续传动中所接触的传动滚轮。

⑥ 聚乙烯防护层挤出缠绕。在聚乙烯挤出缠绕传动线上，传输泡沫层成型的保温管道，传动线设计满足多根管道首尾相接的连续传动，在挤出缠绕区域，缠绕通过挤塑机挤出的聚乙烯热带，缠绕在泡沫表面，碾压后水冷却定型，形成聚乙烯保护壳。

⑦ 聚乙烯保护壳切断。采用切割刀具，切割管子首尾相连地连续缠绕聚乙烯壳，分割成单根管道，下线。

⑧ 涂层管段修切。采用圆盘锯等管端修切装置，修切多余的泡沫层和聚乙烯层，留出焊接的热影响区域，并且所留管端的泡沫层呈 90°。

⑨ 检验检测。检测检验，满足成品管要求，堆放。

5.3.3 涂层材料性能参数

加拿大标准 CSA Z245.22—2010 中明确了喷涂（spray foam）和模具发泡（mould foam）两种保温层成型方式，在 2018 年修订版中，两种发泡工艺合并为一个体系，参数全面提升。涂层结构中明确泡沫层与聚乙烯外护层之间包裹黏结剂。具体参数见表 5-3 ~ 表 5-5[6]。

表 5-3 聚氨酯泡沫性能指标

测试项目	单位	验收标准	测试方法
泡沫层性能指标			
密度	kg/m³	记录值	ASTM D1622
抗压强度（老化前）（20 ± 3）℃	MPa	≥ 0.3	ASTM D1621 或 ISO 844
喷涂泡沫	—	≥ 0.15	
开孔率（体积比）	%	≤ 12	ASTM D6226
吸水率	g/1000 mL	记录值	ASTM D2842
导热系数	W/(m·K)	≤ 0.03	ASTM C518

续表

测试项目		单位	验收标准	测试方法
成品保温层性能指标				
轴向剪切强度（老化前）	泡沫直接应用于钢、FBE 或 3LPE（20 ± 3）℃	MPa	≥ 0.12	CSA Z245.22
	泡沫直接应用于钢、FBE 或 3LPE（最高设计温度 ± 3℃）	MPa	≥ 0.08	
轴向剪切强度（老化后）（最高设计温度 ±3℃，100 d）	泡沫直接应用于钢、FBE 或 3LPE（20 ± 3）℃	MPa	≥ 0.12	
	泡沫直接应用于钢、FBE 或 3LPE（最高设计温度 ± 3℃）	MPa	≥ 0.08	
抗冲击（-30 ± 3）℃		J/mm 厚度	≥ 3，无裂纹或贯穿 PE 夹克	CSA Z245.22 CSA Z245.20

表 5-4   包覆泡沫层胶黏剂

测试项目	单位	验收标准	测试方法
软化点（R&B）	℃	≥ 55	ASTM E28
黏度值（150 ± 3）℃	mPa·s	制造商值 ± 30%	CSA Z245.22 或 CSA Z245.21
剥离强度	N/2.54 cm	19.6	CSA Z245.22 或 CSA Z245.21
搭接剪切强度	MPa	0.2	ASTM D1002 改进；2.54cm/min

表 5-5   聚乙烯树脂性能指标

测试项目		单位	验收标准	测试方法
耐应力开裂（4 MPa、50 ± 3℃）		h	≥ 500	ASTM D5397
耐冲击 - 摆锤（-40 ± 3）℃		kJ/m²	≥ 3.0	ISO 179-1/1EA
流动速率		g/10min	0.15 ～ 0.80	ASTM D1238 190℃ /2.16kg
耐环境应力开裂（F50）		h	≥ 1000	ASTM D1693 条件"B"，100% Igepal CO-630
拉伸屈服（23 ± 3℃）（50mm/min）	高密度聚乙烯	MPa	≥ 18.5	ASTM D638 IV形标本
	中密度聚乙烯		≥ 12.4	
拉伸断裂伸长率（23 ± 3）℃（50mm/min）		%	≥ 600	ASTM D638
维卡软化点	高密度聚乙烯	℃	≥ 120	ASTM D1525
	中密度聚乙烯		≥ 110	
氧化稳定性		min	≥ 10	ASTM D3895，220℃（非铜诱导）

我国管道保温层泡沫喷涂成型技术起步较晚,在 2017 年才颁布了国家标准(GB/T 34611—2017),其中的材料以及涂层性能参数同样借鉴了 EN253 等标准规范,所提供的相关性能参数经归纳整理见表 5-6 ~ 表 5-8。其中,聚氨酯泡沫材料在国家标准 GB/T 34611 和 GB/T 50538 中吸水率存在差异,并且 GB/T 50538 中提出耐热性指标(具体见表 5-6 和表 5-7 相关条目)。GB/T 34611 和 CSA Z245.22 相关参数指标同样存在差异,例如老化试验条件等(具体见表 5-2 和表 5-9 相关条目)。

表 5-6　成品聚氨酯泡沫塑料性能参数 [7]

项　　目	单位	标准
密度(任意一点)	kg/m³	≥ 60
泡孔尺寸(平均)	mm	≤ 0.5
压缩强度(径向压缩强度或径向形变 10% 的压缩应力)	MPa	≥ 0.35
吸水率	%	≤ 8
闭孔率	%	≥ 90
导热系数(50 ℃)	W/(m·K)	≤ 0.033

表 5-7　聚氨酯泡沫塑料性能指标 [8]

序号	项目		指标	试验方法
1	表观密度 /(kg/m³)		≥ 60	GB/T 29046
2	压缩强度 /MPa		≥ 0.35	GB/T 29046
3	吸水率 /%		≤ 8	GB/T 29046
4	闭孔率 /%		≥ 90	GB/T 29046
5	耐热性(120 ℃,96 h 高温型聚氨酯泡沫 140 ℃,96 h)	尺寸变化率 /%	≤ 3	GB/T 50538 附录 C
		质量变化率 /%	≤ 2	GB/T 50538 附录 C
6	导热系数(50 ℃)/[W/(m·K)]		≤ 0.033	GB/T 29046

表 5-8　聚乙烯外护管性能指标 [8]

序号	项目	指标	试验方法
1	拉伸屈服强度 /MPa	≥ 19	GB/T 1040.2
2	断裂标称应变 /%	≥ 450	GB/T 1040.2
3	环向热回缩率 /%	≤ 3	GB/T 6671
4	长期力学性能(4 MPa,80 ℃)/h	≥ 2000	GB/T 29046
5	耐环境开裂时间 /h	> 300	GB/T 29046

表 5-9　成品保温管道性能指标 [7]

项目		单位	性能指标
聚乙烯外护管			
密度		kg/m³	940～960
拉伸屈服强度		MPa	≥19
断裂伸长率		%	≥450
耐环境应力开裂		h	≥300
长期力学性能 [拉应力（4 MPa，80 ℃）]		h	≥2000
环向热回缩率		%	≤3
抗冲击性 [（20±1）℃，3 kg 落锤，2m]		—	无裂纹
保温成品管			
轴向剪切强度（老化前）	（23±2）℃	MPa	0.12
	（140±2）℃	MPa	0.08
轴向剪切强度（老化后）(160 ℃，3600 h 或 170 ℃，1450 h)	（23±2）℃	MPa	0.12
	（140±2）℃	MPa	0.08
最小切向剪切强度（老化前）	（23±2）℃	MPa	0.20
最小切向剪切强度（老化后）(160 ℃，3600 h 或 170 ℃，1450 h)	（23±2）℃	MPa	0.20
抗蠕变	AS100（100h）	mm	≤2.5
	30 年		≤20

5.4　喷涂缠绕成型工艺特点

（1）成型工艺新颖

聚氨酯保温管喷涂缠绕成型工艺为泡沫层喷涂预制成型后进行聚乙烯防护层缠绕成型。

（2）泡沫层外观质量可见

喷涂聚氨酯在管表面先期形成泡沫层，泡沫液体料在管表面黏结、堆积，然后自由启发、乳白、熟化等，形成保温层，所以涂层外观质量可见。

（3）泡沫层密度、厚度、强度一致

采用喷涂方式，如果不受外界风力、设备缺陷等影响，在均匀旋转前进的管表面喷涂的物料量一致，启发、熟化时间一致，所以形成的厚度一致（表 5-10、表 5-11），泡沫密度一致，强度一致。

表 5-10　喷涂泡沫层厚度（径向）

管径	连续法（径向方向，均匀间距）厚度 /mm								
DN700	65	69	67	66	67.5	66.5	64	61	60	58
管径	间断法（径向方向，均匀间距）厚度 /mm								
DN700	53	53.5	48	49	48.5	49.5	49	50	49	55

表 5-11　喷涂泡沫层厚度（周向）

管径	取点	间断法（顶部 12 点开始间隔 45°圆周方向）厚度 /mm							
DN700	3 个点（径向均布）	75	75	76	75	76	76	75	77
		73	74	73	74	74	76	74	75
		72	75	73	73	74	76	74	72
管径	取点	连续法（顶部 12 点开始间隔 45°圆周方向）厚度 /mm							
DN700	3 个点（径向均布）	75	75	76	75	76	76	75	77
		73	74	73	74	74	76	74	75
		72	75	73	73	74	76	74	72

（4）泡沫密度、强度可以随时调整

喷涂聚氨酯层的密度和强度，与泡沫雾化液流扇面在管表面上叠加的层数以及管子的旋转、行进速度有关，叠加层数越多，泡沫的密度越高，泡沫强度越大。所以不同管径或相同管径都可以依据管道的转速、螺距等随时调整泡沫密度。

（5）泡沫层的厚度随时调整

采用喷涂法形成的泡沫层厚度，不受模具的限制，可以根据市场要求在同一工装上进行泡沫层的调整，满足 70 mm、80 mm，甚至 120 mm 厚度泡沫层的生产。

（6）泡沫层在熟化过程中热量容易散发

聚氨酯双组分料在混合喷涂过程中，化学反应所产生的热量在自由发泡过程中容易散失，不会积聚在泡沫层内部，造成泡沫层内部炭化（烧芯）现象。

（7）易于聚乙烯层黏结

喷涂法所形成的聚氨酯泡沫层为不受约束的自由发泡，所以泡沫层外表面粗糙（形成无数锚纹坑），在缠绕熔融挤出聚乙烯热带时，热带在缠绕时的箍紧力以及压辊的碾压，使得聚乙烯外护层在挤压力的作用下嵌入泡沫层表面的锚纹坑，并且缠绕的热聚乙烯带在水急冷时急剧收缩，使得聚乙烯带牢牢箍紧在保温层表面，增加了保温层与外护层之间的黏结力。

（8）聚乙烯层厚度降低

采用喷涂缠绕工艺生产的聚氨酯直埋保温管，聚乙烯外护壳采用热挤缠绕方式成型，聚乙烯外护层厚度可根据用户需要随时进行调整，不存在"管中管"灌注发泡时对聚乙烯外护层产生的不均匀的膨胀应力，因此聚乙烯外护层厚度能够制作得相对较薄。

（9）可以方便更换外护层类型

因为成品管道为喷涂成型的带有聚氨酯保温层管道，外护层二次成型，所以外护壳除采用热聚乙烯挤出缠绕外，还可以根据要求采用加强玻璃钢缠绕、冷胶带缠绕等多种类型。

（10）保温层导热系数低

喷涂法所得到泡沫层的导热系数低于"管中管法"。

如图5-20所示，通过比较两种工艺生产的聚氨酯泡沫的各项性能参数，"管中管法"的聚氨酯泡沫微观结构呈现出近似圆形的结构，而喷涂法的聚氨酯泡沫微观结构呈现出沿钢管径向长、轴向短的椭圆形结构，由于这种各向异性的存在，喷涂法获得的聚氨酯泡沫在压缩强度上远高于"管中管法"获得的聚氨酯泡沫的压缩强度；由于泡孔尺寸大小不一及各向异性的存在，喷涂法获得的聚氨酯泡沫具有更细密的泡孔结构，其导热系数小于"管中管法"所获得的聚氨酯泡沫导热系数[9]。

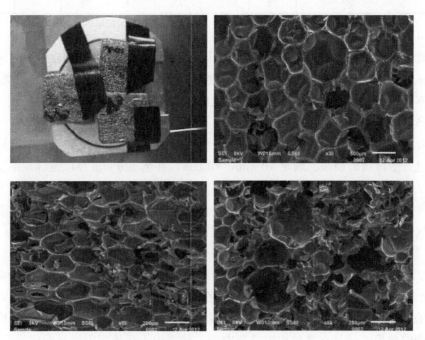

图5-20 聚氨酯泡沫塑料试样及微观结构

5.5 喷涂缠绕技术间断法和连续法比较

聚氨酯保温管道喷涂缠绕成型技术中的间断法和连续法，主要针对聚氨酯保温（泡沫）层的成型过程。间断法指的是管道保温层成型为单根管道间断成型，于

1993 年，由丹麦朗格斯特开发成功；连续法是多根管道管端首尾相接保温层连续涂装，于 2018 年，由我国自行开发的泡沫喷涂方式（简化方式）。

5.5.1 泡沫层成型工艺过程不同

① 间断法 喷涂工作钢管安装在卡盘（或端部支撑滚轮上），并使之悬空，聚氨酯泡沫在喷涂过程中，初始泡沫不接触支撑轮等，泡沫层不会受到挤压力的作用。

② 连续法 采用管道首尾相接连续通过螺旋传动轮方式，在传动轮间管道悬空位置完成聚氨酯泡沫层喷涂成型，成型后的泡沫层在传动滚轮上连续传输。

5.5.2 泡沫层受力不同

（1）间断法

钢管端部卡装或放置在专用喷涂车上，待喷涂区域为悬空状态（图 5-21），在聚氨酯泡沫喷涂过程中（10 ～ 40 min）和喷涂完成，聚氨酯保温层不接触任何外支撑装置，并且在管道旋转前进过程中，不存在外部力量对泡沫层造成挤压或搓碾，直至泡沫层固化完成。

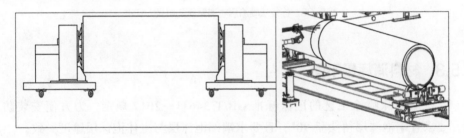

图 5-21　间断法管道状态

（2）连续法

如图 5-22 所示，待喷涂管道首尾相接螺旋通过泡沫喷涂工作区域，喷涂后带泡沫层的管道，传输一定距离 L 后即接触传输轨道，在传输过程中，会受到传输轨道支撑滚轮接触力的作用。图 5-23 所示的接触力有垂直滚轮切线的支撑力 F_1 和切线方向的摩擦力 F_2（搓碾力），并且为保证管道的螺旋向前传输，支撑轮与管道圆周方向形成一定的夹角，所以切向力 F_2 又分为径向和周向两个作用力，这三个力同时作用于泡沫层表面，而当滚轮设计精度或传动线安装精度不高、动力出现偏差时，每个滚轮的摩擦力是不同的，例如 F_2 和 F_2'，多个滚轮组会有多个力的存在，造成泡沫层表面的受力不均，严重时造成泡沫层损坏。所以连续法，喷涂泡沫层进入连续传动滚道轮时，泡沫层固化未完成或进行材料改性后固化，但无论如何，当泡沫层强度不足以抵消外部力时，外部力的存在总会对泡沫层造成破坏。

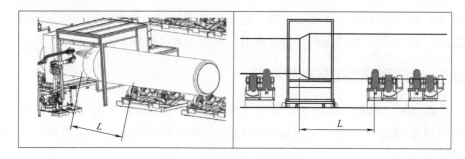

图 5-22　连续法管道状态

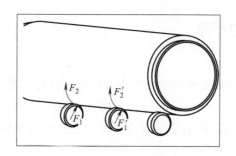

图 5-23　连续法喷涂后管道聚氨酯层受力状态

5.5.3　材料消耗量不同

聚氨酯泡沫喷涂工艺的国家标准 GB/T 34611—2017 规定，为方便安装防水帽，要求管端泡沫层留头呈 90°，且要求端部泡沫层与主体泡沫层厚度一致。

根据聚氨酯喷枪结构，物料喷射以水平扇面形式覆盖在被喷管表面，如同带缠绕一样按照一定的螺距叠加喷涂在管表面，为两层或多层叠加结构。喷枪启动初始，覆盖层为一层，钢管向前传输至水平扇面尾端，涂层最终为多层叠加层，所以只有最终的尾端叠加层数才决定泡沫层的最终厚度，因此物料喷涂从启动喷枪开始，水平扇面前端接触管表面，必定形成锥形泡沫层。所以为满足泡沫层预留段 90° 的端面层，针对间断法和连续法，物料的消耗量各不相同。

（1）间断法

如果物料水平扇面端部与钢管行进前端重叠，离开喷涂区间的管尾端与物料喷射水平扇面尾端重叠，最终管端部必然形成锥形泡沫层结构，所以为防止锥形泡沫层结构出现，间断法必须预留空喷段（图 5-24），采用提前启动（管前端）和滞后关闭喷枪（管尾端），使得管端预留段的泡沫喷涂叠加层数与管本体一致，来确保聚氨酯保温层的厚度。所以间断法喷涂的每根管道，原材料浪费包括提前启动喷枪和滞后关闭喷枪造成的空喷以及管端正常切割。

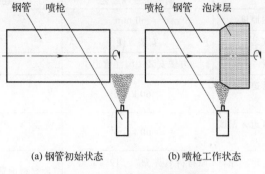

(a) 钢管初始状态　　　(b) 喷枪工作状态

图 5-24　间断法喷枪启动位置图

（2）连续法

每根管道首尾相接连续传动，第一个管的管尾和第二根管的管头相接通过物料喷涂区域，其接受泡沫料的喷涂层数一致，只有每班生产的第一根管道需要提前启动喷枪，留出空喷段，尾班的最后一根出管需要滞后关闭喷枪，所以除去第一根管道和最后一根管道，除存在提前启动喷枪和最后一个管道滞后关闭喷枪所造成空喷材料浪费外，其他只是管道预留段的正常切割所造成的材料浪费（图 5-25）。

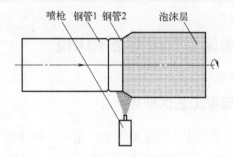

图 5-25　连续法喷枪喷涂示意图

5.5.4　其他异同比较

聚氨酯保温管采用间断法和连续法成型，其异同总结见表 5-12。

表 5-12　间断法和连续法其他异同比较

序号	内容	间断法生产工艺	连续法生产工艺
1	泡沫层保护	熟化前滚轮不接触泡沫涂层	喷涂过程中滚轮接触泡沫涂层，泡沫层易碎，重载管 80 mm 以上泡沫保温层挤压后有内裂纹
2	管径范围广	$\phi 426 \sim 1620$ mm	$< \phi 1016$ mm 的保温管

续表

序号	内容	间断法生产工艺	连续法生产工艺
3	适用泡沫层厚度	≥60 mm	60～70 mm
4	报警线安装	安装方便	需要复杂工装
5	伴热管	方便安装（海洋管道）	无法安装
6	<φ1060 mm 管道，密度要求	≥60 kg/m³	≥60 kg/m³
7	≥φ1060 mm 管道，密度要求	≥60 kg/m³	≥73 kg/m³
8	<φ1060 mm 管道，原材料浪费	原材料浪费 5%～12%（无飞溅计算）	原材料浪费≤5%（无飞溅计算）
9	≥φ1060 mm 管道，原材料浪费	原材料浪费 5%～12%（无飞溅计算）	原材料浪费≥20%（无飞溅计算）
10	原材料性能要求	适合原材料的范围广	φ1016mm 以上厚涂层的保温管对原材料的要求高
11	生产效率	双喷涂工位效率等同连续法	高
12	加热方式	中频 C 型加热，加热不均	中频通过式加热，热量传递均匀
13	应用地区	中国、外国	中国

5.6 三种聚氨酯保温管成型技术比较

5.6.1 "一步法"成型工艺优缺点

管道聚氨酯保温层"一步法"成型工艺，迄今已经应用了 40 多年，是为适应我国保温管市场而开发的一项成熟技术，适用于中小口径管道（≤φ377 mm），尤其小口径管道，如φ80mm、φ50mm、φ30mm 的管道，挤出聚乙烯防护壳满足薄壁要求，节省材料。缺点：管径范围小，不适合于大口径管道生产，聚氨酯保温层采用低压灌注发泡，泡沫密度小。

5.6.2 "管中管法"成型工艺优缺点

"管中管法"聚氨酯保温管成型工艺，是国内外最常采用的一种成型工艺，基本能够适用于全系列管道的聚氨酯保温层成型（除非常小的管道直径外），并且采用高压灌注发泡，泡沫密度可以按照要求进行调节，也可以生产大口径或超大口径的保温管道。缺点是：聚乙烯防护壳为预先挤出，壁厚较厚，在泡沫灌注过程中，因为外界环境、钢管表面温度、聚乙烯管壳温度、材料特性、高压灌注设备等各种因素，容易造成以下缺陷。

① 泡沫层的密度不均匀。因为聚氨酯泡沫料为空腔容积计算后，一次性灌注，物料从一点流动至整个空腔，在流动不均匀的情况下，物料同时启发、充填密实，必定会造成固化后保温层密度的不均匀。

"管中管法"生产工艺的特点决定了管材聚氨酯密度分布梯度相对较大，一般密度差最大在 10 ～ 20 kg/m³（表 5-13）。密度分布呈现中间高、两端低的分布状态（泡沫料中间灌注方式）。

表 5-13　"管中管法"管材密度检测数据[10]　　单位：kg/m³

左侧距端头 500 mm 处	中间	右侧距端头 500 mm 处	密度差
60	72.8	61.2	12.8
60.5	76.2	71.4	15.7
68.7	79.1	69.3	10.4

② 泡沫层强度不均匀。12 m 长钢管及聚乙烯管壳穿套间隙，采用"管中管法"的一次灌注工艺，造成密实泡沫在轴向和环向上都存在一定的密度梯度，大管径则更加明显。为了达到标准要求的最低芯部密度，聚氨酯原料采用过度填充，灌注密度都要远大于标准要求的芯部密度，聚氨酯发泡过程产生的较大膨胀内压，造成 PE 外套管膨胀而形成内应力。

按照经验取值，如最小密度 60 kg/m³，则管间某些部位充填密度最大可能达到 80 kg/m³，计算按照整个空腔体积的 70 kg/m³ 或 75 kg/m³ 进行核算，在低密度区域、中密度区域、高密度区域，因为物料量的不同，保温层的受压强度必定不同，所以聚乙烯外壳受到的挤压力不同[10]。

③ 泡沫材料的浪费。第二条已经描述过，为满足空腔物料流动性差的区域最小的泡沫层密度，必须按照一定的设定值计算一次性充填量，一般比最低密度高 15% ～ 20%，所以采用此工艺必定造成材料的浪费。

④ 泡沫层的烧芯现象。聚氨酯泡沫是 A、B 双组分物料混合后进行化学反应而最终形成泡沫层的。反应过程中，在发泡剂等多组分添加剂的作用下，必定形成放热反应，如果聚乙烯保护壳放气孔的设置出现问题，会造成泡沫层内热量积聚，物料温度过高，无法散失，造成泡沫料层发黄炭化现象，从而造成保温层的保温效果降低。

⑤ 聚氨酯泡沫层和聚乙烯防护壳在某些特殊工况下，会出现开裂情况。例如有受约束的保温层，强度不均匀造成聚乙烯壳内部受力不均，聚乙烯挤出壳在挤出成型过程中，存在潜在缺陷，并且在聚乙烯管壳充填泡沫料后，会造成管材的膨胀率发生变化（表 5-14）。所以成品管道受到外力作用或高低温长时间冲击等，其开裂的概率大大增加。

表 5-14 "管中管法"管材膨胀率检测数据［管径（DN1000 mm×
1155 mm×15 mm）］[10]

测点	1.0	2.0	3.0	4.0	5.0	5.8	6.8
发泡前周长 /mm	3615	3615	3615	3614	3614	3615	3619
发泡后周长 /mm	3662	3665	3667	3683	3673	3674	3671
膨胀率 /%	1.3	1.38	1.41	1.91	1.63	1.63	1.4

⑥ 造成聚乙烯防护壳的材料浪费。"管中管法"采用挤出聚乙烯壳后穿套钢管，在密闭的空腔内进行聚氨酯灌注发泡成型聚氨酯泡沫保温层。为防止泡沫层密度不均匀造成聚乙烯壳受力不匀而产生形变或开裂，在相关的标准规范中对聚乙烯壳厚度提出了明确的规定，这样必然会造成材料的浪费。

5.6.3　成型工艺及参数比较

目前，国内聚氨酯保温管成型技术主要针对小口径管道的"一步法"、全系列管道的"管中管法"以及正在推广的适合中大口径的喷涂缠绕法。

（1）三种成型工艺优缺点比较（表 5-15）

表 5-15　三种成型工艺优缺点比较

比较项目	喷涂缠绕法工艺	"一步法"工艺	"管中管法"工艺
工艺顺序	先成型聚氨酯泡沫保温层，后成型聚乙烯夹克层	聚氨酯泡沫层与聚乙烯夹克层同时成型	先制作聚乙烯夹克管，安装钢管后再成型泡沫层
偏心	完全无偏心	易偏心，需要特殊设备纠偏	通过定位块来防止偏心
泡沫涂覆方法	高压喷涂机喷涂	低压发泡机或比例泵灌注	高压发泡机浇注
物料连续性	跟随管道喷涂	随管子移动连续灌注	一次性灌注
聚乙烯成型	平口机头挤塑成膜缠绕在泡沫层外部	直角管型模具挤塑管状夹克层	直通式管型模具挤塑聚乙烯管材
聚氨酯原料	专用快速固化喷涂料固化时间：≤ 10 min	浇注料固化时间：15 ～ 20 min	浇注料固化时间：60 ～ 120 min
聚氨酯泡沫抗压强度	0.35 ～ 0.7MPa	≥ 0.2 MPa	≥ 0.3 MPa
适用管径	≥ 219 mm	≤ 377 mm	≥ 159 mm
产品质量控制	容易控制，质量稳定	控制难度大，管径越大质量越难保证。主要存在的问题是：管径越大，偏心越严重；夹克层与泡沫层之间结合力较差	容易控制，但质量分散性大。主要问题是：泡沫层内部密度均匀性很差，空洞较多，且难以检测
生产速度	高	较高	慢

续表

比较项目	喷涂缠绕法工艺	"一步法"工艺	"管中管法"工艺
生产成本	中	低	高
设备投入	较高	低	最高

（2）喷涂缠绕法、"管中管法""一步法"三种工艺相关性能参数值比较（表5-16）

表 5-16　三种成型工艺成品保温管性能参数比较

项目		喷涂缠绕法	"管中管法"	"一步法"
聚乙烯外护管				
密度 /(kg/m³)		940～960	940～960	≥935
外护管抗拉屈服强度 /MPa		≥19	≥19	≥20
断裂伸长率 /%		≥450	≥350[8] ≥450[11]	≥600
耐环境应力开裂 /h		≥300	≥300	＞300
长期力学性能［拉应力 (4 MPa, 80 ℃)］/h		≥2000	≥1500[8] ≥2000[11]	—
外护层最小厚度（针对特定钢管管径）/mm	钢管管径 =1400mm	9.0	12.5	—
	钢管管径 ≤377mm	4.0(DN350)	4.5(Dc355)	1.6(Dc377)
硬质聚氨酯保温层				
泡沫层密度 /(kg/m³)		≥60	≥55（钢管 DN≤500 mm）；≥60（钢管 DN＞500 mm）	30～50
压缩强度 /MPa		≥0.35	≥0.3	≥0.2
闭孔率 /%		≥90	≥88[8], ≥90[11]	—
吸水率 /%		≤8	≤10	≤15
导热系数 /［W/(m·K)］		≤0.033		≤0.03
成品管				
端部无保温层预留 /mm		150～250	150～250	150±10

因为国内的标准规范不同，相同的硬质聚氨酯保温管道相关参数值出现矛盾，所以在此建议将国家标准 GB/T 34611、GB/T 50538 和 GB/T 29047 合并为一个标准。

5.7 小结

    直埋聚氨酯保温管成型技术经过数十年的发展和改进，已经完全成熟，喷涂缠绕成型技术虽然在国内刚刚起步，但也在逐步完善的过程中，并且到目前为止在全国已建成数十条生产线，其技术相比现有的成型技术虽然具有极大的优点，但因为在过去的几十年，国内大口径管道建设的关键技术以"管中管法"为主，建成的生产线达到数百条，所以即便喷涂缠绕技术有取代的趋势，但本着投资节约考虑和喷涂缠绕技术自身的一些缺陷，只能在喷涂缠绕技术的不断完善和老技术装备逐步淘汰过程中去更新换代，所以喷涂缠绕技术的推广时间比较漫长，有可能需要超过十数年或更长。

参考文献

［1］ 徐培林，张淑琴. 聚氨酯材料手册［M］. 2版. 北京：化学工业出版社，2011.

［2］ 李俊贤. 塑料工业手册：聚氨酯［M］. 北京：化学工业出版社，1999：246-247.

［3］ 李俊贤. 塑料工业手册：聚氨酯［M］. 北京：化学工业出版社，1999：77.

［4］ LOGTORROR公司. 连续管和热缠绕连续直埋保温管设计和施工技术［M］. 何雪冰，译. 乌鲁木齐：新疆人民出版社，1999.

［5］ 乔军平，贾宏庆，何继龙，等. 钢质管道防腐绝热层喷涂缠绕成型方法：CN 103072268 A［P］. 2013-05-01.

［6］ Canadian Standards Association. Plant-applied external polyurethane foam insulation coating for steel pipe：CSA Z245.22-18［S］.

［7］ 中华人民共和国国家质量监督检验检疫总局，国家标准化管理委员会. 硬质聚氨酯喷涂聚乙烯缠绕预制直埋保温管：GB/T 34611—2017［S］. 北京：中国标准出版社，2017.

［8］ 中华人民共和国住房和城乡建设部. 埋地钢质管道防腐保温层技术标准：GB/T 50538—2020［S］. 北京：中国计划出版社，2021.

［9］ 屈磊，符永春，王涵，等. 管中管法和喷涂法聚氨酯保温管性能比较分析［J］. 全面腐蚀控制，2019，33（2）：49-53.

［10］ 周曰从. 硬质聚氨酯喷涂聚乙烯缠绕预制直埋保温管技术［C］// 中国聚氨酯工业协会第十六次年会暨国际聚氨酯技术研讨会，2012：81-86.

［11］ 国家市场监督管理总局，国家标准化管理委员会. 高密度聚乙烯外护管硬质聚氨酯泡沫塑料预制直埋保温管及管件：GB/T 29047—2021［S］. 北京：中国标准出版社，2021.

第6章

管件聚氨酯保温涂层成型

保温管道建设中，与防腐管道类似，受管道铺设、地形、管道走向以及流体分流等影响，需要采用管件（这里的管件主要指弯管、弯头、三通等）完成保温管道的建设。

管件的保温涂层结构最好采用与直管道相同的保温层和外护层，这样能达到最优的保温效果。在常规保温管道（市政、油田）建设中，聚氨酯保温层因其优异的保温效果、成熟的成型工艺，目前没有其他的材料能够替代。所以管件的最优保温层结构就是聚氨酯保温层复合聚乙烯外护壳。

管件保温层最初结构及材料完全参照了直管道，而现阶段直管道保温层除特殊要求（如高温管道）外，保温层基本以聚氨酯为主，而这种涂层同样应用于管件上。本章重点描述弯管（弯头）、T形三通聚氨酯保温层成型技术和无缝一体聚乙烯外护弯管成型技术。

6.1 保温层结构

管件保温层结构除要求采用防腐层外，一般只有两层结构：保温层和外护层。

6.1.1 焊接聚乙烯外护管保温层

这类保温层结构在市政和油田直埋保温管道上应用较多，一般应用于输送介质温度≤120℃，偶然峰值温度不大于130℃的保温弯管（弯头）和三通。

（1）结构形式

焊接聚乙烯外护是目前保温弯管（弯头）、三通等最常采用的聚乙烯外护结构形式，通过切割的聚乙烯管段对口焊接后，形成保温层外护管，然后在外护管和工作管之间灌注聚氨酯泡沫形成完整的保温层，具体结构如图 6-1 和图 6-2 所示[1]。

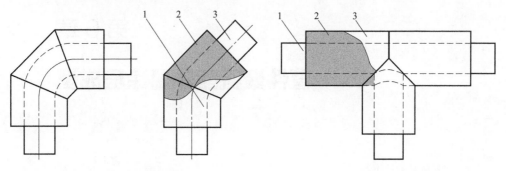

图 6-1 焊接聚乙烯外护聚氨酯保温弯管（弯头）
1—聚乙烯外护管；2—聚氨酯保温层；
3—弯管（弯头）

图 6-2 焊接聚乙烯外护聚氨酯保温三通
1—T 形三通；2—聚氨酯保温层；
3—聚乙烯外护管

（2）技术参数和性能指标

因为采用了直管道保温层的外护管材料和保温层材料，所以其性能指标均相同。相关参数可参见表 6-1 ～表 6-3[1]。外护管的壁厚和壁厚偏差可参见 GB/T 29047—2021。

表 6-1 外护聚乙烯材料性能指标

项目	性能指标
密度 /(kg/m³)	935 ～ 950
熔体质量流动速率（MFR）（试验条件 5kg，190 ℃）/(g/10 min)	0.2 ～ 1.4
氧化诱导时间（210 ℃）/min	≥ 20

表 6-2 聚乙烯层技术指标

项目	性能指标
密度 /(kg/m³)	940 ～ 960
拉伸屈服强度 /MPa	≥ 19
断裂伸长率 /%	≥ 450
炭黑含量（质量分数）/%	2.5 ± 0.5
任意管段的纵向回缩率 /%	≤ 3
耐环境应力开裂的失效时间 /h	≥ 300
长期力学性能 [最短破坏时间（拉应力 4 MPa，试验温度 80 ℃）]	2000

表 6-3 聚氨酯保温层性能指标（1）

项目	性能指标
密度（任意位置）≤ DN 500/(kg/m³)	≥ 55
密度（任意位置）＞ DN 500/(kg/m³)	≥ 60
平均泡孔尺寸 /mm	≤ 0.5

续表

项目	性能指标
吸水率 /%	≤ 10
闭孔率 /%	≥ 90
导热系数（50℃）/ [W/ (m·K)]	≤ 0.033
径向压缩强度或径向相对形变为 10% 时的压缩应力 /MPa	≥ 0.3
空洞和气泡占比 /%	≤ 5

6.1.2 无缝聚乙烯外护管保温层

同焊接聚乙烯外护保温弯管（弯头）、三通适用条件一致。

（1）结构形式

聚乙烯外护管采用一体式无缝结构，整体强度性能指标完全参照了直管保温层聚乙烯外护管，其保温层结构形式如图 6-3 和图 6-4 所示[2]。

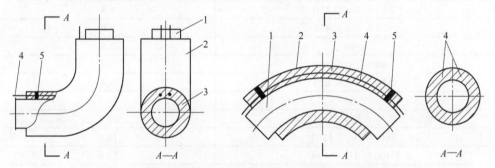

图 6-3 无缝聚乙烯外护聚氨酯保温弯管（弯头）
1—钢质弯管（弯头）；2—聚乙烯外护管；3—聚氨酯保温层；4—信号线；5—支架

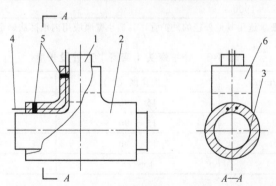

图 6-4 T 形聚氨酯保温三通
1—T 形钢质三通；2—聚乙烯外护壳；3—聚氨酯保温层；4—信号线；5—支架；6—T 形三通支管

（2）相关性能指标及技术参数

保温层、聚乙烯外护层完全照搬直管道保温及其外护层技术参数，并参照了

GB/T 29047 标准的数据规定，其中聚乙烯材料性能指标参见表 6-1，聚乙烯层技术指标参见表 6-2，聚氨酯保温层性能指标除密度（表 6-4）外，其余指标见表 6-3，外护管件外径和最小壁厚见表 6-5，外护弯头（弯管）直管段长度见表 6-6[2]。

表 6-4 聚氨酯保温层性能指标（2）

项目	性能指标
密度（任意位置）/(kg/m³)	≥ 60

表 6-5 外护管件外径和最小壁厚

外护管件外径 Dc/mm	最小壁厚 e_{min}/mm
75 ≤ Dc ≤ 160	3.0
200	3.2
225	3.5
250	3.9
315	4.9
365 ≤ Dc ≤ 400	6.3
420 ≤ Dc ≤ 450	7.0
500	7.8
560 ≤ Dc ≤ 600	8.0
630 ≤ Dc ≤ 655	9.8
760	11.5
850	12.0
960 ≤ Dc ≤ 1200	14.0
1 300 ≤ Dc ≤ 1400	15.0
1 500 ≤ Dc ≤ 1700	16.0
1800	17.0
1900	20.0

注：可以按设计要求选用其他外径的外护管，其最小壁厚应用内承插法确定。

表 6-6 外护弯头（弯管）直管段长度

外护管外径 Dc/mm	弯曲角度 /(°)	直管段长度 /mm
200 ~ 400	15 ~ 90	100 ± 10
401 ~ 1400	15 ~ 90	150 ± 10
1401 ~ 1900	15 ~ 90	200 ± 10
200 ~ 1900	1 ~ 15	200 ± 10

6.1.3 玻璃钢纤维增强外护保温层

主要适用于城镇直埋供热管道的保温弯管（弯头）和三通，要求输送介质的长期运行温度不高于 120 ℃，偶然峰值温度不大于 140 ℃。

（1）结构形式

采用玻璃纤维增强外护层，其耐压强度高，耐腐蚀性好，抗渗性好，并且与聚氨酯层结合能力高于与聚乙烯层的结合力。弯管（弯头）和三通的保温层结构形式如图 6-5 和图 6-6 所示。

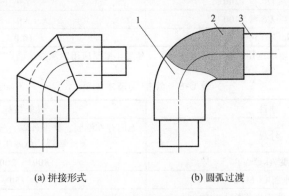

(a) 拼接形式　　　　　(b) 圆弧过渡

图 6-5　玻璃纤维增强外护聚氨酯保温弯管（弯头）
1—玻璃纤维增强外护管；2—聚氨酯保温层；3—弯管（弯头）

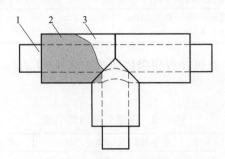

图 6-6　玻璃纤维增强外护聚氨酯保温三通
1—三通；2—聚氨酯保温层；3—玻璃纤维增强外护管

（2）外护层及保温层性能指标

聚氨酯保温层与普通保温层类似，除吸水率要求 < 8% 以外[3]，其余性能指标均可参照表 6-3。

玻璃钢外护层建议采用机械湿法缠绕成型，最小壁厚应符合表 6-7 的规定，性能指标见表 6-8[3]。

表 6-7　外护层最小壁厚

外护层外径 D_c/mm	最小壁厚 /mm
$D_c \leqslant 117$	2.5
$140 \leqslant D_c \leqslant 194$	3.0
$225 \leqslant D_c \leqslant 400$	3.5
$420 \leqslant D_c \leqslant 560$	4.0

外护层外径 Dc/mm	最小壁厚 /mm
$600 \leqslant Dc \leqslant 760$	4.5
$850 \leqslant Dc \leqslant 960$	5.0
$1055 \leqslant Dc \leqslant 1200$	7.0
$1300 \leqslant Dc \leqslant 1400$	9.0
$Dc \geqslant 1500$	10.0

注：可以按设计要求选用其他外径的外护管，其最小壁厚应用内承插法确定。

表 6-8　外护层技术指标

项目	性能指标
外观	不应存在漏胶、纤维外露、气泡、层间脱离、显著性皱褶、色调明显等缺陷
密度 /(kg/m³)	1800 ～ 2000
拉伸强度 /MPa	≥ 150
弯曲强度（或刚度指标）/MPa	≥ 50
巴氏硬度	≥ 40
渗透（浸入 0.05 MPa 压力水中 1 h）	无渗透
长期力学性能 [最短破坏时间（拉应力 20MPa，试验温度 80℃）]	1500

保温管性能指标主要包含剪切强度要求（表 6-9）、老化试验要求（表 6-10）、抗蠕变和抗冲击性能[3]。

表 6-9　保温管的剪切强度

试验温度 /℃	最小轴向剪切强度 /MPa	最小切向剪切强度 /MPa
23 ± 2	0.12	0.20
140 ± 2	0.08	—

表 6-10　老化试验要求

工作钢管温度 /℃	热老化试验时间 /h
160	3600
170	1450

蠕变性能。100 h 下的蠕变量 ΔS 100 ≤ 2.5 mm，30 年的蠕变量≤ 20 mm。

抗冲击性。在 -20 ℃条件下，用 3.0 kg 落锤从 2 m 高处落下对外护层进行冲击，外护层不应有可见裂纹。

（3）外护层成型要求

针对外护管，一般要求玻璃钢整体缠绕施工。根据管径不同，整体缠绕浸满不饱和聚酯树脂的短切毡及 0.4 mm 无碱玻璃纤维布的层数不同。一般 DN800 mm 及以上规格，缠绕顺序为 1 毡 -3 布 -1 毡 -5 布；DN800 mm 以下规格，缠绕顺序为 1 毡 -2 布 -1 毡 -3 布。涂刷不饱和聚酯树脂应均匀，且浸透短切毡及玻璃纤维布，防止树脂过多造成下坠鼓包。若出现鼓包要用刀挑开、抹平，将短切毡及玻璃纤维布拉紧、辊平、压实。

整体固化养护。缠绕完成后，一般需在外护层表面基本固化后整体缠绕塑料薄膜进行保护，玻璃钢固化时间应大于 24 h。

6.2　保温层成型

弯管（弯头）、三通无法采用直管保温层成型工艺进行涂层涂装，大部分以手动方式完成，主要包含以下几种成型方式。

6.2.1　保温层预制后复合外护层成型

单独预制保温层后复合外护层是保温弯管（弯头）和三通保温层最快捷的成型方式。采用成型的瓦状或筒形保温层进行组合拼装，外护层则采用聚乙烯胶带或热收缩带，可以确保保温层外保护层的整体性。

成型过程：保温瓦块（筒形保温层）预制→管件除锈清理→管件防腐→保温层拼接→保温层密封黏结→保温层捆扎→缠绕聚乙烯胶带（热收缩带）→安装防水帽。

（1）设计加工保温瓦块（筒形保温层）

① T 形三通。首先根据三通长度、管体外径（光面或带防腐层，图 6-7 中标注尺寸 d_1、d_2）以及保温层厚度（图 6-7 中标注尺寸 δ_1、δ_2）设计加工、制作不同内（外）管径、不同长度的保温瓦块或筒形保温壳，其中瓦块或筒形壳内径大于管体外径 1 mm。保温层安装完成后要求在三通端部预留焊接热影响区域，预留长度一般为 100 ~ 150mm（图中 6-7 中标注尺寸 l_1、l_2）。保温层材料的性能指标等于或高于主管保温材料。

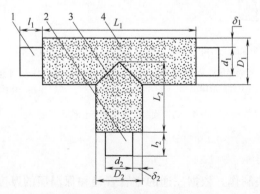

图 6-7　T 形三通保温层安装尺寸图
1—T 形三通主管；2—T 形三通支管；3—支管保温层；4—主管保温层

筒形保温管壳安装形式：a. 主管半刨上下卡瓦结构［图6-8（a）］，与支管的筒形保温壳配合安装；b. 主管半刨左右卡瓦结构［图6-8（b）］，与支管的筒形保温壳配合安装；c. 主管左右筒形保温壳结构［图6-8（c）］，与支管的筒形保温壳配合安装；d. 半刨一体保温瓦结构［图6-8（d）］，支管与主管的保温瓦一体半刨结构，合模后为三通保温层。

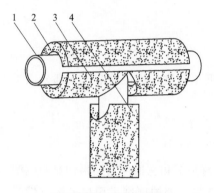

(a) 主管半刨上下卡瓦结构

1—T形三通； 2—上保温瓦；3—下保温瓦；
4—支管筒形保温壳

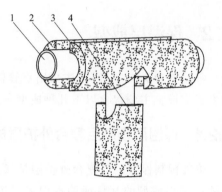

(b) 主管半刨左右卡瓦结构

1—T形三通；2—左保温瓦；3—右保温瓦；
4—支管筒形保温壳

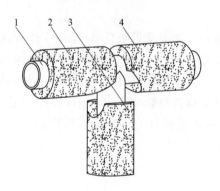

(c) 主管左右筒形保温壳结构

1—T形三通；2—左主管筒形保温壳；3—支
管筒形保温壳；4—右主管筒形保温壳

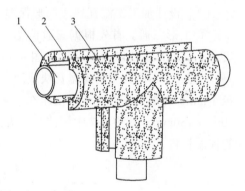

(d) 半刨一体保温瓦结构

1—T形三通；2—左半刨一体保温瓦；3—右
半刨一体保温瓦

图6-8　单独预制保温层安装结构示意图

② 保温层制作。

a. 主管保温瓦块制作。依据三通的主管管径和保温层的厚度制作半圆弧的保温瓦，按照主管要求的保温层长度（图6-7中标注尺寸 L_1），截取保温瓦。

b. 支管筒形保温壳制作。依据支管的管外径（光管或带防腐层）和保温层的厚度制作圆筒形保温管壳，按照支管要求的保温层长度（图 6-7 中标注尺寸 L_2），截取筒形保温管壳。

c. 主管圆筒形保温壳制作。如图 6-8（c），采用主管筒形保温层结构，依据主管管外径（光管或带防腐层）和保温层的厚度制作圆筒形保温壳，按照主管保温层长度（图 6-7 中标注尺寸 L_1），截取筒形保温管壳，然后从中间分割，制作成左右两个筒形结构。

d. 半刨一体保温管壳制作——主管与支管保温层连成一整体。根据批次生产要求和三通管道的保温层尺寸，设计加工一体浇注模具，浇注制作半刨的主管和支管一体保温瓦块。

③ 马鞍口制作。主管保温（瓦块）管壳或筒形保温壳与支管筒形保温壳连接时，支管与主管保温层采用外贴合（图 6-9）和内承插（图 6-10）方式，需要在主管中间位置开孔和支管端部制作马鞍口，须手工进行制作。半刨合模的保温瓦块不需要制作马鞍口。

外贴合，支管马鞍形保温层结合面与主管外保温层贴合。内承插式，支管马鞍口保温层与主管保温层内面贴合，支管保温层凹形弧面与三通主管面贴合。建议马鞍口连接优选内承插式结构，连接处保温层的结合强度和密封性高于外贴合式。

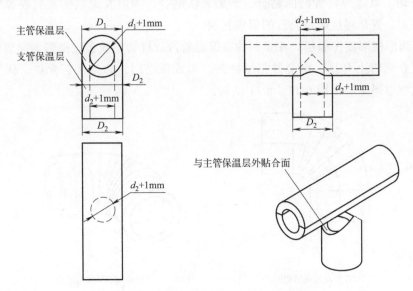

图 6-9 支管保温层外贴合结构三视示意图

④ 弯管（弯头）。

a. 楔形面保温瓦块。针对弯管（弯头），同样根据其外径和保温层厚度，首先制作直管段保温瓦块（一般为多段 1/2 型瓦块，合并时为筒状保温层）。采用成型的半圆直保温层，然后按照弯管曲率，制作分段楔形瓦块 [图 6-11（a）]，然后拼

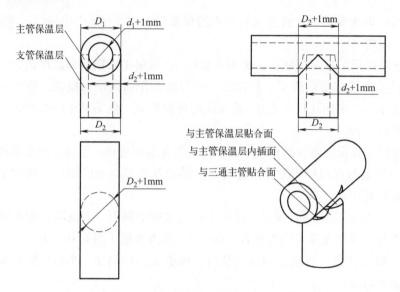

图 6-10 支管保温层内承插结构三视示意图

接在弯管（弯头）外，拼合成整体弯管保温层，这时在弯管内弧面过渡处需进行人工修切，以适应弯管凸凹贴合。如果无法贴合，须填充聚氨酯密封胶等填充料进行密实，复杂程度超过直管的保温瓦块。

b. 筒形楔形面保温层。在预制的直保温管段放样切割成多段楔形面筒形保温层结构，在弯管上套接、贴合并黏结密封，形成保温层。如果工艺允许，优先采用套筒式楔形保温层［图 6-11（b）］结构。

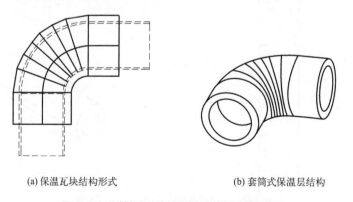

(a) 保温瓦块结构形式　　　　　　　(b) 套筒式保温层结构

图 6-11 直管保温层切割拼合弯管保温层示意图

c. 半刨保温瓦块。半刨保温瓦块由上下两半组成，采用特殊模具，根据弯管尺寸浇注成型，两个半刨保温瓦块合并后为弯管保温层。形成的保温层整体性好，施工简便，降低人工切割瓦块或楔形筒形保温层结构浪费的时间和废品率，并且黏结面少，泄漏率大为降低，为推荐的结构形式（图 6-12）。

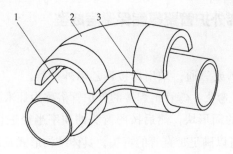

图 6-12　模具浇注半刨保温层结构图

1—弯管（弯头）；2—上半部浇注保温层；3—下半部浇注保温层

（2）保温瓦（套筒保温层）安装

① 三通保温层安装。在三通表面（光管或防腐层）均匀涂抹聚氨酯胶或其他满足聚氨酯层黏结的黏结剂（如环氧密封胶）后，按照两半扣模（保温瓦）或者套筒方式（筒形保温层）安装主管保温层。如果是保温瓦安装方式，安装后的扣合保温层采用镀锌铁丝（或不锈钢扎带）均匀扎紧，间距 150～200 mm，一般为两道。捆扎时，用力挤压瓦块，使瓦块内弧面尽量贴紧管体或管体防腐层，采用镀锌铁丝按要求拧 2～3 圈，然后将接头扭弯，嵌入保温层缝内，避免向上损坏表层防护层收缩套。当管径＜ 50 mm 时，采用 20 号铁丝（0.95 mm）；当管径＞ 50 mm 时，采用 12（1.2 mm）号铁丝。如果采用筒形保温层结构，可在整个保温层安装完成后，采用胶带进行固定即可。

完成主管保温层安装后，在与支管保温层连接的接触面以及支管管体上，均匀涂抹黏结剂或密封胶，然后把修切好马鞍口的支管套筒保温层套入支管，并压紧黏附在主管保温层上。

② 弯管（弯头）保温层安装。在弯管（弯头）表面均匀涂抹聚氨酯胶或其他满足聚氨酯层黏结的黏结剂（如环氧密封胶）后，并在保温层楔形块与块之间的接触面上同样涂抹黏结剂，并把涂抹好的楔形块按照顺序安装在弯管（弯头）外表面。如果采用瓦块结构，须用镀锌铁丝或不锈钢扎带进行固定，套筒式楔形块压紧密实后可直接用胶带进行固定。

（3）胶带缠绕

保温层安装检测合格后，采用冷缠带或窄型热收缩带倾斜 10°～15° 进行缠绕，缠绕搭接层≥ 20 mm，如果工艺许可，可从管本体部位进行搭接缠绕（搭接宽度 50 mm）。如果是三通，要求完成主管缠绕后进行直管缠绕，可在三通连接部位进行单层叠加缠绕。

聚烯烃冷胶带缠绕过程中，要求一边预热胶带胶层，一边缠绕。热收缩带除在缠绕时预热胶层外，缠绕完成后须用火焰热烤方式，收缩张紧热收缩带，满足胶层的胶水渗出。无论何种缠绕带，冷带缠绕时必须张紧缠绕。

6.2.2 焊接聚乙烯外护管聚氨酯保温层成型

（1）焊接外护管

保温弯管（弯头）或三通，采用焊接聚乙烯外护管。

① 弯管（弯头）。弯头（弯管）焊接的外护管俗称为虾米腰结构。首先在聚乙烯直管上截取楔形结构的筒形块，然后按照弯头的曲率半径进行焊接，不仅能够满足标准曲率的弯管，也可以满足带直管的弯头。具体结构形式及尺寸如图 6-13 所示[1]。

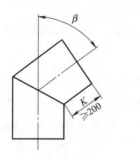

(a) $\beta \leqslant 45°$ 两个焊接管段　　(b) $\beta \leqslant 45°$ 三个焊接管段

图 6-13　弯管（弯头）外护管的相邻两个外护管段之间的最大角度

注：β—相邻两个外护管段之间的最大角度；K—外护管段的最小长度；这种结构节数未固定，
一般按照具体弯管曲率半径进行确定，如管径 ≤ 300 mm 以下，虾米节可设立四节

焊缝最小弯曲角度 γ 应按图 6-14 确定[1]。图 6-14 中 e 为 GB/T 29047—2021 表 4 中的外护管最小壁厚。试验中达到最小弯曲角度 γ 之前，焊缝不应出现裂纹。

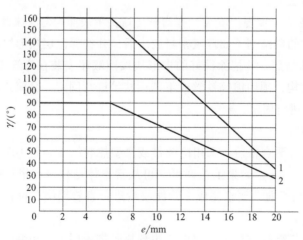

图 6-14　焊缝最小弯曲角度
1—端面熔融焊缝；2—挤出焊缝

② T 形三通。针对三通聚乙烯外护管的成型更加容易，只需要在两段拼合的主管聚乙烯外护管上切割出合适尺寸的孔、在支管切割马鞍口即可完成三通外护聚乙烯管的焊接要求，结构形式如下。

a. 外对接焊接形式。在两段聚乙烯主管拼接后的拼接位开孔（图 6-15），聚乙烯主管切割孔径大小为 $d_2+2\delta$ [d_2 为支管外径（光管或带防腐层），δ 要求小于等于支管保温层厚度 δ_2，灌注聚酯层后主管与支管保温层存在隔离层]，聚乙烯支管马鞍口制作按照聚乙烯主管外径（D_3）进行切割。三通外护管制作时首先两段聚乙烯主管穿套三通主管对口拼接，聚乙烯支管穿套三通支管，马鞍口与聚乙烯主管外壳压紧，焊接接口为两段聚乙烯主管拼接焊缝，聚乙烯主管与聚乙烯支管压接焊缝。

b. 内承插焊接形式。两段主外护管拼接后的拼接位置依据聚乙烯支管外径开孔，如图 6-16 所示，切割孔径大小为 $D_2+2\delta$（D_2 为聚乙烯支管外径），聚乙烯支管依据三通主管外径 d_1 制作马鞍口，三通外护管制作时首先两段聚乙烯主管穿套三通主管对口拼接，聚乙烯支管穿套三通支管并插入聚乙烯主管所开孔内，其马鞍口弧面与三通主管压紧，焊接接口为两段聚乙烯主管拼接焊缝，聚乙烯支管插入聚乙烯主管的角焊缝。

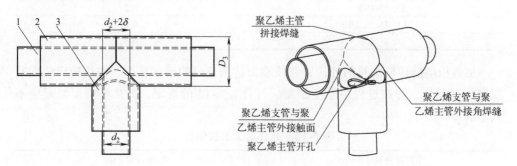

图 6-15　T 形三通外护管外对接焊接结构示意图

1—T 形三通；2—聚乙烯主管；3—聚乙烯支管

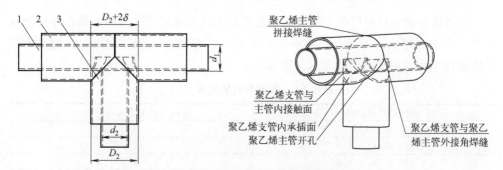

图 6-16　T 形三通外护管内承插焊接结构示意图

1—T 形三通；2—聚乙烯主管；3—聚乙烯支管

（2）外护管焊接 [1]

外护管焊接宜采用端面熔融焊接；马鞍形焊缝、搭接焊缝、纵向和环向焊缝可采用挤出焊接工艺；无法采用端面熔融焊接和挤出焊接的可采用热风焊接。

检验机器设备、清洁加热元件、焊接卡具等。焊接前加热元件的表面应涂有聚四氟乙烯（PTFE）或类似产品的涂层。待焊接的外护管管段应进行表面和端口清理。待焊接的外护管管段与机器周围环境的温差应不大于 5 ℃。

熔体质量流动速率差值应符合表 6-11 的规定。

表 6-11　熔体质量流动速率差值符合要求

焊接方式	试验条件	符合要求
端面熔融焊接	5 kg，190 ℃	两段焊接外护管的熔体质量流动速率的差值应不大于 0.5 g/10min
挤出焊接		焊接粒料与焊接外护管之间的熔体质量流动速率的差值应不大于 0.5 g/10min

① 端面熔融焊接。加热板的工作面应平整，平行度偏差符合表 6-12 的规定。

表 6-12　加热板平面平行度允许偏差

外护管外径 Dc/mm	平面平行度允许偏差 /mm
Dc < 250	≤ 0.2
250 ≤ Dc ≤ 500	≤ 0.4
Dc > 500	≤ 0.8

加热板应能使待焊接的外护管管段端面达到良好的熔融状态。加热板应装配有温度控制系统，焊接过程中温度偏差应符合表 6-13 的规定，加热板两面温差应不大于 5 ℃。

表 6-13　允许最大温度偏差

外护管外径 Dc/mm	温度偏差 /℃
Dc < 380	± 5
380 ≤ Dc ≤ 630	± 8

焊接设备的卡具和导向工具应具有足够的刚性和稳定性，焊接设备在焊接加压过程中产生的焊接表面最大间隙不应大于表 6-14 的规定。固定在夹具上的两个管段的端口平面最大平行误差要求见表 6-15。

表 6-14　焊接表面的最大间隙

外护管外径 Dc/mm	焊接表面的最大间隙 /mm
Dc ≤ 355	0.5
355 < Dc ≤ 630	1.0
630 < Dc ≤ 800	1.3
800 < Dc ≤ 1400	1.5
Dc > 1400	1.8

表 6-15　固定在夹具上的两个管段的端口平面最大平行误差

熔化压力 /MPa	管径 /mm	误差要求 /mm
0.01	≤ 630	≤ 1.0
	> 630	≤ 1.3

焊接步骤见表 6-16。端面熔融焊接应符合表 6-17 的规定。

表 6-16　焊接步骤

步骤	内容
1	在 0.15 MPa 压力下加热，直到焊接表面与加热板完全接触
2	在 0.01 MPa 压力下持续加热至端面达到良好的熔融状态
3	将被夹持的外护管管段卸压，快速移走加热板，并将焊接表面加压对接在一起
4	在 1 ～ 15 s（根据壁厚而定）内将焊接压力加至 0.15 MPa
5	焊缝应自然冷却，完全冷却前被焊接管段不应受重压

注：焊接设备宜含有铣刀。铣刀应能双面铣削，通过手动、电动、气动或液压控制，并能将准备加热的塑料管管段端面铣削成垂直于其中轴线的清洁、平整、平行的匹配面。

表 6-17　端面熔融焊接应符合的要求

项目	要求
熔合点	两条对接焊缝熔合点处形成凹槽的底部应高于外护管表面
错位量	在整个焊缝长度上，端口内外表面的对接错口应不大于外护管壁厚的 20%，对于特殊管件，如三通马鞍口处，在整个焊缝长度上任意点内外表面的径向错位量应不大于壁厚的 30%。当外护管壁厚不等时，其焊缝错位量应按照较小的壁厚计算
均匀度	两条对接焊缝应均匀，并有相同的外观及壁厚
焊道宽度要求	在整个焊缝长度上两条熔融焊道应有相同的形状和尺寸，且两焊道的总宽度应是 0.6 ～ 1.2 倍的外护管壁厚，若壁厚小于 6 mm，则为 2 倍壁厚
焊道外观	整条焊缝上的两条熔融焊道应是弧形光滑的，不应有焊瘤、裂纹、凹坑等表面缺陷

② 挤出焊接。挤出焊接是使用挤出式塑料焊接枪挤出熔融塑料、填充被焊塑料的对接坡口的连接方式，其焊接步骤见表 6-18，焊接质量应符合表 6-19 的规定。

表 6-18　挤出焊接步骤

步骤	内容
1	管端坡口预制，在被焊接管段的焊缝坡口及附近区域连续预热，直至坡口面上的熔深大于 0.5 mm
2	将合格均匀的挤出焊料挤压到 V 形焊接区
3	使用带有聚四氟乙烯（PTFE）或类似材料涂层的手动工具，将挤出焊料搭接处压至光滑
4	焊缝自然冷却，完全冷却前被焊接管段不能重压

表 6-19　挤出焊接质量要求

检测项目	要求
外观	挤出焊料应填满整个焊缝处的 V 形坡口，且不应有裂纹、咬边、未焊满及深度大于 1 mm 的划痕等表面缺陷
黏结检查	对于任何破坏性检验，在焊缝的任何方向上，焊肉与外护管之间都不应有可见的不黏性区域
焊缝外形及高度	焊缝表面应是类似半圆形的光滑凸起，而且应高于外护管表面，高度为外护管壁厚的 10% ～ 40%
覆盖层	挤出焊料形成的焊缝应覆盖 V 形焊口外护管边缘至少 2 mm
焊料清理	挤出焊缝的起始点和终止点搭接处应去除多余的焊料，且表面不应留有划痕
根部高度	根部高出内表面的高度应小于壁厚的 20%
缺陷	局部凹坑和空洞不应超出外护管壁厚的 15%
错位量	在圆周焊口上任何一点，两个端口的径向错位量不应大于壁厚的 30%。对于不同壁厚的外护管焊缝错位量应按较小的壁厚计算

聚乙烯外护管焊接成型后，须在焊缝上粘贴密封条，粘接后要求热烤增加黏结性。

（3）保温层成型

① 工艺过程。

a. 按照弯管（弯头）外径和保温层厚度挤出制作聚乙烯管壳→按照弯管（弯头）曲率半径切割制作筒形外护管楔形块→按照楔形块顺序焊接外护管→弯管（弯头）除锈、防腐→弯管（弯头）外安装定位块→穿套焊接外护管→待发泡弯管放置在发泡架上→两管端液压卡具密封→计算聚氨酯泡沫灌注料量→采用高压发泡机灌注→泡沫料启发、密实、熟化→打开堵板卡具→保温层端面处理→安装防水帽。

注意：如果弯管有直管段无法采用外护管焊后穿套，则需把楔形块及其直管段外护管穿套弯管后进行塑料焊接，然后在焊接好的外护管内安装支撑块。

b. 按照 T 形三通尺寸和保温层厚度，挤出主管和聚乙烯支管外壳→切割聚乙烯主管→切割聚乙烯支管→聚乙烯主管上开孔→聚乙烯支管上制作马鞍口→在三通上穿套两段聚乙烯主管并拼合焊缝→穿套聚乙烯支管→压紧接触面并采用塑料焊焊接→在三通的主管和支管外安装支撑块→三个管端液压卡具密封→计算聚氨酯泡沫灌注料量→采用高压发泡机灌注→泡沫料启发、密实、熟化→打开堵板卡具→端面处理→安装防水帽。

② 灌注及发泡可参见本书第 4 章 4.4.2 节。

要求发泡之后，对焊接的外护管进行密封性检测。对焊缝进行 100% 目视检查，焊缝不应有泡沫溢出，否则该焊接外护管应予以更换。

焊接外护成品保温管件见图 6-17 和图 6-18。

图 6-17　成品保温弯管（弯头）图（焊接外护）　　图 6-18　成品保温 T 形三通图（焊接外护）

6.2.3　无缝聚乙烯外护管聚氨酯保温层成型

（1）无缝外护限制

《高密度聚乙烯无缝外护管预制直埋保温管件》（GB/T 39246—2020）中提出了无缝外护保温管件，在制作过程中有如下要求。

① 首先保温层外的聚乙烯保护管成型切割后为一体无缝结构；其次聚乙烯外护管能够参照聚氨酯保温管"管中管"成型技术（可参考本书第 4 章），完成聚乙烯外护管与管件的穿套，并确保管体与聚乙烯外护管内壁间隙均匀；最后在这个间隙中灌注聚氨酯发泡料进行泡沫料密实，形成所要求的保温层。

a. 三通。无论冷拔或焊制三通，这种结构均无法满足无缝聚乙烯外护管穿套。

如果结构允许，只能满足三通主管穿套一体聚乙烯外护管。三通支管足够短（伸出三通主管管面的部分低于 2 个保温层厚度），则只能把主管上的聚乙烯外护管做成无缝（挤出定长聚乙烯保护管，并在中间位置开略小于支管保温层外径的孔）结构，通过压扁方式穿过主管，满足所开的孔套入支管。

对于焊接三通，可以采用先穿套主管外护管，再焊接支管的方式进行（这种工艺，只能在三通制作厂完成，否则会影响三通的质量）。

主管采用无缝外护的成品保温 T 形三通见图 6-19。

图 6-19　成品保温 T 形三通图（主管采用无缝外护管）

聚乙烯主管完成穿管后，在主管和聚乙烯主防护管之间安装支撑块进行间隙约束，然后进行主管聚氨酯保温层发泡成型。而支管的聚乙烯外护管只能焊接在聚乙烯主管上，或主管保温层成型后，支管作为补口段重新补涂。

其实上述三通的保温层成型工艺过程，并未完全采用一体聚乙烯无缝外护管，相对于焊接聚乙烯外护管，只是在聚乙烯主管上减少了一道聚乙烯对口热熔焊缝。而支管还需要采用其他工艺方式完成保温层成型，所以在三通上无法实现标准所述真正意义上的无缝聚乙烯外护管的聚氨酯保温层成型。

b. 弯管（弯头）。一定曲率的弯管（弯头），如果完全满足圆弧过渡，那么相同曲率的无缝聚乙烯外护管可以轻松地穿套入弯管（弯头）中，并在支撑块的约束下与管体之间形成均匀的间隙，通过聚氨酯泡沫灌注发泡模式，预制出无缝聚乙烯外护的聚氨酯保温层。

但在实际应用中，并非每一种弯管（弯头）从头至尾都是一定曲率的圆弧，一般由标准曲率的圆弧段和直管段组成，对于直管段较长的弯管（弯头），无缝聚乙烯外护管就无法套入弯管外。所以这里所谓的无缝聚乙烯外护聚氨酯保温弯管（弯头）成型，同样受到弯管（弯头）外形的限制，一般只满足无直管段标准曲率或短直管标准曲率（直管段长度满足外护管穿套）的弯管（弯头）的无缝聚乙烯外护聚氨酯保温层成型要求。

② 无缝聚乙烯外护管。无缝外护弯管在玻璃钢纤维增强管工艺上非常成熟，并且在满足穿管工艺的前提下，可以制作带短直管段的无缝外护。此前受到挤出工艺限制，无缝聚乙烯外护弯管并未产品化。近几年由于技术进步，聚乙烯无缝弯管挤出成型技术已经完成开发，并满足多个工艺成型（具体内容见本章6.3节）。但挤出的只能是按照标准曲率成型的聚乙烯外护弯管，如果要求直管段则无法成型。其优点是，保温层的聚乙烯外护管一体无缝，减少了弯管保温层在运行过程中因聚乙烯层焊接焊缝造成的开裂等缺陷。

所以本节的无缝聚氨酯外护管保温层成型只针对弯管（弯头）。

（2）弯管（弯头）保温层成型工艺

成型工艺过程为：制作无缝聚乙烯外护管→弯管除锈、防腐→安装支撑块→穿套无缝聚乙烯外护管→管两端液压密封→高压发泡机灌注→聚氨酯泡沫启发、密实、熟化→打开堵板卡具→保温层端面处理→安装防水帽。

① 依照需要保温的弯管（弯头）外径（光面或带防腐层）、曲率半径、保温层厚度，计算无缝聚乙烯外护弯管的直径、厚度、要求的曲率半径、长度。

② 按照弯管（弯头）灌注空腔，计算聚氨酯泡沫料的充填量。

③ 制作定长度、定直径、定曲率的无缝聚乙烯外护弯管（挤出成型）。

④ 按照保温层直管要求进行弯管除锈，并进行外防腐涂层涂装（如果有要求）。

⑤ 弯管上安装支撑块，满足聚乙烯外防护弯管穿套后，均匀地灌注泡沫间隙。

⑥ 把聚乙烯外护弯管放置在专门的穿管架上，把安装好支撑块的弯管（弯头）穿入外护管，并确保弯管（弯头）两管端预留尺寸一致。

⑦ 穿套好聚乙烯外护的弯管（弯头）放置在专门发泡平台，并用液压堵板卡具封堵两管端间隙。

⑧ 采用高压发泡机从管端预留注料孔一次性注入计算好物料量的聚氨酯双组分料，撤出灌注喷枪，发泡料均匀流动、密实整个空腔，并完全固化后，开启封堵卡具。

⑨ 修切端部，清理多余废料，打毛外护层和防腐层，安装防水帽。

⑩ 成品保温弯管（弯头）堆放。

以上工艺过程，防腐涂层成型及要求可参见相关防腐层技术标准规范，灌注及发泡工艺可以参见本书第 4 章 4.4.2 节。无缝外护成品保温弯管如图 6-20 所示。

图 6-20　成品保温弯管无缝外护（弯头）图

6.3　聚乙烯无缝外护弯管成型

前面已经明确，无缝聚乙烯外护管只能应用到弯管（弯头）上，在三通上应用绝无可能，所以本节只针对弯管（弯头）无缝聚乙烯外护管成型技术进行介绍。

针对标准弧度的无缝聚乙烯外护弯管，可以采用挤塑机挤出模式来完成，所以需要参考如下聚乙烯管挤出技术。

6.3.1　聚乙烯管挤出技术简介

聚乙烯管挤出技术包含真空定径技术、内定径技术、内冲压成型技术等，在实际应用中，只针对标准曲率聚乙烯弯管。

（1）真空定径法

真空定径法挤出聚乙烯管设备组成如图 6-21 所示。聚乙烯管挤出成型过程为，聚乙烯料通过挤塑机熔融、塑化、挤压，经圆形挤出模具挤出薄壳型聚乙烯管，经真空定径套初步定型，并通过真空箱和外部冷却系统完全冷却定型成聚乙烯管，再经过牵引装置连续挤出成型，经管壳切割机分割成定长尺寸的聚乙烯管段。

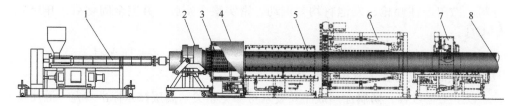

图 6-21　真空定径法聚乙烯管挤出示意图

1—单螺杆挤塑机；2—挤出模具；3—真空定径套；4—真空箱；5—冷却系统；
6—牵引装置；7—管壳切割机；8—聚乙烯管

真空定径法挤出聚乙烯管，除挤塑机和挤出模具外，其关键定型装置就是真空定径套（安装在真空箱内），挤出的热塑聚乙烯管在定径套内通过真空吸附贴合在定径套内壁，并通过定径套和真空箱内喷淋的水雾初步冷却定型成定管径聚乙烯管。

（2）内定径法

内定径法聚乙烯管挤出设备组成如图 6-22 所示。聚乙烯管成型是聚乙烯料通过挤塑机熔融、塑化、挤压，经圆形挤出模具挤出的。首先包覆在内定径套外圆周上，并通过挤塑机的连续挤出向前延伸，经内定径套的初步冷却后形成聚乙烯管壳，并经过冷却系统二次冷却定型成为成品聚乙烯管，在挤塑机挤出和牵引装置牵引下连续延伸成型，并经切割机分割成定长尺寸的聚乙烯管段。

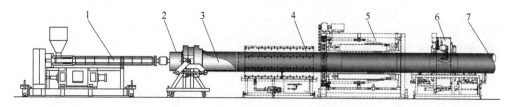

图 6-22　内定径法聚乙烯管挤出示意图

1—单螺杆挤塑机；2—挤出模具；3—内定径套；4—冷却系统；5—牵引装置；6—切割刀；7—聚乙烯管

内定径法关键装置是内定径套，挤出的热聚乙烯管贴附在通有循环冷却水的内定径套外表面，经内定径套初步冷却定型成定直径的聚乙烯管。

（3）外定径内冲压法

外定径内冲压法挤出聚乙烯管设备组成如图 6-23 所示。与其他挤出成型工艺相比，除常规设备外，增加了聚乙烯管内堵头（用于封气），内堵头一般设计成内充气结构，充气后可与聚乙烯管壳内壁胀紧，并通过定长的金属链与挤出模具相连，金属链长度要确保聚乙烯管在挤出过程中，内堵头准确定位于牵引装置与切割机中间。内堵头中间位置安装充气的快接头。聚乙烯管从挤塑机挤出前，须把聚乙烯内堵头先放置在外定径套内。

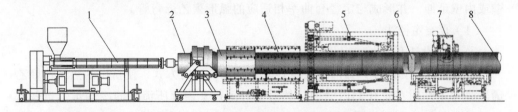

图 6-23 外定径内冲压法聚乙烯管挤出示意图

1—单螺杆挤塑机；2—挤出模具；3—外定径套；4—冷却系统；5—牵引装置；6—聚乙烯管内堵头；
7—切割刀；8—聚乙烯管

聚乙烯管挤出成型：聚乙烯颗粒料通过挤塑机熔融、塑化、挤压，经圆形挤出模具挤出成型聚乙烯薄壳管，经过外定径套延伸一定长度聚乙烯管段时，把内封头塞入塑性的聚乙烯管壳中间，充气，使得内封头与聚乙烯管壳内表面胀紧（注意胀紧程度——在金属链张紧后不得阻塞堵头在聚乙烯管内表面的滑动），同时通过快接头向内堵头与挤出模具中间的聚乙烯管空腔内充压缩空气，压缩空气压力要求为 0.02 ～ 0.1 MPa，并确保压缩空气温度不低于 30 ℃。挤塑机挤出的塑料管壳继续延伸，当内堵头到设计位置、聚乙烯管完全定型成成品管时，可以切除开机过程中的废管段。挤出聚乙烯管产品稳定后，进入正常管道生产，并经切割机分割成定长尺寸的聚乙烯管段。为确保管内充填的压缩空气压力稳定，须随时检测管道内部压力，若出现压力偏小情况，在切割位置通过管堵头充气口，进行压缩空气补充。

外定径内冲压法关键装置除外定径套外，还需要增加聚乙烯内堵头，由其确保管内充填一定压力的压缩空气，通过压缩空气鼓胀聚乙烯塑性管壳贴附在外定径套内壁，并经夹套内通循环水的外定径套的初步定型和冷却系统，最终冷却定型成品聚乙烯管。

6.3.2 无缝聚乙烯弯管挤出技术开发

6.3.1 节描述了聚乙烯直管三种挤出工艺，除挤塑机、挤出模具外，也明确了三种工艺中聚乙烯管的关键定型设备：真空定径套、内定径套和外定径套（加内堵头）。在热塑性聚乙烯管挤出过程中，通过定径套的直管形状及其内部冷却装置，首先对聚乙烯管进行初步冷却定型成直管道。所以如果设计出合理的定径装置，就一定能够完成无缝聚乙烯弯管的挤出成型

那么弯管挤出技术的开发，同样以定径套为基础。其基本思路是：挤出塑性管

的定径装置可以设计成定直径、定曲率的弯管形状，当热塑性管经过弯管定径套时，首先塑性管会随定径套的形状进行延展，并在定径套内冷却和外冷却的共同作用下定型成圆弧管。因为我们所要求的聚乙烯弯管是一种沿一定曲率半径的均匀圆弧过渡，所以聚乙烯管在挤出延展过程中，一定会平滑地随弯管定径套的外壁或内壁延伸，并形成与定径套曲率相适应的弧形聚乙烯弯管。

（1）真空定径法

① 设备设计开发。

a. 真空定径套设计。弧形真空定径套是以抽负压的方式，使挤出的热塑性聚乙烯管壳紧紧贴附在定径套内壁的，然后通过定径套内部所流动的冷却水带走聚乙烯层的热量而达到聚乙烯弯管的初步定型及聚乙烯管延伸时的润滑，所以参照直管定径套，可以把其设计成相应管径及曲率的聚乙烯弯管成型真空定径套。设计示意图如图 6-24 所示。

b. 真空箱。聚乙烯弯管挤出呈圆周曲线轨迹延伸，所以为满足设备布置，尽可能地缩减每个辅助装置的尺寸，所以定径套采用与真空箱一体结构，真空箱同样要求设计成弧形结构（俯视），除满足真空定径套安装外，同样需要满足挤出的聚乙烯弯管沿其曲率延伸。所以真空箱设计加工成弧形外壳，内部安装喷淋水管（图 6-25），出管端安装包裹聚乙烯管外壁的密封装置，其结构可参照直管真空箱结构。

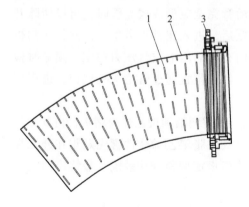

图 6-24 真空定径套结构示意图
1—定径套筒体；2—抽真空孔；3—与真空箱连接法兰

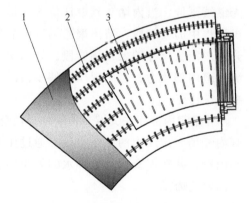

图 6-25 真空箱结构及安装定径套示意图
1—真空箱外壳；2—水淋喷嘴；3—定径套

c. 其他设备。弯管挤出设备的其他辅助设备均可参照定径套和真空箱进行设计。

水冷却系统，可以设计成弧形吊架上安装喷淋水嘴，并可根据不同曲率的聚乙烯弯管进行支架调整。

牵引装置，可以采用在弧形框架内沿聚乙烯弯管曲率中心线布置多组软滚，丝杠调整软滚开合以贴合弯管外壁，并对多组滚轮设置同步动力。滚轮组按照管径大小周向布置，可以设置两个一组、三个一组或多个一组的弧形包胶软滚。

切割机，直管切割机为单组刀片，其结构同样可以应用在弯管上，只是要求刀具支架沿弯管曲率弧形滑动，所以须设计弧形轨道，满足聚乙烯弯管在挤出延伸过程中完成管段的切割，并要求切割机完成切割后能够退回到原工作位。

为防止成品弯管端头下沉，可以在弯管底部沿弯管曲率设置多组软平辊。

② 挤出成型生产线布置。借鉴真空定径法直管挤出生产装置和成型工艺技术，真空定径法聚乙烯弯管挤出成型装置布置如图 6-26 所示。

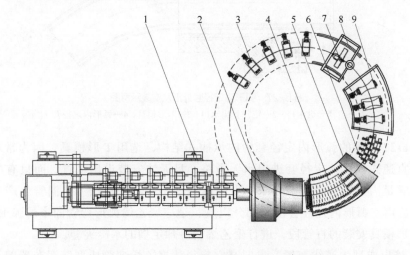

图 6-26 真空定径法聚乙烯弯管挤出成型装置布置图

1—挤塑机；2—直通挤出模具；3—聚乙烯管支撑平辊；4—真空定径套；5—真空箱；6—水淋冷却系统；
7—聚乙烯管切割机；8—切割机滑动轨道；9—压辊型牵引机

首先轻质牵引弯管沿弧形通道延伸并到达挤塑机挤出模具和真空定径套之间的位置，聚乙烯颗粒料通过挤塑机熔融挤出塑料管，缠接在牵引弯管端头，牵引弯管牵引挤出的塑性聚乙烯弯管沿自身曲率半径延伸，首先通过弧形真空定径套并初步定型，再通过弧形真空箱和水冷系统完全定型，弧形牵引装置可以确保聚乙烯弯管连续挤出成型，沿弧形轨道行走的切割机对连续挤出成型的弧形聚乙烯弯管切割成定长尺寸的弯管段，完成聚乙烯弯管的生产。待弯管连续挤出成型后（完全通过切割机），拆除轻质牵引弯管。

（2）内定径法

① 内定径套设计。内定径套是内定径法聚乙烯弯管初始定型的关键设备，内定径套在塑性管挤出时包覆在其外表面并向前延伸，热塑性聚乙烯管可以在定径套定曲率圆弧面和定径套内冷却水的作用下初始定型成为聚乙烯弯管。所以内定径套须按照挤出聚乙烯弯管的曲率半径设计成为圆弧状，这种结构在机械设计和加工中非常容易实现。

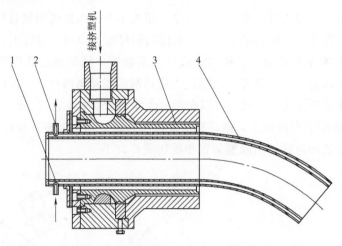

图 6-27　弧形内定径套外形及安装示意图
1—定径套进水口；2—定径套出水口；3—T 形模具；4—弧形内定径套

图 6-27 所示的弧形内定径套为内承插式结构，选用 T 形模具，因为常规的管材挤出直通式模具，定径套进出水无通路，且无法安装进出水管，而只有 T 形模具才能满足内定径套的安装要求，并且这种结构在"一步法"保温管生产工艺中得到了应用。弧形内定径套由三部分组成：适应聚乙烯弧形弯管曲率的弧形结构，方便 T 形模具安装的直管段，进行聚乙烯管冷却定型的水冷夹套。

② 挤出成型生产线布置。参照真空定径法聚乙烯弯管成型装置布置图及弯管辅助成型设备，内定径法聚乙烯弯管成型装置布置如图 6-28 所示。

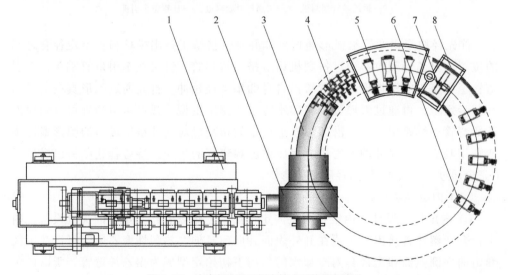

图 6-28　内定径法聚乙烯弯管成型装置布置图
1—挤塑机；2—T 形模具；3—内定径套；4—水淋冷却系统；5—压辊型牵引装置；
6—聚乙烯管支撑平辊；7—聚乙烯管切割机；8—切割机滑动轨道

挤塑机挤出的塑性聚乙烯管首先接触带水冷夹套的内定径套外表面，在塑性聚乙烯管延伸过程中进一步水冷定型成弧形聚乙烯弯管，定型完成的聚乙烯弯管可以通过沿弧形轨道滑动的切割机切断形成定尺寸的弧形弯管段。

（3）外定径内冲压法

① 外定径套设计。外定径套确保从模具中挤出的塑性聚乙烯管能够沿自身内表面向前延伸，并通过内充的压缩空气让聚乙烯管外壁贴附在定径套内壁上，并通过定径套水夹套内流动的冷却水进行定型，随外定径套的弯曲弧度形成带特定曲率的聚乙烯弯管。

图 6-29 和图 6-30 给出了外定径套与两种挤出模具的连接示意图，因为聚乙烯弯管相比于直管，其成型装置的布置须沿挤出弧形聚乙烯弯管的曲率进行圆弧布置，设备空间布置受限，采用聚乙烯弯管切割后进行内压空气的二次补充稳压，

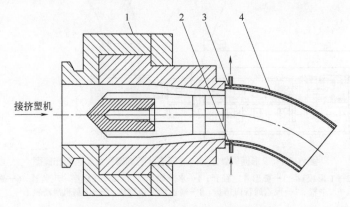

图 6-29　直通挤出模具安装外定径套示意图
1—直通挤出模具；2—定径套进水口；3—定径套出水口；4—弧形外定径套

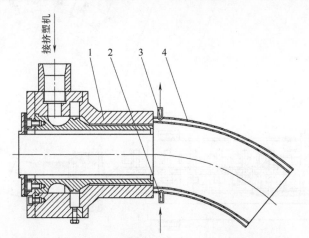

图 6-30　Ｔ形模具安装弧形外定径套示意图
1—T 形模具；2—外定径套进水口；3—外定径套出水口；4—弧形外定径套

要求的时间间隔较长，在弯管上不容易实现，如果采用T形模具，可以在模具尾端安装压缩空气充气口，并且在挤管过程中，随时检测管内空气压力，并进行压缩空气补充。

　②挤出成型生产线布置。

　a.连续法无缝弯管挤出。挤出模具结构采用T形或直通，则模具与挤塑机连接方式就会不同，所以两种聚乙烯弯管外定径内冲压法成型装置布置分别如图6-31和图6-32所示。

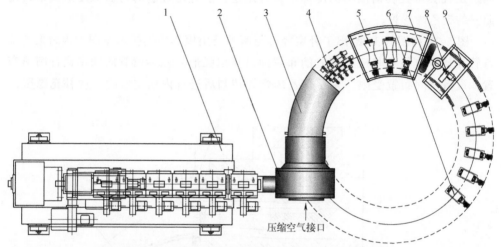

图6-31　T形模具外定径内冲压法聚乙烯弯管成型装置布置图

1—挤塑机；2—T形模具；3—弧形外定径套；4—水淋冷却系统；5—压辊型牵引装置；6—聚乙烯管支撑平辊；7—聚乙烯管内堵头；8—聚乙烯切割机；9—切割机滑动轨道

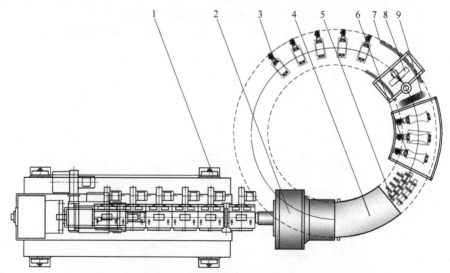

图6-32　直通模具外定径内冲压法聚乙烯弯管成型装置布置图

1—挤塑机；2—直通模具；3—聚乙烯管支撑平辊；4—弧形外定径套；5—水淋冷却系统；6—压辊型牵引装置；7—切割机弧形轨道；8—聚乙烯管切割机；9—聚乙烯管内堵头

聚乙烯管挤出前，把聚乙烯管内堵头放置在外定径套内，并确保内堵头与模具的连接金属链悬空。挤塑机挤出的聚乙烯塑性管首先通过带流动水夹套的弧形外定径套，在聚乙烯管牵引前，确保内封堵头安装在聚乙烯管内并冲压胀紧在管内壁，在聚乙烯管向前延伸的过程中，向封堵头和挤出模具的聚乙烯管空腔内充入压缩空气，并确保聚乙烯管挤出过程中内充压缩空气压力值一致（压力值依据聚乙烯外壳厚度核算），弯管持续挤出过程中，到达固定位置的封堵头要求在弯管内壁平滑滑动。塑性聚乙烯弯管经过定径套初步冷却定型成特定曲率的弯管，并经二次水冷却最终完全定型，此时挤出的聚乙烯弯管继续牵引延伸（小口径聚乙烯管可以不需要牵引）至切割机，分割成定尺寸弯管段。注意切割位置位于弯管定型后的封堵头外侧。

b. 间断法无缝弯管挤出。间断法采用中心连杆，连杆可以在中心动力装置上滑动，以适应不同的曲率半径，并在中心动力装置的旋转带动下沿中心固定点做圆周运动，连杆端部连接适应弯管挤出弧形中心线的弧形牵引杆，牵引杆端头安装聚乙烯管内堵头。聚乙烯弯管挤出时，内堵头与初始挤出的聚乙烯管缠接，在挤塑机连续挤出和牵引杆弧形运动牵引作用下，聚乙烯弯管挤出延伸，并可从内堵头处向聚乙烯弯管内充压缩空气。内堵头与中心连杆、弧形牵引杆组成后起内冲压封堵和牵引两个作用。装备布置如图 6-33 所示。

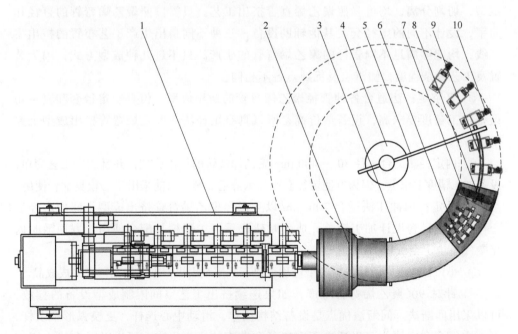

图 6-33　间断法聚乙烯弯管成型装置布置图

1—挤塑机；2—直通模具；3—弧形外定径套；4—中心旋转动力装置；5—中心连杆；6—水淋冷却系统；
7—聚乙烯弯管；8—聚乙烯管内堵头；9—弧形牵引杆；10—聚乙烯管支撑平辊

上述聚乙烯弯管挤出成型技术已经在实践中得到了应用，无论哪种工艺均可完成所要求曲率的聚乙烯弯管成型。具体的挤出过程图和成品聚乙烯弯管参见图 6-34 和图 6-35。

图 6-34　聚乙烯弯管挤出过程示意　　　　图 6-35　成品聚乙烯弯管

6.3.3　不同弯管挤出成型工艺优缺点

聚乙烯弯管挤出成型包含聚乙烯材料性能、熔融挤出、定径、管材牵引、冷却定型、切割分离，均可参照聚乙烯直管挤出工艺。只需按照聚乙烯弯管的直径和曲率，设计不同的定径套及其他辅助设备，三种不同挤出生产工艺布置的挤出生产线，均能够满足不同管径的聚乙烯弯管的生产。只不过几种成型方式，因为装置及工艺复杂程度，侧重点及优缺点各不相同。

① 真空定径法适合各种管径聚乙烯弯管的挤出成型，但真空定径套和真空箱设备加工精度要求高，设备造价高，所以真空定径法在聚乙烯弯管挤出成型上并不推荐。

② 内定径法适合直径 80 ～ 400 mm 聚乙烯弯管的挤出成型，并且成型工艺简单，设备加工精度要求低。但为方便定径套冷却水通道安装，只能采用 T 形模具配合使用。

③ 外定径内冲压法适合 200 mm 以上口径聚乙烯弯管挤出成型，同内定径法一样，外定径套设计加工简单。成型时建议采用 T 形模具配合使用，方便随时内充空气及稳定空气压力。

④ 小口径薄壁聚乙烯弯管成型过程可以不采用牵引机，人工切割即可完成成品。

⑤ 针对 90°聚乙烯弯管生产，如果连续挤出工艺空间限制成型设备的摆放，可以采用间断法。间断法优点是设备结构简单，滑动中心连杆、更换弧形牵引杆、更换定径套和内堵头可以适应不同口径和曲率的弯管生产，可以随时在线充压缩空气和内压检测。缺点是单根聚乙烯弯管间断生产，并且需要人工切割分离，效率低，材料浪费严重。

⑥ 根据管径，须设计加工多套精准曲率的弯管定型装置定径套以及其他辅助设备，才能满足多种曲率及管径的聚乙烯挤出弯管成型。

⑦ 带直管段，非标准曲率弯管无法采用挤出成型聚乙烯弯管。

⑧ 生产过程要求聚乙烯弯管均匀冷却，防止产生皱褶。

⑨ 为保证聚乙烯弯管挤出弯曲定型时壁厚一致，进行挤出模具口模间隙调整时，弧面外侧口模调整间隙建议大于内侧口模调整间隙。

6.4 小结

预制保温层方式成型的保温层，层与层的结合采用黏结剂或密封胶，保温层本身的整体性、长期运行的质量稳定性远低于整体浇注聚氨酯保温层，并且外层采用了聚乙烯冷胶带或者热收缩套，其防护性能由于采用了缠绕结构，胶带层间的结合力也远低于整体聚乙烯外护层，所以造成整体保温层长期运行的稳定性远低于整体外护聚氨酯保温层结构。

如果必须采用预制筒形保温层或瓦块状保温层时，建议选用一体保温瓦块或简单结构筒形结构保温层，并要求保温瓦块或筒形保温层的数量越少越好，以减少层间结合缝的数量，并要求在采用聚乙烯冷胶带或热收缩带进行外护层缠绕成型时，严格按照材料工艺要求进行施工，确保成品保温层质量。

弯管（弯头）在工艺允许、曲率满足的情况下，建议采用一体无缝聚乙烯外护管，并通过聚氨酯高压发泡机完成聚氨酯层的灌注成型，确保保温层整体质量与直管道保温层的质量一致。

针对三通以及弯管（弯头）带直管段等，无法采用一体无缝聚乙烯外护管，推荐采用聚乙烯外护管焊接后灌注聚氨酯成型技术，以保证聚氨酯保温层的整体性能。聚乙烯外护管焊接尽量焊缝少、结构简单或者承插后焊接。

参考文献

[1] 国家市场监督管理总局，国家标准化管理委员会.高密度聚乙烯外护管硬质聚氨酯泡沫塑料预制直埋保温管及管件：GB/T 29047—2021 [S].北京：中国标准出版社，2021.

[2] 国家市场监督管理总局，国家标准化管理委员会.高密度聚乙烯无缝外护管预制直埋保温管件：GB/T 39246—2020 [S].北京：中国标准出版社，2020.

[3] 国家市场监督管理总局，国家标准化管理委员会.城镇供热 玻璃纤维增强塑料外护层聚氨酯泡沫塑料预制直埋保温管及管件：GB/T38097 — 2019 [S].北京：中国标准出版社，2019.

第 7 章

柔性可卷曲保温管道

区域供热保温管道一般采用长度为 6m、8m 或 12m 的单根管道组对，所以长达几十，甚至上百千米的管道施工时，需要采用接头焊接等方式进行连通，接头连接处进行防腐层补涂和保温层的二次填充。而对于二次管网的小口径管道，除组对连接外，在楼宇之间连通时必须根据行走方向进行管道弯曲，需要采用弯头等改变方向，工序更加复杂。

柔性管道因为操作的灵活性，以及施工时不间断的优点，得到了越来越多的应用，同样基于上述原因，柔性保温管道也逐渐进入相关领域，相比普通柔性管道，柔性保温管还满足了管道保温层以及外护层的连续一致性。

柔性可卷曲保温管道是指柔性的工作管外表面复合连续的保温层及外护壳，形成可以缠绕成卷的连续保温管道。柔性工作管有塑料管、复合材料管或者金属管道。柔性可卷曲保温管道长度可以达到几十，甚至上百米，安装过程中间无接头。除应用于二次供热管网外，还应用于特殊环境下的连续供热，例如油田使用的聚氨酯保温连续油管。

柔性保温管道，由于结构的特殊性具有如下特点：①管道保温层、外护层连续一致，中间无二次接头；②可以直接敷设，无补偿器、固定支架等；③安装方便，施工便捷，不受地形以及路由限制，可以任意弯曲改变路径；④土建投资少，可浅埋，减少多达 60% 的劳动力，节省 25% ～ 40% 的安装成本；⑤整卷运输、运输成本低；⑥接头少，故障率低，维护成本低。

本章论述的柔性管保温层成型技术专指聚氨酯保温层。相关标准规范可以参阅美国标准 ASTM F2165—2019 和我国行业标准 T/CDHA 4—2020。

7.1 柔性保温管的分类与结构

柔性保温管与普通保温管类似，以保温（泡沫）层作为最基本保温层结构，为工作管、保温层和外护层三位一体结构形式。与普通保温管道不同之处在于，工作管选用柔性材质的管道，并且管径比较小，添加保温层后直径一般 < 200 mm，所以工作管直径（外径）最大一般为 150 mm。其分类是根据工作管的结构形式和外护管的结构形式进行的。

7.1.1 分类

（1）按照外护管结构形式

① 普通光面结构形式。外护管采用普通管结构（图 7-1、图 7-2），成品保温管卷曲半径大，为增加其卷曲度，一般外护管材质采用低密度聚乙烯。

② 波纹管结构形式。外护管采用波纹结构（图 7-3、图 7-4），成品保温管的卷曲半径小，并且其抗压强度高，与保温层结合强度高，外护管材料可以采用性能更好的高密度聚乙烯。

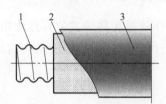

图 7-1 波纹工作管柔性保温管结构图
1—波纹工作管（合金或塑料管）；
2—聚氨酯保温层；3—聚乙烯外护管

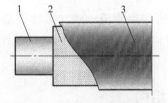

图 7-2 普通柔性保温管结构图
1—普通工作管（合金或塑料管）；
2—聚氨酯保温层；3—聚乙烯外护管

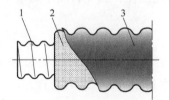

图 7-3 全波纹柔性保温管结构图
1—波纹工作管（合金或塑料管）；
2—聚氨酯保温层；3—聚乙烯外护管

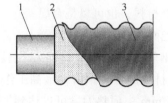

图 7-4 波纹外护柔性保温管结构图
1—普通工作管（合金或塑料管）；
2—聚氨酯保温层；3—聚乙烯外护管

（2）按照工作管结构形式

① 普通工作管。这里所讲的普通工作管，只是其外观结构为普通光面管道，材质可以为铜管、合金管、不锈钢管、塑料管或复合管。可以为外护光面结构

（图 7-2）和外护波纹结构（图 7-4）。

② 波纹工作管。波纹工作管为波纹状的双壁结构，外壁为增强的波纹结构，内壁为独立的光面结构，抗压强度远高于同材质的光面管道，材质一般采用不锈钢，也同样分为外护光面结构（图 7-1）和外护波纹结构（图 7-3）。

（3）管束结构形式

保温层内管道为两根或多根结构形式（图 7-5），进、回流体在同一保温层内完成，减少了管道多根敷设的施工难度，工作管多为普通管结构形式，外护管分为波纹管或普通光面管。

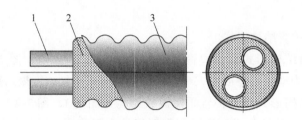

图 7-5 多管柔性保温管结构图
1—PE-X（塑料）工作管；2—聚氨酯保温层；3—聚乙烯外护层

同普通保温管道一致，柔性保温管道中，工作管是流体输送的直接作用管道，而保温层和外护层只是作为功能层出现，保证工作管流体的经济输送，满足工况要求。

7.1.2 结构

7.1.2.1 工作管道

工作管道，也称介质输送管道，具备柔性和连续性，因此材质不局限于塑料、非金属复合材料，也可以是金属。

（1）光面合金钢管（软钢管）

合金钢管耐热性好，并且相比较普通碳钢管，耐腐蚀性好。例如 P195 GH（1.0348）材质的合金钢管，最高工作压强可以达到 25 bar，最大允许环应力可以达到 150N/mm^2，耐热温度可以达到 130 ℃；油田采用的低碳合金钢制作的连续油管（又称挠性油管），有很好的挠性，可以代替常规油管进行很多作业，管径范围 20～130 mm，投入商业运营最长管长可以达到 9000 m。

（2）不锈钢波纹管

针对合金钢管。不锈钢管耐腐蚀性更强，但质地较软，因此在特殊介质输送采用直焊缝波纹管，以增加其强度。例如，1.4404 材质的直缝焊螺旋波纹状的不锈钢管，最大使用压力为 25 bar，最大限制温度为 140 ℃。表 7-1 为波纹管的规格尺寸。

表 7-1 不锈钢波纹管公称尺寸和最小壁厚 [1]

公称尺寸 DN/mm	外径 d_0/mm	最小壁厚 S_c/mm
12	14	0.2
16	18	0.2
20	22	0.2
25	30	0.3
32	39	0.4
40	48	0.5
50	60	0.5
80	98	0.8
100	127	0.9

（3）软铜管

软铜管突出优点是耐腐蚀、耐热性好、挠曲性能好，缺点是质地较软与钢管比较环应力较低，无缝软铜管采用冷成型方式，满足柔性保温用的软铜管最大管径为 90 mm，最高耐热温度 130 ℃，运行压强 25 bar，环应力最高≤ 110 N/mm²。表 7-2 为软铜管的规格尺寸。

表 7-2 软铜管公称尺寸和最小壁厚 [1]

公称尺寸 DN/mm	外径 d_0/mm	最小壁厚 S_c/mm
12	15	1.0
16	18	1.0
20	22	1.0
25	28	1.2
32	35	1.5
40	42	1.5
50	54	1.5
80	—	—
100	—	—

（4）交联聚乙烯（PE-X）

PE-X 通过辐射或化学方式将线形或带分枝结构的聚乙烯（PE）转化为平面或者空间网状结构的 PE。交联聚乙烯管的优点是耐化学腐蚀性能和耐水腐蚀性能优异，但耐热温度较低，生产柔性保温管的最大管径≤ 250mm，其运行温度可达 90 ℃，运行压力 6 ～ 10 bar（可以作为热水管 / 污水管）。

外径和壁厚。不同工况下连续运行时，塑料管最大允许工作压力对应的管系列 S 及管标准尺寸比（SDR 值）应符合表 7-3 的规定（设计使用寿命 50 年）。

表 7-3　PE-X 管允许工作压力对应的管系列 S 及管标准尺寸比（SDR 值）[1]

规格	60℃热水	70℃热水	45℃供暖	60℃供暖	75℃供暖
S4/SDR 9	0.97	0.89	1.17	1.01	1.01
S5/SDR 11	0.77	0.70	0.93	0.80	0.80
S6.3/SDR 13.4	0.61	0.56	0.74	0.61	0.63
S8/SDR 17	0.48	0.44	0.59	0.51	0.50

（5）耐热聚乙烯管道（PE-RT、PE-RT Ⅱ）

耐热聚乙烯是采用特殊的分子设计和合成工艺生产的一种中密度聚乙烯，采用乙烯和辛烯共聚的方法，通过控制侧链的数量以及分布所得到的独特分子结构，提高 PE 的耐热性。具备良好的柔韧性、高热传导性、惰性、耐压性、抗冲击性、长使用寿命等优点。

PE-RT Ⅱ型承压级别为 S2.5，公称压力为 2.5 MPa，普通 PE-RT 硬度一般，其适用温度范围在 70 ℃以下，PE-RT Ⅱ热稳定性表现良好，适用条件 0.8 MPa、85 ℃以下。PE-RT Ⅱ管允许工作压力对应的管系列 S 及管标准尺寸比（SDR 值）见表 7-4。

表 7-4　PE-RT Ⅱ管允许工作压力对应的管系列 S 及管标准尺寸比（SDR 值）[1]

规格	60 ℃热水	70 ℃热水	45 ℃供暖	60 ℃供暖	75 ℃供暖
S3.2/SDR 7.4	1.17	1.11	1.55	1.32	1.27
S4/SDR 9	0.92	0.88	1.23	1.05	1.01
S5/SDR 11	0.73	0.70	0.98	0.83	0.80
S6.3/SDR 13.4	0.58	0.55	0.77	0.66	0.63
S8/SDR 17	0.46	0.44	0.61	0.52	0.50

7.1.2.2　保温层

柔性管保温材料选择的是聚氨酯泡沫（PUR）、柔性泡沫橡塑材料（PFE）、可发性聚乙烯泡沫材料（EPE）和高压成型聚乙烯泡沫材料。硬质聚氨酯泡沫材料特性见表 7-5，性能参数接近普通聚氨酯泡沫材料。

表 7-5　硬质聚氨酯泡沫保温层性能

性能	指标
表观密度 /（kg/m³）	≥ 50
压缩强度 /MPa	≥ 0.3
闭孔率 /%	≥ 90
导热系数（50 ℃）/[W/(m·K)]	≤ 0.033

续表

性能		指标
压缩蠕变 /%		≤ 10
耐热性	尺寸变化率 /%	≤ 3
	质量变化率 /%	≤ 2
吸水率（按体积计）/%	测试温度（100 ℃）	≤ 10
	测试温度（80 ℃）	≤ 1

　　柔性聚氨酯泡沫管道必须克服高挠曲性与高耐热性，柔性保温管成型后，在盘卷和应用过程中须确保保温层不与工作管和外护管脱离，所以聚氨酯泡沫体，除满足一定的柔韧性（高度的泡沫挠曲性）外，同时管路的铺设和热水传输热流过程中要求泡沫具备良好的力学性能和卓越的耐热性。Huntsman（亨斯迈）公司研发出的新一代半柔性多元醇泡沫，长短链多元醇组合使得到的泡沫同时具备了高耐热性和高柔韧性，同时为克服半柔质泡沫老化速度过快的缺陷，研发出了延缓半柔质泡沫体系老化的配方。

　　表 7-6 和表 7-7 分别列出 Huntsman（亨斯迈）公司研发的两种典型聚氨酯柔性泡沫料[2]，表 7-6 为普通浇注发泡聚氨酯物料，表 7-7 为延时发泡聚氨酯物料，分别满足聚氨酯绝热软管不同乳白时间的连续生产工艺。其中，表 7-6 的 Daltofoam TE 342xx 为环戊烷 / 水发泡系统，Daltofoam TE 44203 为全水发泡，表 7-7 的 Daltofoam TE 44207/Suprasec 5005 为全水系统。三个系统都包含聚醚多元醇、水、催化剂和硅表面活化剂。

表 7-6　Daltofoam TE 342××/Suprasec 5005 和 Daltofoam TE 44203/Suprasec 5005 的典型性能

		单位	Daltofoam TE 342xx 连续模塑工艺环戊烷发泡	Daltofoam TE 44203 连续模塑工艺水发泡	测试方法
20 ℃反应性能	乳白时间	s	7	11	SMS 2318（bag-foam）
	拉丝时间	s	37	35	
自由发泡密度		g/L	57	56	ISO 845
芯密度		g/L	68	64	EN 253
挠性		mm	14	14	DIN 53423
抗挠强度		kPa	874	970	DIN 53423
抗压强度		kPa	376	260	DIN 53421
吸水性		%	< 5	< 5	EN 253
闭孔含量		%	> 90	> 90	ASTM D2856
软化温度		℃	—	141	TMA

注：泡沫性能为典型性能，取决于所用的管径管型和泡沫密度。

表 7-7 Daltofoam TE 44207/Suprasec 5005 典型性能

		单位	Daltofoam TE 44207 连续模塑工艺水发泡	测试方法
20℃反应性能	乳白时间	s	50	SMS 2318 （bag-foam）
	拉丝时间	s	210	
自由发泡密度		g/L	34	ISO 845
芯密度		g/L	90	EN 253
挠性		mm	> 14	DIN 53423
抗挠强度		kPa	> 1000	DIN 53423
抗压强度		kPa	380	DIN 53421
吸水性		%	< 5	EN 253
闭孔含量		%	> 90	ASTM D2856
软化温度		℃	130	TMA

7.1.2.3 聚乙烯外护管

聚乙烯（PE）抗老化，抗紫外线，能够抵御土壤中几乎所有的化合物腐蚀，在保温管道生产中，常作为最佳的外护层推荐材料，并且其作为外护材料，可以成型均匀光滑的外护管，也可以成型波纹外护管，在生产过程中，满足柔性保温管聚氨酯保温层的连续生产工艺要求。其中，适应柔性保温管的外护聚乙烯壳管的外径和壁厚见表 7-8 和表 7-9，保温成品管所允许的弯曲半径见表 7-10 和表 7-11，材料和外护管性能见表 7-12 和表 7-13。

表 7-8 外护管直径及最小壁厚 [3]

外护管直径 DN/mm	壁厚 /mm	外护管直径 DN/mm	壁厚 /mm
DN ≤ 63	1	128 < DN ≤ 160	1.8
63 < DN ≤ 90	1.1	160 < DN ≤ 200	2.1
90 < DN ≤ 128	1.2	—	—

表 7-9 外护管外径和最小壁厚 [1]

外径 /mm	最小壁厚 /mm	外径 /mm	最小壁厚 /mm
45 ～ 100	2.0	165 ～ 200	3.5
110 ～ 160	2.5	—	—

表 7-8 与表 7-9 分别参阅了 ASTM F2165—2019 和 T/CDHA 4—2020，两个标准规范所规定的外护管壁厚参数不同，参数不同应该与保温层和外护层的成型工艺有直接关系。

表 7-10　单根塑料工作管复合聚氨酯保温层弯曲半径 [1, 3]

工作管直径 DN/mm	弯曲半径 /mm	工作管直径 DN/mm	弯曲半径 /mm
25	250	63	550
32	300	75	800
40	350	90	1100
50	450	110	1200

由表 7-10 可见，ASTM F2165—2019 和 T/CDHA 4—2020 所规定的塑料工作管复合保温层的卷曲半径完全一致，说明我国行业标准编写过程参照了美国标准，但美国标准并未明确保温层的类型。

表 7-11　单根金属管复合保温层弯曲半径 [1]

工作管直径 DN/mm	铜管	不锈钢波纹管
	弯曲半径 /mm	
12	280	215
16	280	270
20	280	360
25	280	400
32	315	510
40	350	640
50	450	800
65（63）	—	845
80	—	1000
100	—	1200

表 7-12　聚乙烯原料性能 [1]

性能	指标
密度 /（kg/m³）	926 ～ 940
熔体流动速率（190 ℃，5 kg）/（g/10min）	0.2 ～ 1.4
炭黑含量 /%	2.5 ± 0.5
含水率 /%	≤ 0.1
氧化诱导时间（210 ℃）/min	≥ 20

表 7-13　聚乙烯外护管性能参数 [1]

性能	指标
拉伸屈服强度 /MPa	≥ 19
断裂伸长率 /%	≥ 800

续表

性能		指标
耐环境应力开裂 /h		≥ 1000
氧化诱导时间（210 ℃）/min		≥ 20
压痕硬度 /mm	25 ℃	≤ 0.2
	50 ℃或 70 ℃	≤ 0.3

7.2　柔性保温管连续法成型原理

柔性管的最大优点除可卷曲外，还有超长连续，所以常规的保温管间断法生产技术无法在柔性管上采用，只能采用连续法生产技术。

柔性管的连续性可理解为无限长，所以满足连续的聚氨酯保温层和外护层成型关键，就是保温层和外护聚乙烯连续不间断同步成型。

在前面章节中所述的聚氨酯保温层成型技术中，满足保温层连续成型的工艺有三种。

7.2.1　"一步法"成型

聚氨酯柔性保温管道"一步法"成型技术由我国专家发明，适合中小口径（≤ ϕ377 mm）钢管聚氨酯保温层成型的一项技术。挤塑机通过"T"形模具挤出的聚乙烯外护管，随着工作管同步向前推挤延伸，在外护管内壁和工作管外壁形成间距等同于保温层厚度的均匀环形空腔。在管道行进的过程中，环形空腔内同步灌注聚氨酯泡沫料进行发泡，填充形成工作管、聚氨酯保温层和聚乙烯外护层三位一体结构（图 7-6）。

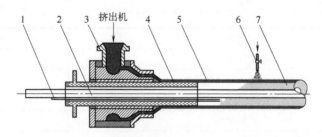

图 7-6　聚氨酯保温管"一步法"成型原理
1—聚氨酯泡沫浇注料管；2—工作管；3—"T"形挤出模具；4—内定径套；5—聚乙烯防护壳；6—水冷；
7—聚氨酯保温层

"一步法"技术的关键点是：通过式的"T"形模具满足钢管的通过，并与通过模具挤出的塑料管壳形成管中管结构（环形空腔），调速机构确保钢管行进速度与聚乙烯挤出管壳的延展速度一致，灌注发泡料的量与管道行走速度成正比，达到同步行进过程中，泡沫料发泡填充环形空腔。

"一步法"在工艺的描述和实际应用中，满足 6 m、8 m 或 12 m 单根管道保温层成型，但在成型过程中管道是首尾相接连续传动的，聚乙烯防护壳挤出和聚氨酯保温层发泡密实同步成型，并且连续不断，所以可以称之为无间断连续成型。

7.2.2　"半膜法"成型

"半膜法"成型原理如图 7-7 所示，采用工作管底部敷设宽度大于工作管保温层外周长的塑料薄膜，距离工作管底部敷设距离为保温层所要求厚度，采用逐段收膜包裹方式，在工作管外形成塑料薄膜筒形结构，筒膜与工作管外壁之间形成均匀的空腔，在塑料膜合膜前的未闭合区段，浇注聚氨酯保温泡沫料，形成工作管、聚氨酯保温层和塑料薄膜三层结构，而聚乙烯外护管在保温层成型后段通过挤塑机挤出包覆二次成型。

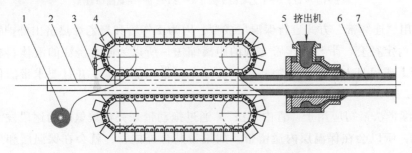

图 7-7　聚氨酯保温管 "半膜法" 成型原理

1—塑料薄膜；2—工作管；3—聚氨酯浇注枪头；4—保温层成型模压机构；
5—"T"形挤出模具；6—聚氨酯保温层；7—聚乙烯防护壳

这种工艺管道连续传输，塑料膜不间断收膜并送进，泡沫料持续浇注，从而完成保温层在工作管道外的连续成型，成型后的保温层通过 "T" 形模具，挤出的聚乙烯层包覆在保温层外侧并通过水冷收紧贴附形成连续不断的保温管道。

"半膜法"成型技术的关键点是，需要在聚氨酯泡沫料浇注后并在其发泡、填充、密实、固化的整个工作段，加装扣合后内径等于所要求保温层外径的回转模压机构（图 7-7 中 4），浇注料充胀塑料薄膜并在模压机构的约束下，形成保温层。塑料膜是防止泡沫料黏附在模压机构上，使得保温层连续成型。

7.2.3　"连续带法"成型

"连续带法"成型工艺如图 7-8 所示，其原理和设备参照了 "一步法"。工作管通过特制的 "T" 形模具后与挤塑机挤出的聚乙烯塑料管同步向前延伸，通过水冷定径后在工作管外壁和聚乙烯管壳内壁形成均匀的环形空腔间隙，同时在工作管与外护管的中间空腔的底部水平敷设一定宽度的塑料带或半渗透纸带，带随着外护管和工作管不断向前延伸，连续不断敷设在环形空腔底部，按照管道的延伸（等同纸带延伸）速度，聚氨酯泡沫料定量连续不断地浇注在"T"形模具进口处带的上部，当带泡沫料的带延伸到管内一定位置时，泡沫料开始启发，并逐段填充工作管和外护管之间的空腔，形成连续不断的密实聚氨酯保温层。

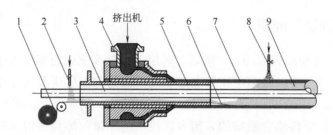

图7-8 聚氨酯保温层"连续带法"成型原理
1—连续带；2—聚氨酯浇注枪头；3—工作管；4—"T"形挤出模具；5—内定径套；
6—连续带；7—聚乙烯防护壳；8—水冷；9—聚氨酯保温层

采用"连续带"方式进行保温层成型，因为工作管和聚乙烯热挤出外护管之间增加了内定径套，带与工作管之间的距离缩短，所以为防止浇注的液体料黏附在定径套上或模具上，浇注的物料量不能过多，带不能过窄，并且要求带的传动非常平稳。

连续带法最初应用于"管中管法"，通过拖动带来完成聚氨酯的逐段发泡密实和填充，所以会在保温层内遗留带，如果带贴合外护管，就会在保温层和外护管之间形成隔离层。

7.3 柔性保温管外护管连续成型技术

柔性保温管采用两种聚乙烯外护管形式，波纹外护管和普通外护管（光面管）。而两种外护管的成型工艺不同，所以需要根据外护管的不同成型工艺来选择保温管的生产技术。

7.3.1 外护管挤出成型技术

（1）波纹管挤出成型

塑料波纹管有单壁和双壁之分，在柔性保温管中，应用到的聚乙烯外护管类型为单壁波纹管，这种波纹管的挤出和定型与普通光面塑料管相比较复杂。

单壁波纹管只有一层波纹状的管壁，与普通管材比较，在壁厚相同的情况下，具有更大的环刚度，当埋在土壤中使用时更不容易变形。并且作为聚氨酯保温管外护，相同管径下弯曲半径更小，可以缩小柔性盘管的整卷直径，或者在同等盘管直径下，整卷的柔性保温管的长度更长。

单壁波纹管的生产。带有波纹形状的定型模块安装在履带式回转机构的传动带上，回转机构由回转动力和同规格的两条传送带组成，两条传送带安装的多组定型模块成对夹紧（不得错位）并形成环形波纹状管形空腔。通过专用模具挤出中空的熔融塑料膜进入波纹空腔中，为了使塑料管壳内外壁呈波纹状，采用管内冲压（内部通压缩空气，小口径单壁波纹管多采用的方式）或外定径（外部抽真空）方式，使得熔融塑性管壳贴附波纹模具内壁，连续挤出的挤出管壳在回转机构驱动的波纹模具夹持下连续不断延伸，并在此过程通过冷却后定型形成波纹状管道。

小口径波纹管成型工艺的特殊性，使得内冲压定型方式更加有效，但要求挤出塑料管壳的模具出口须与定型模（回转波纹模具的波纹空腔）入口尽可能地靠近，主要采用延长的模具的芯棒和口模套，防止采用内冲压定型时熔融管壳被吹裂（图 7-9）[4]，一般要求口模伸入定型模内的部分应大于一副成型块的距离，以保证波纹管成型时两模块完全闭合。在定型过程中波纹管热量被金属波纹模具带走。最终的产品冷却要求采用风冷或水冷却方式。

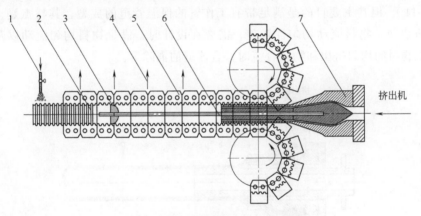

图 7-9　单壁波纹管挤出和定型示意图

1—水冷；2—波纹管；3—空气封堵；4—真空；5—波纹模具；6—压缩空气入口；7—单壁波纹管挤出模具

操作时应注意波纹模具、气塞棒和机头的对中。一组对应的波纹模具波形必须对正，不能出现偏差，否则会引起整体波纹偏差。管壳内冲压时，应保证其完全与波纹模具内壁完整贴合，波纹形状完整，内冲压一般设定为 0.15 MPa，波纹模具要求恒定温度 45 ～ 60 ℃，使得管壳离开波纹管后完全定型。

以上成型工艺描述只针对单独的小口径波纹管壳成型，无法与要求添加保温层的连续管道配套使用。这里可以借鉴波纹管的成型原理以及模压装置，与相关保温管的连续成型工艺结合来完成波纹外护保温管的生产。

（2）普通管挤出成型

聚乙烯普通管材挤出成型，如果只为生产塑性管壳，不与其他管道配合，可以采用直通挤出方式（图7-10），挤塑机与挤出模具直连，塑性材料通过模具尾端经流道通过模具前端的模唇挤出，通过定径以及冷却定型后形成塑料管壳。

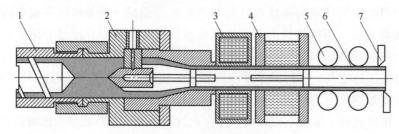

图 7-10　塑性管壳挤出成型原理图[5]

1—挤塑机料筒；2—管形模具；3—管壳定型装置；4—冷却装置；5—管壳牵引延伸装置；
6—挤出管壳；7—切割装置

采用直通式挤出的塑料管壳无法在线与其他管道配合以满足保温层等辅助层同步成型，所以须选用其他的管壳成型方式。

内定径"T"形模具挤出方式，这种工艺同样能够满足塑料管壳的生产（图7-11），但其主要目的是满足带有工作管的保温管道的成型。其特点是，挤塑机垂直供料，物料流动均匀性较差，需要在设计时，满足物料均匀流动以及圆周方向上物料的均匀挤出和物料合流时，合流缝的消除等。

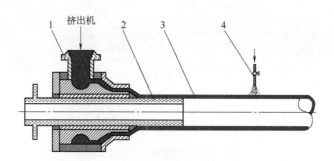

图 7-11　"T"形模具塑料管挤出示意图

1—"T"形挤出模具；2—内定径套；3—聚乙烯防护壳；4—水冷

"T"形模具为中空式结构，可以通过行进的工作管，确保工作管与通过"T"形模具挤出的聚乙烯管壳同步延伸，并在两者间形成均匀环形空腔，聚氨酯泡沫料连续灌注在向前延伸的空腔内，密实发泡形成保温层，与钢管、聚乙烯管壳形成最终的保温管成品。

7.3.2　外护管连续挤出加保温层成型技术

前面所述，柔性保温管除工作管不同外，区别还在于两种外护管的类型不同：普通管材和波纹管。而针对这两种外护管的成型工艺完全不同。

7.3.2.1 "一步法"成型

柔性保温管"一步法"成型只针对普通光面外护管，首先采用"T"形挤出模具满足普通聚乙烯管壳的挤出定型，其次因为模具的中空设计，确保聚乙烯管材在挤出过程中，工作管随聚乙烯管材连续不断向前延伸。

成型过程：连续不断的工作管与挤出的聚乙烯管壳通过前后牵引机的牵引和送进同步向前延伸，在管壳和工作管之间形成均匀空腔，灌注聚氨酯泡沫料，发泡、充填并密实整个延伸的空腔，形成工作管、聚氨酯保温层和外护聚乙烯壳三层整体结构（图 7-12）。

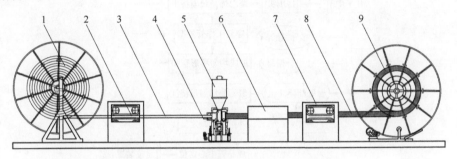

图 7-12　柔性保温管"一步法"成型布置图

1—工作管放卷装置；2—前定位牵引机；3—工作管；4—聚氨酯泡沫浇注管；5—聚乙烯管壳挤出装置；
6—水冷系统；7—后定位牵引机；8—柔性成品保温管；9—成品保温管收卷装置

所以连续柔性普通外护聚氨酯保温管成型工艺完全可以参照钢质管道的"一步法"成型技术，其成型工艺过程如图 7-13 所示。

成型工艺过程描述：

① 准备　根据工作管的管径和管底标高，调整挤出模具的中心线位置与前定位牵引机、后定位牵引机的中心位置完全重合，对于塑料工作管，满足工作间温度 25 ℃左右，防止工作管冷变形量大的情况出现。

② 开机　工作管开卷后，通过牵引机牵引送入"T"形模具，挤塑机挤出的熔融态聚乙烯壳缠接在工作管管端，并通过预先穿过后定位牵引机和水冷装置的牵引管夹紧工作管管端，随着挤出聚乙烯管壳和工作管连续延伸通过水冷系统和后定位牵引机，通过后拆除牵引管。

③ 聚氨酯泡沫料灌注　当内定径套定型固化聚乙烯管壳，并且管壳与工作管外壁周向之间形成均匀的空腔后，预先通入的聚氨酯泡沫灌注枪在比例泵和压缩空气作用下，按照多异氰酸酯和组合聚醚要求的混合比例送入物料并在枪管内混合，混合后物料灌注至发泡空腔中，在工作管和聚乙烯壳延伸过程中，连续不断定量供给，灌注的物料启发、发泡、密实充填整个空腔与定径套和水冷定型的聚乙烯壳，形成保温层。

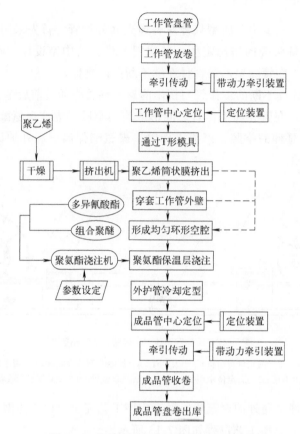

图 7-13 柔性保温管"一步法"成型工艺图

④ 收卷 拆除牵引管的成品保温管延伸并卷曲到成品管收卷装置，带动力的收卷装置旋转并把柔性管连续不断盘卷到收卷装置上，为满足连续稳定，两台牵引机和收卷装置的动力，须依据生产速度进行调速。

⑤ 纠偏 如果工作管为塑料管道，则无法采用纠偏装置来防止保温层的偏心，必须使用前后牵引机作为张紧装置，分别夹紧工作光管和保温成品管，确保管材的中心线与"T"形模具的中心线重合，所以要求设计时计算牵引机的夹紧力，以满足管材张紧和平直。

⑥ 保温 为满足工作管的平直及其平稳传输，牵引机的张紧力要求高，容易造成初始固化的保温层压扁甚至压损，所以要求塑料管材保持在恒定的温度下达到最佳的平直度，以确保在此温度下牵引机得到一个合理的张紧力，从而满足不造成保温层形变而得到管材延伸时的平直度。同时设计要求牵引机接触保温层的柔性垫块的强度、硬度以及弧面结构满足夹紧时柔性垫块与保温管外壁跟随不产生滑移和形变。

7.3.2.2　"连续带法"成型

"连续带法"又称为"直拉"工艺，原工艺应用在"管中管法"成型技术中，将聚氨酯混合物料浇注在工作管下部的半渗透薄膜纸上，并将纸拉入已经穿套好的工作管和防护壳的空腔内。当初始段物料到达管远端时，开始发泡填充需要填充物料的空腔，形成保温层，优点是只要纸带拉行速度与物料发泡速度匹配，浇注的物料量准确，保温层密度等会非常均匀。唯一缺陷是留在泡沫层内的纸带会引起泡沫与外护管之间的黏附问题。

柔性保温管采用"连续带法"（图 7-14）借鉴了"一步法"和"直拉"法两种成型技术。与"一步法"不同的是，聚氨酯混合物料浇注在"T"形模具外部，并可采用高压或低压两种发泡机，可以观测物料的混合状态，并且物料的混合反应热随时散发。与"直拉"工艺不同，采用塑料薄膜替换半渗透纸带，塑料薄膜在聚氨酯物料充填过程中，接触热挤聚乙烯壳熔融直接黏附在外护壳上，不会造成泡沫料和外护壳之间的分离，并且熔融的塑料薄膜会形成褶皱减阻层，增加泡沫层与外护壳之间的结合力。

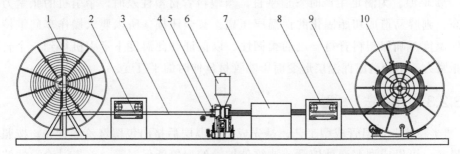

图 7-14　柔性普通保温管"连续带法"成型布置图

1—工作管放卷装置；2—前定位牵引机；3—工作管；4—连续带；5—聚氨酯泡沫浇注管；6—聚乙烯管壳挤出装置；7—水冷系统；8—后定位牵引机；9—柔性成品保温管；10—成品保温管收卷装置

"连续带法"成型的柔性保温管外护管同样为普通光面管结构。

成型工艺过程描述：

根据工作管管径和物料浇注量选择定宽度的塑料薄膜。计算工作管延伸的速度与聚乙烯壳挤出速度的匹配，根据随工作管延伸的塑料薄膜速度和延伸的空腔体积核算聚氨酯物料的连续浇注量。

① 准备。根据工作管的管径和管底标高，调整挤出模具的中心线位置与前定位牵引机、后定位牵引机的中心位置完全重合，对于塑料工作管，满足工作间温度 25 ℃左右，防止工作管垂直度差的情况出现。

② 开机。工作管开卷后，通过牵引机牵引送入"T"形模，挤塑机挤出的熔融态聚乙烯壳缠接在工作管管端，塑料薄膜同样通过定位机构形成半卷曲膜，伸入工作管和"T"形模具挤出成型的外护管空腔底部，同样缠接在工作管管端，并

通过预先穿过后定位牵引机和水冷装置的牵引管夹紧工作管管端，随着挤出聚乙烯管壳和工作管连续延伸，通过水冷系统和后定位牵引机后，拆除牵引管。

③ 聚氨酯泡沫料灌注。当内定径套定型固化聚乙烯管壳，并且管壳与工作管周向之间形成均匀的空腔后，聚氨酯泡沫料经高压或低压发泡机混合后，通过浇注枪连续不断地浇注在卷曲的塑料薄膜上，浇注物料的薄膜随工作管向前延伸后，送入工作管和外护管之间的空腔内，并在延伸过程中，连续浇注在薄膜上的物料发泡、充填、密实整个空腔形成保温层，与钢管、聚乙烯壳一起形成保温管道。

④ 收卷。拆除牵引管的保温管延伸并卷曲到成品管收卷装置，通过动力驱动的收卷装置盘卷柔性成品保温管，生产过程中管道传输必须连续稳定，两台牵引机和收卷装置所带动力，采用变频调速装置进行速度调整。

⑤ 纠偏。如果工作管为塑料管道，则无法采用外加的纠偏装置来调整保温层的同心度偏差，必须使用前后牵引机作为张紧装置，通过牵引机上弧形柔性垫块分别夹紧工作光管和成品管，以确保管材的中心线与"T"形模具的中心线重合，所以要求设计时计算牵引机的夹紧力，满足管材张紧和平直。

⑥ 保温。为满足生产时管道平直，当塑料管材塑性差时，牵引机的张紧力要求高，则容易造成初始固化的保温层压扁，甚至压损，所以要求操作车间维持一定的温度，确保塑料管材一定的柔韧性，以保证在此温度下牵引机得到一个合理的张紧力，不会造成保温层形变而影响管材延伸时的平直度。

7.3.2.3 "半膜法"成型

"半膜法"保温管成型工艺，是先成型保温层后挤出包覆聚乙烯管壳。按照原理描述，可以成型普通外护管或波纹外护管的聚氨酯保温管。首先讨论柔性波纹外护保温管成型。

如图 7-9 所示，因为单壁波纹管的特殊结构，需要特殊设计的挤出模具，例如采用内冲压式成型波纹管技术要求采用延伸型挤出口模。而当我们设计选用通过式"T"形模具，配合定型模具，采用内冲压式成型时，所要求的模定型模具空腔达到一定的长度，并保证一定的内部空气压力，以确保离模后保温层和聚乙烯外护壳完全定型，而这就对"T"形模具设计提出了更高的要求，以满足工作管穿通模具时，内壁空腔完全密封，但这种设计在加热的模具与冷工作管之间难以实现，就需要较高的空气压力以保证稳定的内压，但过高压力容易对聚氨酯泡沫料稳定性等产生影响，其实这只是一方面分析，因为模压模具与挤出模具模唇的间距更加重要，设计不合理完全无法达到波纹管生产要求。采用真空吸附法，则在波纹管外壁的模具上无法形成完全封闭的负压，不能实现波纹管的成型。所以采用与"一步法"方式相似的，同步完成波纹保温层和外护层成型受诸多条件限制。

（1）波纹外护柔性保温管成型

针对连续波纹外护保温管，只能采用先成型波纹保温层，再挤出包覆聚乙烯防护壳，然后采用热熔聚乙烯的冷却收缩紧箍在保温层表面二次形成波纹外护保温管。所以在所描述的连续柔性保温管成型工艺中，波纹外护柔性保温管的最佳成型工艺只有"半膜法"。

"半膜法"波纹保温管设备布置如图 7-15 所示。

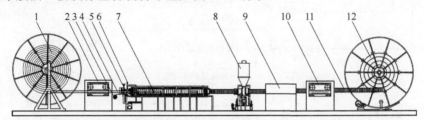

图 7-15 "半膜法"波纹管材防护壳保温管成型布置图

1—工作管放卷装置；2—前定位牵引机；3—塑料薄膜；4—工作管；5—塑料薄膜成型半膜；6—聚氨酯泡沫浇注枪；7—波纹保温层模压模具；8—聚乙烯壳挤出装置；9—水冷系统；10—后定位牵引机；11—柔性成品保温管；12—成品保温管收卷装置

① 设备组成 除牵引机、聚乙烯挤出包覆设备、冷却装置、聚氨酯发泡机以及收放卷装置外，波纹保温管成型的关键设备还有塑料膜收膜装置以及保温层模压模具。

② 工艺过程（图 7-16） 经检验合格的工作管通过牵引机的牵引，进入波纹状聚氨酯保温层模压模具，进入模压模具前，塑料薄膜通过收膜装置收膜并逐渐包覆在工作管外侧，形成完整的筒形结构，并随工作管向前延伸，在此过程筒形膜与工作管外壁形成均匀的环形空腔。

发泡机将异氰酸酯及组合聚醚混合后通过混合枪浇注在塑料膜合膜前的间隙处，随工作管和塑料膜的延伸进入模压成型空腔，泡沫料启发、充胀塑料膜、密实模具的波纹空腔段，固化后形成包覆在工作管外的波纹状保温层。

连续工作过程为：模压模具的不间断回转传动，工作管不断送入，塑料膜连续包覆，聚氨酯泡沫料不间断地浇注，确保工作管外形成连续不断的波纹保温层。

聚乙烯挤塑机通过和工作管保温层外径相适应的"T"形模具挤出熔融塑料管壳，热包覆在连续不断向前传输的波纹保温层外，同步熔融包裹泡沫料的塑料膜，并在水冷却系统的作用下，收缩形成波纹外护聚乙烯壳，完全定型后形成三位一体的波纹外护聚乙烯保温管道。成品管道连续延伸通过后牵引机，并进行成品收卷。

"半膜法"技术的关键是塑料膜收膜、工作管与模压模具中心线定位、模压模具回转时的精准啮合以及聚氨酯发泡机的合理参数选择。

保温管成型过程中，同样要求工作车间维持一定的温度，以保证塑料材质的工作管具备一定的柔性，保证其在生产过程中的张紧，防止因其形变造成保温层偏心等缺陷。

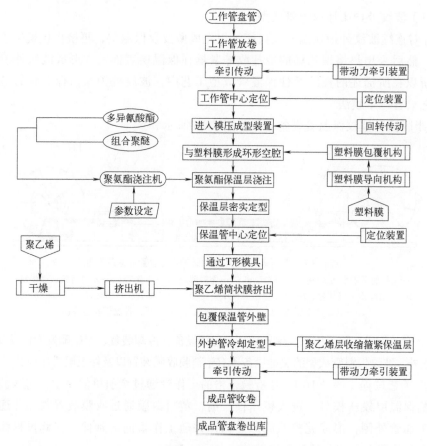

图 7-16 波纹柔性管"半膜法"成型工艺

（2）光面外护柔性保温管的成型

柔性光面保温管的成型，除成型模具略有区别外，工艺过程及其设备布置完全等同于波纹外护保温管成型技术，设备布置如图 7-17 所示。但如上所述，"半膜法"成型技术及其模具设计、收膜等都非常复杂，普通光面防护壳的保温管成型技术不具备"一步法"成型技术的优势，所以此技术不特别推荐生产柔性光面外护保温管。

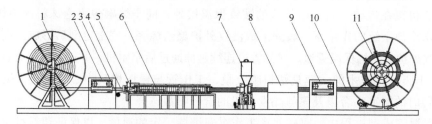

图 7-17 普通管材防护壳保温管成型布置简图

1—工作管放卷装置；2—前定位牵引机；3—塑料薄膜；4—工作管；5—聚氨酯泡沫浇注枪；6—保温层模压模具；
7—聚乙烯管壳挤出装置；8—水冷系统；9—后定位牵引机；10—柔性成品保温管；11—成品保温管收卷装置

7.4　柔性保温管成型装置

7.4.1　管材牵引装置

采用任何一种柔性保温管成型工艺，牵引装置是必设装置，其作用为工作管开卷、工作管连续稳定传输、对挠曲的工作管进行校直、张紧工作管防止聚氨酯泡沫层偏心等。

因为要求装置具备张紧和牵引作用，所以牵引装置设计成履带形式（图 7-18），多组柔性块安装在回转牵引履带上，特别针对塑料管材，柔性块的硬度要求低于柔性管（建议肖氏硬度为 60 左右），防止硌伤工作管外表面，柔性块为 U 形结构，形变时能够包裹管面，并与管径相适应。

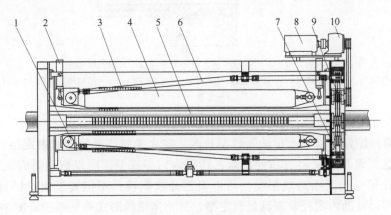

图 7-18　塑料管材挤出牵引机 [6]

1—二级减速机；2—牵引履带开合调整机构；3—柔性块；4—牵引履带；5—塑料管材；6—万向节；
7—传动链条；8—传动电机；9—传动齿轮；10—减速机

柔性管材为小口型管道，所以设计为三条或两条履带结构形式，传输动力通过减速机经同步链条进行，保证多条履带的牵引速度一致。机械式履带开和装置，通过人工或电动调整，确保其紧箍在工作管表面。

7.4.2　聚乙烯外护管成型模具

柔性保温管均为连续成型工艺，满足聚乙烯外护管连续成型包覆，外管无论是光面结构和波纹管结构，挤出模具只能采用"T"形模具，模具中心为工作管穿通式结构。具体可以参照"一步法"所采用的中空的"T"形聚乙烯塑料管挤出包覆成型模具。

（1）波纹外护管成型模具

波纹外护保温管采用"半膜法"成型技术，是先期预制波纹保温层，再通过"T"形模具向前传输，通过模具挤出的聚乙烯套在热状态下包覆在波纹保温层外壁，在水等冷却介质的作用下，收紧贴附在波纹保温层外，形成波纹聚乙烯保护壳。所以无论是光面防护或波纹防护保温管，聚乙烯挤出模具只采用单一的如图 7-19 所示的结构，无其他辅助机构。

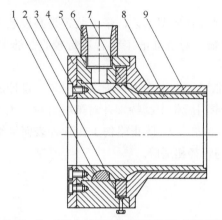

图 7-19 "一步法"挤出直角管形包覆管式模具结构图

1—分流块；2—调节螺钉；3—紧固螺栓；4—固定法兰；5—模身；6—挤塑机连接段；7—调节环；
8—芯模；9—口模

（2）光面外护管成型模具

光面外护保温管"一步法"成型技术，完全参照普通管道的内定径"一步法"成型工艺，聚氨酯保温层和外护聚乙烯壳为同步成型，所以聚乙烯壳先期冷却定型，防止保温层充胀造成形变，所以聚乙烯成型模具不但要采用"T"形挤出模具，还需要辅助内定径套来满足其定型，其整体结构形式参见第 3 章图 3-10。

柔性光面外护保温管"连续带"成型技术，同样参照了内定径"一步法"成型技术，所以同样采用了图 3-10 所示的模具结构。

7.4.3 波纹保温管成型关键装置

柔性保温管成型技术中，复杂程度最高的是波纹外护柔性保温管成型，成型装备除上述牵引机和成型模具外，还包括塑料收膜机构，保温层模压成型模具等，因涉及技术机密，这里只做简单描述，有兴趣的人员可以参阅塑料波纹管成型技术以及聚氨酯保温管"半膜法"成型技术。

（1）塑料膜收膜机构

塑料膜收膜装置是通过特殊设计加工的塑料膜收圆装置，把一定宽度连续的塑料膜通过延展卷型形成连续的筒状结构，包裹在工作管外壁形成均匀空腔，隔绝保温层定型模具与聚氨酯泡沫料的接触，灌注泡沫料后形成独立的聚氨酯保温层。

（2）波纹状聚氨酯保温层模压成型模具

模压成型模具由成型模具、传动装置、控制系统组成，成型模具由数十对波纹块（哈弗定型模块）组成，对开方式为水平方式（卧式）。

模压成型模具（图 7-20）采用双列回转机构组成波纹状模型空腔 1，包括回转机构、波纹块、传动轮以及张紧机构等。

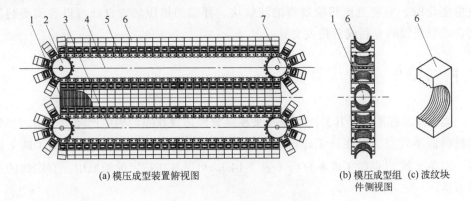

(a) 模压成型装置俯视图　　　　　　　　　　(b) 模压成型组 (c) 波纹块
件侧视图

图 7-20　聚氨酯保温层模压装置结构
1—模压空腔；2—回转主动轮；3—回转机构 1；4—回转机构 2；5—链式回转带；6—波纹块；7—被动传动轮

设备结构描述如下：

回转机构 3、4 采用链式回转带，在链式回转带 5 的内圈安装动力传动轮 2 和被动传动轮 7，两传动轮与张紧的回转传送带组成回转机构。结构如同坦克的链条和链轮，传动轮满足回转带的平稳回转传动。

单列回转带上安装多组排列紧密的波纹块 6，波纹块由导热性好的金属（如铝）加工制成，为定宽的凹形结构 [图 7-20（c）]，波纹块内半圆弧面为波纹结构，外部为平面结构，一组两个波纹块内弧形面扣合就形成一个完整内波纹圆弧面。按照单列回转带的周长，紧密排列的多组波纹块的背部安装在回转带上，安装要求高精度，不得有不平度误差。

双列回转带对称安装，水平布置的多组紧密接触的波纹块形成内波纹结构的管形空腔，当双列回转机构的传动轮转动时，回转带带动波纹块传动进行重复的开合动作，满足管形波纹空腔长度连续一致且不发生传动偏差的要求。

传动过程中，回转块在任何时间均由设计所对应的数量密实接触，所形成的波纹管形空腔长度不会发生变化。其中，管形波纹空腔的长度需满足完成聚氨酯泡沫料浇注后的发泡、密实、固化成型的整个过程。

安装加工要求。为保证波纹块对接时不发生偏差，首先要求波纹块有非常高的加工精度，同时模压装置上的传动、定位、辅助安装及动力组件要求同样高的加工精度，如传动轮、链轮、支撑架、连接板等。好的加工精度需要更好的安装精度进行配合，如果成型波纹块的配合精度差，有微小的错位或不规则，传动装置中波纹块的推移或链条的节距因误差积累等都会使波纹管的形状改变，就会产生错纹以及保温层偏心等缺陷。

保温层模压装置同时具有波纹成型和管材牵引的作用。波纹成型装置的关键就是成型波纹块运行轨迹的确定，先获得精确的波纹成型轨迹，然后按照这一轨迹组合模块，从而能够使成型装置正常工作，以达到最终的质量要求。当产品规格发生变化时，需要更换相应规格的波纹块。详细的模压装置设计可以参阅塑料波纹管成型装置的专利或者相关文献。

7.5 小结

柔性保温管道由于其易用性正越来越频繁地出现在我们的生产和生活中，虽然其材料成本较高，但在施工建设以及便利性方面节约了较多费用，降低了施工成本，相关文献[2]也做了成本分析（表 7-14），可见其在特定的领域中，有广阔的应用前景。

表 7-14 软管与刚性管成本比较

项目	刚性钢质工作管	柔性钢质工作管	柔性 PEX 工作管
挖沟成本 /%	20	13	13
管道材料成本 /%	16	22	18
敷设成本 /%	15	4	4
建造成本 /%	21	17	17
表面重建 /%	28	22	22
总成本 /%	100	78	74

柔性保温管成型技术，是天华化工机械及自动化研究设计院有限公司在参照聚氨酯保温管"一步法"和国外波纹保温管成型工艺基础上开发和国产化的一项技术，正逐步在国内进行推广。这项技术的成功开发，解决了柔性保温管道需要进口的瓶颈，满足了民用与工业相关领域柔性保温管道的进一步推广。

参考文献

[1] 中国城镇供热协会 . 柔性预制保温管：T/CDHA 4-2020［S］. 北京：中国标准出版社，2020.

[2] Kellner J, Zarka P，沈嵘 . 用于预制隔热软管生产的聚氨酯泡沫系统［C］// 深圳聚氨酯国际会议，2002.

[3] ASTM International. Standard Specification for Flexible Pre-Insulated Plastic Piping：ASTM F2165—2019［S］.

[4] 申开智 . 塑料成型模具［M］. 3 版 . 北京：化学工业出版社，2013.

[5] 张玉龙，张永侠 . 塑料挤出成型工艺与实例［M］. 北京：化学工业出版社，2011.

[6] 薛木庆 . 塑料管材牵引机的传动机构：CN 2830037 Y［P］. 2006-10-25.

第 8 章

高温（蒸汽）保温管道

高温管道主要指输送介质温度为 140 ～ 350 ℃ 以及高于 350 ℃ 的特殊管道，分为高温热水管道和高温蒸汽管道，在工业及民用多个领域中应用，如石油、化工、市政工程等。良好的高温绝热层可以有效地满足高温介质的热输送要求。

高温管道采用的敷设形式有架空、管沟、直埋三种。

（1）架空敷设

架空敷设主要应用于无法采用直埋或者管沟的管道，如地形复杂、地下情况复杂、地下水位高等场合，当然，蒸汽管道建设之初，采用最多的就是架空方式，因为该方式不受地下水位以及土壤情况的影响，且便于检修及管理。按照支架高度的不同分为低支架、中支架及高支架。

（2）管沟敷设

管沟敷设采用预先开挖并砌筑的管沟中敷设管道，优点是管道不受土壤等的外部压力作用，缺点是施工工作量大，工程造价高。分为通行管沟、半通行管沟和不通行管沟三种敷设方式。

（3）直埋敷设

直埋敷设是将经过预先防腐保温的管道沿着要求的线路挖沟直埋敷设在地底。

随着高温管道保温层结构形式和材料性能的改变，直埋管道的优势越来越明显，例如对于城镇集中供热直埋高温管道，具有管沟、架空无法比拟的先进性和实用性。所以本章主要针对直埋、应用温度 140 ～ 350 ℃ 的高温管道。

直埋敷设的高温（蒸汽）保温管道有三种结构形式。

① 内滑动外固定。内滑动外固定，管道工作时工作管受热胀冷缩作用发生滑移，而保温层与外护管为整体结构形式不发生位移。可以采用钢套钢结构或者塑套钢结构。

② 内滑动内固定。这种管道采用"钢套钢"结构形式，工作管与外护管为整体结构，外护钢管用以承受焊接固定支架产生的水平推力。

③ 外滑动内固定。保温材料与工作管为整体，热胀冷缩作用时，通过工作管与外护管之间的支架产生滑动，该结构保温可以设置空气层或者真空层，具有非常好的透气性和隔热性，可以采用柔性保温材料。

8.1 高温保温管道发展

8.1.1 国外高温管道

世界上第一家蒸汽管道输配公司是于 1882 年由美国创建的纽约蒸汽公司[1]，采用集中输送方式，蒸汽管道的工作压力为 1.05 MPa，介质温度为 212 ℃的高温蒸汽。

欧洲的集中供热极为发达，其中德国北部城市基尔市拥有世界上先进的集中供热系统控制技术，在 20 世纪 80 年代初就制造出耐 140 ℃、160 ℃、200 ℃的高温直埋复合保温管，到 20 世纪 90 年代已经开发出压力等级 6.4 MPa 耐 400 ℃、管径范围 DN20 ～ DN100 mm 的高温直埋管道。

丹麦的城镇集中供热绝大部分是低温热水系统，只有小部分区域采用 150 ℃高温热水管道。意大利近年高温蒸汽直埋技术也有所发展，大部分供热区域蒸汽网均采用复合保温管供热。芬兰气候严寒，集中供热十分发达，民用供热主要采用高温水，但工业用户采用蒸汽供应。随着近几年技术的发展，民用蒸汽供热也逐步扩大。

8.1.2 我国高温管道

我国高温蒸汽直埋技术从 20 世纪 80 年代开始，在国内科研院所、施工企业、装备制造企业等共同努力协作下，取得实质性突破和进展，并且规格、结构、保温材料的应用等均超过国外。

① 1985 年，天津大学牵头在天津、广州等地率先进行了 130 ～ 180 ℃蒸汽直埋管试验和相关工程设计。

② 1989 年起，我国出现蒸汽保温管工程应用实例：黑龙江省阿城区、山东济南黄台及四川绵阳的直埋"塑套钢"蒸汽管。

③ 1993 年，哈尔滨东光建筑塑料厂的"直埋式高温复合保温管"通过了黑龙江省国防科技工业办主持的专家评议。

④ 1995 年，中国科学院大连化物所"高温型直埋式预制复合保温管（玻璃钢套钢）"通过了由辽宁省经贸委主持的鉴定。

迄今为止，在国家专利局可以查询的高温（蒸汽）保温管道结构相关的专利上百件，大连、天津等多家保温管道厂可以加工多种规格、样式、不同材料的高温（蒸汽）保温管道，如内滑动保温结构、外滑动保温结构、钢套外保温结构、针刺毯保温层、气凝胶保温层、多相反射保温层等。并且已经敷设的蒸汽直埋保温管道的直径已超过 ϕ910 mm。

8.2　高温管保温层材料

低导热系数是保温材料基本的性能指标，而耐高温是高温保温材料性能的基本要求，以确保材料在长期高温下运行不发生如粉化、脆化、硬化等的变性；并且要求材料具有低体积密度、高耐压强度，满足保温层在重压、自重等条件下不发生塌陷、压裂、拖坠等；吸水率也是高温保温材料的一项基本要求，防止发生材料吸水增重、溶胀等异状发生或水汽蒸发造成爆管现象产生。因而蒸汽管道直埋保温材料必须耐高温、低密度、导热系数低、吸水率低、有一定抗压强度。

8.2.1　选择原则

（1）允许最高使用温度原则

高温管道的保温层基本以多种保温材料复合为主，要求层间接触的外层材料应用温度高于层间界面温度，例如与工作钢管接触的高温材料应高于正常工作时的介质最高温度一个数量级（标准要求）。

保温材料及其制品在长期运行时，材料应无变形、熔化、焦化、疏脆、松散、失强等现象。

（2）性能优先原则

材料的低导热系数、低体积密度、低吸水率、高抗压强度是材料选用的优先原则。

（3）成型工艺择优原则

当材料性能接近时，应当首先选用成型工艺成熟、涂层结构简单、成品率高、工人操作快捷的成型工艺。

（4）经济效益优先考虑原则

相同工况条件下，有多种保温材料、成型工艺、涂层结构进行选择时，应进行综合比较，经济效益较好的应优先使用。

（5）多层复合原则

针对高温保温层，没有一种单一保温材料可以完全满足要求，最佳保温层结构就是进行多层复合：同种无机材料复合、异种无机材料复合、无机材料加有机材料复合或保温材料与空气复合等。

高温（蒸汽）保温管道首要目的就是确保保温层结构、工作管道等在设计年限内安全、稳定运行。在此基础上，再考虑保温材料的经济性。

8.2.2 性能要求

常用的无机保温材料，虽然在架空管道上的应用较直埋高温管道应用缺陷少，但基本存在一些比较严重的缺点，这也正是直埋高温管道对材料的最基本性能的要求[2]。

① 防水性。要求高的憎水性，材料本体不吸水，材料孔隙低吸水。例如多孔的结构空间或纤维状交叠堆成的砌微孔结构进水后无法快速脱水，进水后的材料导热系数会急剧增大，复合保温层的层间界面温差迅速缩小，热渗透就会严重破坏保温结构，造成流体失温。有的材料吸水后自重变大，拖拽加剧，破坏捆扎，形成下沉、塌陷等缺陷。

② 保温性。这是对保温材料最基本的要求，主要技术参数就是导热系数，对于高温管道，导热系数越小，保温层设计厚度越小，管道的整体体积及其自重降低，减少了材料自重出现的压损。

一般要求，管道内输送介质平均温度 ≤ 350 ℃时，保温材料导热系数 < 0.14 W/(m·K)。

③ 工艺性。成型工艺是决定经济性是否合理的重要依据．对于高温管道，绝热层，特别是复合绝热层，生产、加工工艺复杂，基本以手工操作为主，容易造成质量缺陷，并且在运输、安装过程中也容易造成潜在隐患。

④ 材料热稳定性。热稳定性是耐高温材料的基本特性，耐温性差的材料，耐受长时间高温时，性能下降后会导致结构变形、撕裂，或材料本体出现粉化，或黏结剂（如瓦块结构填缝剂等）失效，破坏保温层结构。

⑤ 抗压强度。保温层材料会受到外力产生挤压，抗压强度低的材料，在管道自身或土壤的挤压过程中发生形变，造成保温层破损失效。

⑥ 耐磨性或伸缩性。因为管道在高温流体作用下热胀冷缩加剧，保温层必须采用内滑动或外滑动结构，滑动受力面的材料需要保证在近万次胀缩过程中，材料磨损小，伸缩性高，不会发生磨损和断裂现象，这样才能保证保温层结构的完整。

⑦ 体积密度低。高温保温材料为满足保温要求，保温层须达到一定的厚度，材料层越厚体积越大则整体质量越大，当材料自身强度较低时，必然引起材料下垂，牵引整个保温层形变，造成隔热不匀现象。而选用体积密度低的材料，相同体积下材料的自重就会降低。密度一般要求 ≤ 0.4 kg/m³。

8.2.3　常见高温保温层材料

（1）无机保温材料

常用的无机保温材料有岩棉（矿渣棉）及其制品、玻璃棉及其制品、硅酸钙绝热制品、硅酸铝棉及其制品、硅酸盐复合绝热涂料、膨胀珍珠岩及其制品、膨胀蛭石及其制品、泡沫石棉、泡沫玻璃、泡沫橡塑绝热制品、硅酸铝纤维纺织品。各种无机保温材料性能见表 8-1。

表 8-1　各种直埋蒸汽管用保温材料性能

材料	密度 /(kg/m³)	常温导热系数 /[W/(m·K)]	抗压强度 /MPa	最高使用温度 /℃	350 ℃时导热系数 /[W/(m·K)]	备注
泡沫玻璃	112～152	0.055	0.51	-196～300	0.12～0.15	易碎，抗热震性差，黏结用玛蹄脂耐温低
岩棉（管）	160～200	0.044	0.02	400（600）	0.09～0.12	遇水蹋落，破坏形状，高温下黏结剂挥发
改性珍珠岩（管）	200～350	0.058	0.3	650	0.10～0.12	易碰碎掉渣，保温性能低，造价便宜
硅球聚合保温材料	160～350	0.039	0.5	350	0.08～0.11	强度高，高温下黏结剂炭化
复合绝热硅酸盐	干密度 180～220	0.06～0.08	0.1	600	0.06～0.11	浆体湿涂，干收缩成型
轻质硅酸钙制品	170～240	0.051	0.4	650	0.08～0.11	耐煮沸，多次交变性能不变
离心玻璃棉	48～60	0.031	压缩（10%）0.2	538	0.05～0.09	轻质耐水，需设专门支架支撑
硅酸铝毡	80～180	0.041	压缩（10%）0.5	1100	0.07～0.10	耐高温及火燃烧

① 矿棉、岩棉和玻璃棉。最早出现的工业化纤维状保温材料。矿棉以矿渣（高炉矿渣、粉煤灰、磷矿渣等）为主要原料，经过重熔、纤维化制成的一种无机纤维材料；岩棉系人造无机纤维，是一种轻质绝热保温材料，采用天然岩石（玄武岩、灰绿岩等）为基本原料，经重熔、纤维化制成；玻璃棉采用天然矿石（石灰石、石英砂、白云石等）辅助硼砂、纯碱等化工原料熔成玻璃态，在吹制或离心（离心玻璃毡）等外力作用下甩成絮状细纤维，纤维与纤维间立体交叉，缠结在一起形成细小间隙，也可视为多孔材料，也属于人造无机纤维。岩棉、毡等软质材料在管道外部以捆扎形式完成，在高温管道上会出现保温材料滑移、下沉、脱落问题，使上下层出现严重不均匀现象，严重降低保温效果。

② 硅酸铝纤维。硅酸铝纤维以硬质黏土熟料为原料，高温熔融后喷吹成纤维

状，可以制成不含黏合剂的硅酸铝纤维毯。

③ 膨胀珍珠岩。为粉末状材料（术语：固体基质不连续气孔连续材料）。美国在 1940 年研制成功，采用珍珠岩或膨胀珍珠岩磨制而成。

④ 硅藻土和蛭石。属于粉状保温材料，由天然硅藻土、蛭石制成。

⑤ 硅酸钙。多孔性材料，从 1972 年开始使用。以 SiO、CaO 以及增强纤维等，经搅拌、加热、凝胶、成型、蒸压硬化、干燥等工序制成。产品耐热温度低于 650 ℃，并且超过 450 ℃时制品就产生裂缝、变形。

⑥ 微孔硅酸钙。多孔性材料，具有容重轻、导热系数低、抗折、抗压强度高、耐热性好、无毒不燃、可锯切、易加工、不腐蚀管道和设备等优点。由硬钙石型水化物、增强纤维等原料混合，经模压高温蒸氧工艺制成瓦块或板；可以与硅酸铝、聚氨酯等复合，是高温管道应用较多的保温材料。微孔硅酸钙尽管是绝热性能比较好的硬质保温材料，但在管道保温层应用中均以瓦块状成型，瓦块对接后拼缝涂抹密封胶，密封处理不当就会产生缝隙，管道振动会使得缝隙增大或瓦块脱开，造成较大热损失，并且硬质材料易出现破裂。

⑦ 球硅复合材料。多孔性材料。以球硅为骨料、改性泡沫为黏合剂的复合绝热材料。具有防腐性能好、高韧性、高弹性、含湿率低等特点。作为绝热材料，抗压强度高，在管道保温上应用，不会下沉、脱落（岩棉等纤维状材料的缺陷），也无热桥散热问题（硅藻土、蛭石等瓦块状材料的缺陷），材料的憎水率 99.9%，可有效防止水进入保温层。

⑧ 复合硅酸盐。复合硅酸盐未定型前呈黏稠状浆体，具备绝热材料和涂料的双重特点，可采用涂抹方式均匀覆盖至管道表面，干燥后会在管道外表面形成连续的厚浆涂层，此涂层为微孔结构，并具备一定强度、弹性，涂层表面平整，无开裂，无气泡。使用硅酸盐保温层也容易在对接部位由于管道的剧烈震动出现裂缝，使热损增大。

（2）改性聚氨酯泡沫塑料

为满足高温管道保温层的绝热效果，保温层的结构也可采用无机＋有机的复合结构，例如改性聚氨酯与硅酸钙结构涂层极性复合，得到的涂层具备良好的整体结构、抗压强度和低的吸水率以及耐温性能。

改性的硬质聚氨酯（表 8-2）泡沫塑料具有质量轻、强度较高、导热系数低、防腐性好等主要优点。并且经过改性后，能满足 140 ℃高温要求。

（3）新型特殊绝热材料——气凝胶

高温管道因为介质温度高，所以要求绝热层结构特殊，现存的材料所成型的保温层结构在使用过程中，因为高温、自重、蒸汽等原因会产生变性、粉化、扁塌、拖坠、吸水、开裂等缺陷。所以要求新的绝热材料密度小，抗压强度高，导热系数低，耐高温，长时间使用不变形、不粉化，而气凝胶就是这样一种新型材料。

表 8-2 聚氨酯材料性能指标比较

名称	密度 /（kg/m³）	导热系数（50℃）/ [W/(m·K)]	抗压强度 / MPa	吸水率 /%	闭孔率 /%	最高使用温度 /℃	备注
普通聚氨酯	≥ 60	0.033	压缩（10%）0.3	≤ 10	> 80	120，瞬时 140	泡质密匀，孔径细小
耐高温改性	50 ~ 70	0.035	压缩（10%）0.3	≤ 8	88 ~ 93	140	泡质相对硬，孔径微大

气凝胶亦称干凝胶，英文名 Aerogel，化学溶液反应形成的溶胶经凝胶化所获得，除去其中的大部分溶剂后，可获得一种充满气体空间的网状结构，这种多孔材料外观呈固体，99% 的成分是气体，所以密度极低，仅为 0.003 g/cm³，为世界上最轻的固体，其隔热性能优越，常温下的热导率在 0.011 ~ 0.016 W/(m·K) 之间。气凝胶具备很好的物理性能，同时最高可耐受 1600 ℃ 的高温 [3]，并且气凝胶保温毯在循环载荷（0.7 ~ 4.5 kPa）和最大载荷 8 kPa 作用下的热阻变化率均小于 10%，厚度变化率均小于 20%[4]。2010 年，我国把气凝胶作为保温材料应用在深海管道中。

气凝胶材料因为优异的耐高温性能和低的导热系数，相比传统的保温材料，达到同样保温效果的前提下，可以极大地减小保温层厚度。如 1 寸（3.33 cm）厚的掺入部分碳元素的硅气凝胶相当于二三十块普通玻璃的隔热性能。

气凝胶在管道上的应用，采用毯式结构进行包裹，可以称为气凝胶保温毯。

8.3　高温管道保温层结构

高温管道的运行温度通常超过 150℃，直埋热水管道中防水性能好和耐压强度高的保温材料，例如：聚氨酯（PUR，使用温度 ≤ 120 ℃）和聚异氰脲酸酯（PIR，使用温度 ≤ 150 ℃）泡沫塑料以及沥青珍珠岩等都不能直接包裹在蒸汽管道的外表面上。比较切实可行的保温方法是采用耐温较高的保温材料（如岩棉、玻璃棉、珍珠岩、微孔硅酸钙等）做内层，利用防水性能好的保温材料（如泡沫塑料）做外层的复合保温层，外面再包裹防水防腐性能好的保护层。

所以在底层无机保温层的外层增加泡沫塑料层，既可提高保温层的防水性能，又能把内外层材料与保护层粘贴在一起，使保温层不致移动，同时还能增加软质保温层的耐压强度，可收到一举三得之效果，因而，以泡沫塑料为外层材料的复合保温层，能够更好地满足直埋蒸汽管道保温工程的应用。

复合保温层的内层材料，采用软质或半硬质材料为好，因硬质保温材料在内钢管伸缩时的摩擦力作用下会产生粉末而减薄，另外，保温层厚度还要加大，材料损耗率也大。采用软质层时，在长途运输起吊装卸突然落地时，软质层有可能被内钢管压扁，可采用在保温结构中加设支撑构件的办法解决这一问题。

在使用岩棉或玻璃棉制品时，要注意所用的黏结剂。用酚醛黏结剂制造的岩棉管壳，虽然标定使用温度是 350 ℃，但在实际使用中当温度超过 270 ℃时，酚醛黏结剂就汽化产生"冒烟"现象，因此，酚醛岩棉管壳的使用温度不宜超过 260 ℃，并在通气时注意缓慢升温。当介质温度为 260 ～ 400 ℃时，应采用岩棉毡或硅胶岩棉管壳。

复合保温层的厚度除须满足保温效果的要求外，还必须保证接触的内层材料外表面温度不超过泡沫塑料的使用温度。当管道的运行温度 ≥ 250 ℃时，外层所用的泡沫塑料以采用耐温较高的 PIR 为好，这样可以减少内层厚度。泡沫塑料层的厚度一般 27 ～ 30 mm，否则将会使造价增高。

在保温管制作和施工过程中，要特别注意防止水分侵入保温层。但在安装过程中，水分侵入保温层是不可避免的。在内钢管通气时，这些水分就汽化成蒸汽，必须设法排出，否则保温结构可能产生爆裂，可在直管段两端的检查井内，预留 100 ～ 200mm 的管长暂不保温，以便保温层中水分汽化成蒸汽并由此排出。

高温管道外护层有高密度聚乙烯塑料外套管、薄壁钢质外套管（壁厚 4 ～ 6 mm）和不透水玻璃钢保护层（厚度 1 ～ 1.2 mm）。前两种保护层用于"管中管法"保温结构，对于 DN ≤ 450 mm 的工作钢管，可以采用聚乙烯外套管，当内钢管 DN ≥ 500 mm 时，可以采用钢质外套管。

8.3.1　高温保温层技术要求

直埋高温管道与普通的热水管道不一样，因为高温流体的影响，会产生很大的热应力，长期运行过程中整个管道释放热应力，这是设计时所必须考虑的，即管道保温层结构的设计必须满足热位移。

普通热水管道使用聚氨酯保温一体结构，相互之间不存在或只有微量的滑移，因此不会造成材料损坏。而高温管道的热位移，就必须满足工作管与保温层之间的自由滑移，因此普通保温管道一体化保温结构无法应用高温管道上，所以涂层只能做成非黏结包覆式保温结构，才能满足工作钢管与保温层的脱开，并且保温材料须满足高温要求。

对于高温管道，单一的保温层结构已经无法满足要求，为使得工作管至外护管之间的温度场呈现梯度变化，并使得外护管的外壁温度达到相关标准要求，就须采用多层结构，也可采用不同种类的耐温材料完成温度场的要求，因为耐低温材料往往更具备高强度和更好的密封性。

普通保温管采用硬质聚氨酯保温层外加高密度聚乙烯防护壳后，其强度足以支撑工作钢管的自身质量，所以在直埋等工况环境，并不会因为土壤挤压、管自重

（工作管质量和保温层质量）而发生形变。而满足高温管道所需要的绝热材料均为无机材料，有纤维状、粉状、多孔状，并以毡、毯、瓦的形式存在，质软或强度低、密度大，以捆扎或黏合剂黏结方式成型，并且为满足高温防护或保温要求，保温层一般较厚，当受到管道自重或挤压时，保温层发生形变或沉降，所以直埋高温管道多要求采用钢套保护层，用来约束保温层结构不致形变。

高温（蒸汽）保温管道的保温层，除要求性能优异的保温材料以外，还要求保温管道的整体结构配置具备合理性，例如多层结构、按温度场排布绝热材料等；并且要求整个保温层结构具备非常高的抗压、抗震、机械等强度；还要求外保护壳具有可靠的防腐能力以及承内压和外载荷能力。

所以直埋蒸汽管道应满足以下设计要求 [5]。

（1）工作管道在保温层内满足热效应的滑动要求

高温管道温度变化更大，在工作时的热胀现象更加明显，管道会沿轴线产生位移，所以为了充分释放管道因热胀冷缩产生的热应力，使之自由滑动，不但要求保温层与工作管或外护管之间不能成为一体结构，并且要求管道与保温层之间的摩阻最小。所以现在高温（蒸汽）保温管结构多用外滑动或内滑动结构，并且在管道与保温层之间设减阻层或滑动支架。

（2）满足保温层结构设计的温度场要求

高温管道散热面为高温（140 ～ 350 ℃），而整个管道所处环境，比如直埋的土壤环境要求所接触的管外表面温度 ≤ 50 ℃，这就要求从工作管表面开始，通过绝热层直到最外层的保护层，要求一个非常合理的温度降，否则会造成复合保温层中的低温材料（如改性硬质聚氨酯泡沫，适用温度 ≤ 140 ℃）在长期高温作用下发生粉化、炭化等。要满足理想化的温度降，完全采用绝热材料，会造成体积保温层巨大，所以采用铝反射膜或真空、空气等辅助隔热层。

（3）满足管道自重或材料自重要求

满足高温绝热要求的材料以无机材料为主，这类材料以纤维、多孔、粉状为主，密度大，强度低，满足保温计算要求的材料厚度达到 100 mm 及以上，在自重下绝热层容易压扁或压碎，这种超厚保温层设置时，需要采用钢套外管，并设置内支撑架。

（4）满足输送介质温度要求

高温管道的温度范围有高温、超高温之分，例如 140 ℃以下的管道，可采用改性聚氨酯保温管，200℃以下管道可以选用改性聚氨酯加无机保温层，高于 200 ℃则可采用全无机绝热材料管道。

（5）钢套钢保温管满足外防腐要求

高温保温管道采用的钢套管直接接触敷设环境中，发生腐蚀穿孔、破裂等，腐蚀介质或水等会通过破损点渗入保温层，造成保温层失效以及内工作管的腐蚀，所以要求外套管必须添加防腐蚀涂层。

8.3.2 高温保温层设计要求

（1）工作管或外护管要求

工作管因为输送带压高温介质，必须选用满足标准要求的钢质管道，单根钢管不应有环焊缝。

外护管可以采用玻璃纤维增强塑料外护层、钢管、高密度聚乙烯外护管或其他符合设计要求的外护层，但建议选用钢外护管。

钢质工作管和外护管要求的参数见表 8-3。

表 8-3　钢质管道（工作管、外护管）具体参数

钢号	蒸汽设计温度 /℃	钢材厚度 /mm	适用范围
Q235B	≤ 300	≤ 20	工作管、外护管
20、16Mn，Q345	≤ 350	不限	工作管

按照高温管道的相关要求及其钢质管道的相关标准选用公称尺寸及壁厚符合设计要求的钢外护管，带空气层的须满足管道的外径与最小壁厚之比 ≤ 100，钢管外径的变形量 ≤ 3%。无设计要求的，其外径和壁厚之比 ≥ 140[6]。

工作管与钢外护管的轴线偏心距不得超过表 8-4 规定。

表 8-4　工作管与钢外护管轴线偏心距误差要求 [7]

外护管外径 ϕ/mm	最大轴线偏心距 /mm	外护管外径 ϕ/mm	最大轴线偏心距 /mm
180 ≤ ϕ < 400	≤ 4.0	ϕ ≥ 630	≤ 6.0
400 ≤ ϕ < 630	≤ 5.0	—	—

采用玻璃钢外护，其长期耐温性能 ≥ 90 ℃，其最小壁厚须满足刚度以及冲击载荷的要求，参数值为：外径与壁厚的比值 ≤ 100，最小壁厚 ≥ 3 mm[6]。

聚乙烯外护管须满足 GB/T 29047 标准要求。

标准 SY/T 0324 规定的工作管与外护管（包括钢外护、聚乙烯外护和玻璃钢外护管）的轴线偏心距见表 8-5，与表 8-4 有一定偏差。

表 8-5　外护管与工作管的最大轴线偏心距 [8]

外护管外径 D/mm	最大轴线偏心距 /mm	外护管外径 D/mm	最大轴线偏心距 /mm
160 ≤ D ≤ 400	5.0	800 < D ≤ 1400	14.0
400 < D ≤ 630	8.0	1400 < D ≤ 1700	18.0
630 < D ≤ 800	10.0	—	—

（2）材料要求

① 无机保温材料。可选用硅酸钙制品、玻璃棉制品、离心式高温玻璃棉毡、气凝胶毡等。无机保温材料导热系数见表 8-6，无机保温层基本性能见表 8-7。

表 8-6　无机保温材料导热系数

材料导热系数 / [W/(m·K)]	平均温度 70 ℃	平均温度 220 ℃
	< 0.06	< 0.08

表 8-7　无机保温层基本性能要求

性能	密度 / (kg/m³)	含水率 /%	抗压强度 /MPa	抗折强度 /MPa	溶出的 Cl⁻ 含量 /%
硬质保温层	≤ 300	≤ 75	≥ 0.4	≥ 0.2	≤ 0.0025

材料性能要求如下：

a. 热导率小。要求输送介质的平均温度≤ 350 ℃时，热导率≤ 0.12 W/(m·K)；

b. 密度小。满足最佳的体积质量，要求密度≤ 400 kg/m³；

c. 具有一定的抗压强度。硬质成型制品的抗压强度≥ 0.294 MPa；

d. 含水率低。要求质量分数不得大于 7.5%；

e. 还需要符合国家相关规范、标准规定。

② 有机材料。高温管道复合保温层所采用的有机涂层采用改性硬质聚氨酯泡沫，其泡沫结构、泡沫密度、压缩强度、吸水率和导热系数应符合 GB/T 29047 的规定。

③ 辐射隔热层。辐射隔热层的反射率要求大于 50%，选用铝质量分数≥ 99.6% 的软质退火铝箔。

④ 防腐层。采用钢质外护管必须进行外防腐，防腐层满足设计要求，如耐温性能应≥ 70 ℃。抗冲击强度应≥ 5 J/mm 等。可以采用 FBE、三层 PE 防腐层。

（3）设计要求

接触工作管绝热材料的最高使用温度要求比工作管内蒸汽（工作介质）温度高 100 ℃，并且要求所设计的保温层结构及其厚度确保管道在满足其运行工况条件时，管外表面温度≤ 50 ℃。

当采用复合保温层结构时，各绝热材料层之间的界面温度不应大于外层绝热材料安全使用温度的 0.8 倍，即可以按照温度场选择耐不同温度的材料。复合层中选择有机保温层，有机 - 无机保温层界面温度不超过 100 ℃，有机材料的耐受温度须高出界面温度 20 ℃。

高温管道保温层允许散热损失见表 8-8[7]。

表 8-8 允许散热损失

工作介质温度 /℃	150	200	250	300	350
允许散热损失 / [kcal/(m²·h)]	50	60	77	96	126

（4）保温层结构

单一单层绝热材料层，适用较低温度的绝热要求；单一多层或多种多层的绝热材料复合层，选用一种材料进行多层复合或多种材料进行复合；增设辐射隔热层、空气层或抽真空的复合层。

（5）保温层设计

选用同一种绝热材料时，按照设计计算，同种保温材料应分层敷设，且单层厚度≤ 80 mm，并要求各层材料厚度尽量相等[6]。辐射隔热层宜设置在保温层的高温区域。

真空层厚度 20 ～ 25 mm，真空度≤ 0.2 MPa。

（6）设置排潮管

虽然高温管道的绝热材料对吸水率有一定的要求，但不可避免地含有一定的水汽，当受热后，吸收的水汽会蒸发，在成型的管道内部聚集，产生巨大的内压力。介质温度越高，压力越大，水汽会因体积膨胀对保护壳产生巨大压力，当保护壳承受不了水汽的压力时，会产生爆裂现象，引发事故。所以，为了避免产生以上现象，须在保温层上设置了排潮管，其根部通到空气层，外部通往大气。这样，当蒸汽管道受热升温后，空气层中的空气会由于体积膨胀而排出，水汽也会随之被排往大气，这样就保证了保温管的安全运行。

（7）成品保温管要求

保温管总体抗压强度应≥ 0.08 MPa，设计时，要求在此载荷作用下保温管结构不被破坏。

因为热胀冷缩作用，工作管相对于外护管进行轴向滑动时，不应有卡涩现象或其他约束行为存在。

保温管无外载荷时的移动推力与加 0.08 MPa 载荷时的移动推力之比应≥ 0.8。

8.3.3 高温保温管结构形式及实例

高温管道要获得良好的保温效果，除了选择最佳绝热材料的之外，其关键环节是绝热结构层形式的选择。高温管道的保温层不同于常规保温管道，不但需要考虑温度场的变化，还要考虑防腐防潮及防水。在绝热材料的热变形系数与钢质管道相差较大时，还须考虑滑动层或伸缩缝的设置。

流体输送的保温管道基本结构为：工作管 - 保温层 - 外护管。对于高温管道，工作管首先选用满足高温流体输送的钢质管道，热胀冷缩时能沿轴线方向自由移动，外护管需要能够支撑一定的外部载荷，并保证工作管的滑移要求，并且其外层结构满足防腐蚀、水侵蚀要求。

　　所以高温管道保温层结构首先满足绝热要求，其次满足支撑保温层自重的要求。要求保温层结构应包括：防腐层、滑动层、绝热层、防水、防潮层、辅助层、支撑架、外护层等。

8.3.3.1　高温保温管结构形式

　　我国相关标准规定的直埋高温管绝热层结构见表 8-9 ～表 8-11。

表 8-9　按保温形式分类的保温结构 [8]

序号	保温形式	保温结构
1	不带反射层有机 - 无机复合保温	工作管—保护垫层—无机保温层—有机保温层—外护管
2	带反射层有机 - 无机复合保温	工作管—保护垫层—无机保温层—铝箔（布）—有机保温层—外护管
3	不带反射层无机保温	工作管—无机保温层—空气层—外护管
4	带反射层无机保温	工作管—无机保温层—铝箔（布）—无机保温层—铝箔（布）—空气层—外护管
5	有机保温	工作管—有机保温层—外护管

表 8-10　按滑动形式分类的保温结构 [6]

形式	保温结构
内滑动	工作管—保护垫层—硬质无机保温层—有机保温层—外护管 - 保温层（防腐层）
	工作管—保护垫层—硬质无机保温层—铝箔（布）—有机保温层—外护管—（保温）防腐层
外滑动	工作管—无机保温层—铝箔（布）—无机保温层—铝箔（布）—空气（真空）层—外护管—（保温）防腐层
	工作管—无机保温层—空气（真空）层—外护管—（保温）防腐层

表 8-11　保温层结构表 [3]

保温层形式	保温层结构		备注
单层微孔硅酸钙瓦 + 单层毡（岩棉）保温结构	内层为微孔硅酸钙瓦，外层为复合硅酸盐毡的软质材料	内层微孔硅酸钙瓦保温材料与外层软质材料结合使用的保温结构不能使两者形成有机的整体	普遍存在保温材料下沉，受管道内蒸汽压力波动、水力冲击、人为在管道上踩踏等影响，造成架空管道振荡，致使软质保温材料发生变形、滑移、下沉

续表

保温层形式	保温层结构		备注
保温毡结构	复合硅酸盐毡直接包裹在管道外壁上	保护层采用沥青玻璃丝布 + 玻璃丝布刷防水漆的防护措施	管道振动同样也会造成保温材料下沉，使保温管道上部热损失增大。此外，多层型材对接处存在缝隙，振动后缝隙增大，使热量损失严重
双层瓦块保温结构	采用微孔硅酸钙预制瓦块双层嵌套的保温结构保温注汽管道，使保温材料与管道形成一个整体	外覆沥青玻璃丝布 + 玻璃丝布刷漆	保温层不下沉，不开裂，只要瓦块连接处接缝处理得当，不漏缝隙，保护层不破损，则基本能够满足表面热损小、结构稳定的要求
管壳保温结构	复合硅酸盐管壳（棉）	管壳这种保温材料，连接处一般采用涂料固定接缝	裂缝多，保温材料开裂的情况比较普遍，保温层厚度上、下不均匀
无机复合有机保温层	无机层 + 聚氨酯		低温结构管

高温（蒸汽）管道运行过程中介质的高温态以及热胀冷缩是其基本特点，所以保温层的复合结构、高强度的保护层是其基本要求。

8.3.3.2 保温层结构描述

前面在相关材料中已经描述过，没有一种单一的绝热材料能够满足高温（蒸汽）管道的要求，所以确定的保温层结构是复合结构。

（1）涂层简介

① 保温层。无机绝热材料是高温管道最佳保温材料，承受 0.2 MPa 压力下的相对变形不超过 6% 时为硬质材料，相对变形在 6% ~ 30% 时为半硬质材料，相对变形超过 30% 时为软质材料。软质材料质轻、导热系数低，多以毡、毯形式存在，可以严密地包裹在管道表面，在管道表面形成全覆盖，并且受到热胀冷缩影响小，可以抵消热胀冷缩；硬质材料密度大，抗压，可以作为管道的支撑结构，一般按照管径要求制作卡瓦结构，包覆是采用两片或三片卡瓦进行卡箍，用高温密封胶进行密封，会出现纵向缝和环状缝，虽然可以采用不锈钢带进行捆扎，但纵向缝、环状缝为缺陷所在，所以最佳的高温管道保温层结构多采用软质和硬质复合，其保温层性能比较见表 8-12。

表 8-12 传统软质保温结构与硬质保温结构保温性能比较

性能	软质（玻璃棉等）保温结构	硬质（硅酸钙等）保温结构
导热系数 / [W/(m·K)]	0.03 ~ 0.06	0.06 ~ 0.13
产品	毡、毯	瓦、砖
成型	捆扎	密封胶、捆扎

续表

性能	软质（玻璃棉等）保温结构	硬质（硅酸钙等）保温结构
整体性	好。错缝缠绕、搭接	差。扣合、对接
完整性	易变形、下沉、坍塌	不变形，结构稳定
漏热	整体性好，管端易出现	砖块缝隙处和接头处
热位移	较好	差
保温性能	较好，稳定性差	略差，性能稳定

　　保温材料是绝热保温的基础。高温管道中的保温层结构中，采用无机绝热材料多层复合或无机材料复合有机保温材料是最基本的结构形式。为满足降低热损和隔热的设计计算要求，单纯采用绝热材料，材料层因过厚而造成材料浪费、套管直径增大、管道整体超重等缺点，就需要在保温层中复合反射层，增加空气层等，以增加保温效果而降低材料损耗。

　　② 无填充层。无填充层至保温层间充填气体或无气体层，主要分三种：一是自然状态下的空气层，二是达到一定真空度；三是充填氩气（除特殊环境）。

　　a. 空气层。空气的导热系数在气、液、固三态中最小，所以空气层是良好的绝热材料，因此合理的空气层可以提供更大的热阻，并且冷热壁面完全不接触，可消除固相导热。对于高温管道，如果能够采用空气层可以更好地提供保温效果，实验证明，采用空气层高温管道（介质温度 300 ℃），热损失比不采用的保温管降低 20%～22%，并且空气层的存在可以更加合理地满足排潮要求。

　　b. 真空层。真空层是指对设置的空气层进行抽真空形成一定的真空度。真空层可以通过降低空气对流散热以及自身比空气层有更低的导热系数来降低热损、提高热效率；可以有效地排除保温材料中的空气和水分，减少钢外套管内壁的腐蚀。实际测试中，真空层的绝对压力 ≤ 0.2 MPa，真空保温管道的保温效果就明显提升。相比较空气层的设置，高温管道可以减少排潮管数量。

　　多孔粉末材料和无机纤维材料，在常压下就有很好的保温性能，由多孔粉末材料或无机纤维材料组成的保温层，对其再抽真空后．随着真空压力的变化其保温性能可提高几倍到数十倍。导热系数变化几倍到上百倍[9]。

　　c. 氩气层。在形成一定真空度的空气层中充填氩气，起到空气所达到的低导热保温效果，并且惰性气体也可防止钢套管道内壁发生腐蚀。在绝大多数的管道保温层中并不采用。

　　③ 反射层。高光类材料对热辐射的阻碍能力非常强。反射层就是在各保温层（相同或不同材料）之间增设耐温的高光反射层，隔绝或降低辐射传热能力。不同保温材料，密度等性能有差异时对辐射换热的阻挡能力不同，高光学厚度的材料（如硅酸镁纤维毡类）对热辐射的阻碍能力较强，而其他材料（如高温玻璃棉类）则相对较弱。所以对于高光学厚度的保温材料，反射层能够有效提升保温性能[10]。

④ 外保护层。高温（蒸汽）管道在运行过程中，强大的热流或会对保护壳形成一定的内压力，并且在直埋时，还要求承受外载荷和管道自身载荷，所以必须有一定的刚度和强度。目前采用的外保护层主要有三种：高密度聚乙烯（HDPE）套管、钢套管、玻璃钢套管。

其中 HDPE 耐温能力较差，如果热流外泄，外护管很容易蠕变破坏，只能适用于外壳要求温度≤ 50 ℃的保温管。玻璃钢其耐温能力（≤ 90 ℃）较强，相比较 HDPE 机械强度低，易局部开裂或外力破坏。钢管因为其刚度高，所以可作为直埋蒸汽管道理想的外护管，但在使用时需要进行外防腐和内壁防腐。

（2）涂层基本结构

① 无机＋有机绝热复合结构。有机材料多采用硬质聚氨酯。采用无机隔热层加改性硬质聚氨酯保温层，工作管外涂覆耐高温防锈涂料，并涂抹无机滑动层，以确保热胀冷缩时工作钢管的自由滑动，无机绝热材料一般选用软质材料错缝裹缠，不锈钢丝捆扎，为降低保温层厚度，防止高温损坏聚氨酯保温层，可以在无机层与有机层之间增加铝箔反射层。这种结构常用于≤ 220 ℃的高温管道。

② 外空气层复合结构。采用"钢套钢"外滑动形式，工作钢管涂刷耐高温防锈涂料，并安装支撑环以支撑外套钢管，确保热胀冷缩时工作钢管的自由滑动，在外套管与工作管之间逐层安装无机保温层、反射铝箔和预留空气层，在套管外部涂覆防腐层。无隔热层也可以采用多层无机绝热材料进行复合，并在层间加装反射层，以减小整体保温层的厚度。

③ 内空气层复合结构。工作钢管涂覆高温涂料后安装耐高温垫块，垫块外部裹缠无机滑动层和反射层，在反射层与高温涂料层之间形成空气层，反射层外部逐层安装无机高温层、反射层和无机保温层或硬质聚氨酯层。

8.3.3.3　保温管分类

一般的高温（蒸汽）保温管结构为：塑套外护高温复合保温管道、玻璃钢外护高温复合保温管道、"钢套钢"外护高温复合保温管道、"钢套钢"内外复合高温保温管道。其中"钢套钢"高温管道是高温流体介质输送保温管外护的最佳形式，"钢套钢"结构指的是采用钢质管道作为保温管的外防护管道，以增强整个管道的耐压强度，不易损坏且能承受较大土壤载荷，如果结构设计合理，可以约束运行管道保温层形态，降低发生形变的概率。

（1）塑套外护高温复合保温管道

外护层多采用高密度聚乙烯（HDPE），在实际应用中，因为其耐温能力太差，当保温层结构发生局部缺陷而造成热流外泄时，很容易造成 HDPE 层因发生蠕变而鼓胀破坏，所以一般情况下已经不采用其作为蒸汽管道保温的外护层。如果较低温度蒸汽管采用无机绝热层加聚氨酯复合保温层结构，HDPE 涂层未必不可采用，但一定要防止保温层出现缺陷。

结构举例和性能说明见表8-13[11]。

表 8-13　内滑动塑套结构举例　　　　　　　　　　　　单位：mm

规格参数	工作钢管	减阻层厚度	离心玻璃棉保温层厚度	聚氨酯保温层厚度	HDPE 护管
	$\phi 426 \times 8.0$	5	147	36	$\phi 830 \times 14$

注：上述结构管道输送温度≤180℃的高温介质，高密度聚乙烯外护管的使用温度≤50℃。

塑套或玻璃钢保温管结构如图8-1所示，包含工作钢管、防锈层、滑动层、复合保温层和高密度聚乙烯或玻璃钢外保护层。

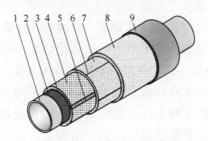

图 8-1　塑性（玻璃钢）复合保温管道结构图

1—工作钢管；2—高温防锈漆；3—无机润滑层；4—无机隔热层；5—胶条（密封带）；6—高温黏合剂；
7—无机保温层；8—硬质聚氨酯保温层；9—塑套（玻璃钢）保护层

（2）玻璃钢外护高温复合保温管道[11]

采用高强纤维玻璃钢做保温管的外护层，耐温能力远高于聚乙烯，为塑套管道的增强型。外护层采用缠绕法加工工艺，可以箍紧在成型的保温层表面，增加了整个保温层强度，防止其发生形变。

如同"钢套钢"的内滑动结构，滑动层可使隔热层与工作钢管相互滑动。复合保温层结构是与工作管接触的无机绝热材料外涂覆硬质聚氨酯泡沫保温层，贴附在无机保温层外表面的铝箔反射层，阻挡辐射，降低聚氨酯层接触面温度，并且可以降低一部分热损失。在≤200℃的较低温管道中，可使用此保温结构[12]。

结构举例和性能说明见表8-14、表8-15。

表 8-14　内滑动玻璃钢套钢结构举例（1）[11]　　　　单位：mm

规格参数	工作钢管	减阻层厚度	离心玻璃棉保温层厚度	聚氨酯保温层厚度	玻璃钢护管
	$\phi 426 \times 8.0$	5	147	36	$\phi 826 \times 12$

注：上述结构管道输送温度≤180℃的高温介质。

表 8-15　内滑动玻璃钢套钢结构性能说明[11]

结构名称	功能	结构特点
纤维缠绕玻璃钢外护管	防水、承载、保护	防水性能好，承载性能好，满足正常工况（壁厚应按照承载要求计算）
聚氨酯保温层	保温隔热、辅助承载	低温区保温隔热性能好，辅助承载性能好，压缩强度符合结构要求
玻璃纤维铝箔复合反射层	较小辐射传热、紧固玻璃棉	双层缠绕安装
微孔硅酸钙瓦保温层	高温保温隔热	高温隔热性能好，吸水率高，吸水后强度明显下降，易碎
减阻层	减小芯管滑动阻力	纤维类材料减阻

（3）"钢套钢"内滑动复合保温管

钢套保温管道的简化结构为工作钢管 - 保温层 - 外护钢管，管道在高温热流体作用下，工作钢管在轴向会发生滑移。按照绝热要求对环境的影响，外护管外层最终温度≤50 ℃，所以不会产生较大的热胀冷缩现象。而作为保温层的绝热材料，因为材料特性，其热胀或收缩率与工作管完全不同，所以为满足耐高温长期运行要求，钢套保温管的结构设计必须满足工作钢管相对于外护钢管的滑移，要求其与保温层和外护管为非黏结脱开状态，结构之一即为内滑动结构：保温层与外护钢管为一体结构，工作钢管与保温层为自由滑动结构。

复合保温管结构形式如图 8-2 所示，涂覆耐高温防腐漆的工作钢管，中间隔热保温层和涂覆防腐层的外护钢管，隔热保温层与工作钢管之间的高温漆表面涂覆无机减阻层（如硅酸铝等），降低管道滑动摩阻，并降低保温层牵引破损的概率，隔热保温层采用无机绝热材料贴附减阻层表面，采用密封胶（硬质瓦）及捆扎或错缝捆扎（柔性保温材料）形成无机隔热层，在无机隔热层外可以捆扎二次保温层或采用硬质聚氨酯发泡成型保温层，为降低热传导，可以在隔热层和保温层界面缠绕或贴附反射铝箔，最后采用带有防腐层的钢套管进行穿套，形成内滑动高温复合保温管道。

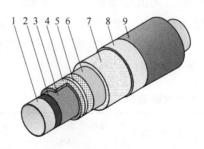

图 8-2　内滑动（钢套钢）蒸汽复合保温管结构

1—工作钢管；2—耐高温无机富锌漆；3—硅酸铝减阻层；4—微孔硅酸钙无机绝热层；
5—捆扎带；6—铝箔反射层；7—硬质聚氨酯保温层；8—钢套外护管；9—防腐、防护层内滑动式"钢套钢"保温管特点如下。

优点：主要用于硬质的保温材料中，保温效果好，管道自重较轻，外套管受力情况良好，工作钢管与外护管之间可以不设支承环（内支撑结构），无热桥效应，外护管的内壁不易被腐蚀（采用聚氨酯黏结层时）。

缺点：排潮性能较差，热流的外泄问题难以处理。工作钢管质量全部落在无机隔热层上（可以设计内滑动支撑结构），很容易被工作管滑动及质量所损坏；管道端部防水密封必须牢固可靠，防止无机隔热层进水。

结构举例和性能说明见表 8-16、表 8-17[11]。

表 8-16　内滑动钢套钢结构举例　　　　　　　　　　单位：mm

规格参数	工作钢管	减阻层厚度	离心玻璃棉保温层厚度	聚氨酯保温层厚度	钢外护管	纤维缠绕增强玻璃钢外防腐层
	$\phi426 \times 8.0$	5	147	36	$\phi818 \times 8.0$	3

表 8-17　内滑动钢套钢结构性能说明

结构名称	功能	结构特点
纤维缠绕玻璃钢外防腐层	防水、防腐	防水性能好、耐温，满足正常运行工况
钢外护管	承载、保护	承载性能好
聚氨酯保温层	保温隔热、辅助承载、钢导管内防腐、固定硅钙瓦	低温区保温隔热性能好，辅助承载性能好，压缩强度符合结构要求
玻璃纤维铝箔复合反射层	较少辐射传热、紧固玻璃棉	双层缠绕安装
微孔硅酸钙瓦保温层	保温隔热	高温隔热性能好、吸水率高、水洗后强度下降明显、易碎
减阻层	减小芯管滑动阻力	纤维类材料减阻

（4）"钢套钢"外滑动复合保温管[11]

外滑动蒸汽保温管道，保温隔热层裹敷在工作钢管表面，成为准一体结构，当受到热胀冷缩作用时，工作管带动保温隔热层同步滑动，而外层钢套管则在结构上与保温隔热层脱开，形成工作钢管带动保温隔热层整体相对于外防护钢管滑动的结构。

外滑动蒸汽保温管道结构形式如图 8-3 所示。工作钢管表面涂覆防腐蚀耐高温漆或涂料，在固化的涂层表面按照外护管内径相适应尺寸安装滚动或滑动支架，在耐高温涂层表面交错裹缠无机绝热层，为进一步隔绝热量传导，绝热层表面缠绕反射铝箔，套入已经做好防腐层的外护钢管，并在外护钢管内壁与无机隔热层（贴附铝箔）之间形成空气层，外管自身质量承压在内支架上。

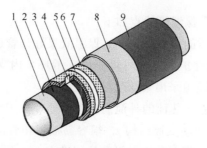

图 8-3 外滑动（钢套钢）蒸汽保温管结构

1—工作钢管；2—耐高温无机富锌漆；3—耐高温玻璃棉；4—滑动导向架；5—捆扎带；6—铝箔反射层；
7—真空（空气）层；8—钢套外护管；9—防腐、防护层

外滑动高温复合保温管特点如下。

① 优点。增加了空气层，空气与固体有机材料相比，空气的导热系数更低，无热对流，在高温管道的复合绝热层上，把空气作为隔热层可以达到最佳的保温效果，也可以把这个空气层抽真空或注入氮气增加保温效果，所以保温效果好；

因为空气层，所以排潮性能好，其结构以保证热流不外泄；

内部支架避免保温隔热层受压发生破损、变形，降低隔热效果。外护钢管承载在滑动或滚动支架上，管道滑动平滑。抗震，外滑动不会因管道振动而产生保温层碎裂的问题。

② 缺点。需要采用软质绝热材料，以减轻工作管热胀冷缩对材料特性和结构的影响；外套管厚度较厚，管道自重较重；采用内支架，有热桥产生，支架需要采用特殊隔热结构和材料。

结构举例和性能说明见表 8-18、表 8-19[11]。

表 8-18 外滑动钢套钢结构举例（1） 单位：mm

规格参数	工作钢管	离心玻璃棉保温层	空气层	钢外护管	纤维缠绕增强玻璃钢外防腐层
	$\phi 426 \times 8.0$	190	15	$\phi 837 \times 8.0$	3

表 8-19 滑动／滚动导向钢套钢结构性能说明

结构名称	功能	结构特点
纤维缠绕玻璃钢外防腐层	防水、防腐	防水性能好，耐温，满足正常工况要求
钢外护管	承载、保护	承载性能好
空气层	均热、排潮通畅	外钢管温度均匀；排场通畅；厚度 ≤ 20 mm
玻璃纤维铝箔复合反射层	减少辐射传热、紧固玻璃棉	双层缠绕安装
离心玻璃棉保温层	高温保温隔热	高温隔热性能好、浸水干燥后几何尺寸及物理性能无明显变化

续表

结构名称	功能	结构特点
滑动导向支架	钢导管热位移导向、支撑	导向性能好；芯管基本自由位移；支撑芯管质量；保护玻璃棉保温层
高强隔热环	减少支架热桥效应	强度好，隔热作用明显

（5）内空气层复合高温管道

　　工作钢管外壁设置隔热空气层，具体结构如图 8-4 所示。在同等保温隔热层的厚度下，增加了隔热效果，并且在高温管道（≥200 ℃）的管道上复合了硬质聚氨酯保温层，通过空气层、多层反射铝箔，降低了聚氨酯与无机纤维层间的接触温度，降低了聚氨酯层的热损伤，更进一步优化了硬质聚氨酯保温层的保温效果。

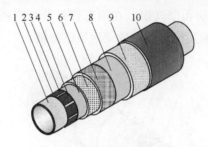

图 8-4　内空气层复合高温管道

1—工作钢管；2—耐高温支垫；3—空气层；4—无机润滑层（耐高温防腐涂料）；5—反射辐射层；6—无机复合高温层；7—无机纤维层；8—铝箔反热辐射层；9—硬质聚氨酯层；10—玻璃钢外护壳

　　内空气层复合高温管道结构：增设的空气层把工作管道上的耐高温涂层和无机润滑层与无机保温层隔离，并在无机保温层内贴附第 1 层铝箔反射层，在无机保温层外覆盖的无机纤维层之间缠绕第 2 层铝箔反射层，并在涂覆硬质聚氨酯层前缠绕第 3 层铝箔反射层，最后在整个保温隔热层外壁缠绕玻璃钢保护层。

　　该结构首先采用了空气层作为耐高温第 1 层，大大降低了热传导；采用了多层无机材料层和聚氨酯保温层复合，并采用三层铝箔反射膜覆盖，大大降低了热量的传导，保温效果优异；采用玻璃钢外护层，降低了整个保温管的自重，减小了保温隔热层压损等外力破坏。但这种涂层，结构比较复杂，成型工艺不易掌握，并且必须确保玻璃钢涂层的严密性，防止外部水的渗入，按此结构推算，可以采用聚乙烯防护层。

　　结构举例和性能说明见表 8-20[11]。

表 8-20　内滑动玻璃钢套钢结构举例（2）　　　　单位：mm

规格参数	工作钢管	减阻层厚度	空气层厚度	无机复合保温层厚度	无机纤维层厚度	聚氨酯保温层厚度	玻璃钢护管
	$\phi 426 \times 8.0$	5	15	80	67	36	$\phi 837 \times 12$

（6）外复合钢套保温管

高温（蒸汽）管道运行期间，防止管内热介质的温度散失是一项重要的指标要求，也必须满足管道外壁的温度不得影响管道所处的外部环境，还须防止发生蒸汽伤人事故。在常用的保温材料中，硬质聚氨酯泡沫物料在导热系数、抗压强度、涂层整体连续性上具有其他绝热材料所不具备的优势，但其缺点也非常明显，耐高温性能差，即便经过改性，其最高温度也不得超过 150 ℃，最佳运行温度须在140 ℃以下。并且针对带有空气层的外滑动保温管道，其成型存在极大困难。而钢护套外复合聚氨酯层复合结构，恰恰满足了上述要求。

保温层结构如图 8-5 所示，带有高温防腐漆的工作管道，适应外护钢管的导向支架安装在防锈漆外，在钢护套管和工作管之间由内向外依次涂覆耐高温防锈漆、无机隔热层、铝箔反射层和空气层，在钢套管外壁和高密度聚乙烯塑套管或玻璃钢防护壳之间充填聚氨酯发泡材料形成硬质聚氨酯层。

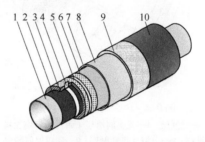

图 8-5　复合（钢套钢）保温管道结构图

1—工作钢管；2—高温防锈漆；3—无机保温层；4—滑动支架；5—捆扎带；6—铝箔反射层；7—空气层；
8—钢外护套管；9—硬质聚氨酯保温层；10—保护层（纤维增强缠绕玻璃钢、高密度聚乙烯）

结构特点：外滑动式结构，含有绝热效果最佳的空气层；钢套管外壁涂覆硬质聚氨酯泡沫层，增加保温效果，防止热量外泄，满足环境温度要求；强度高，因为硬质聚氨酯的保护，不会压损保温层结构。缺点是结构复杂，造价高。只能用在特殊场合。

结构举例和性能说明见表 8-21、表 8-22[11]。

表 8-21　外滑动钢套钢结构举例（2）　　　　　单位：mm

规格参数	工作钢管	离心玻璃棉保温层	空气层	钢外护管	聚氨酯保温层厚度	纤维缠绕增强玻璃钢外护管
	$\phi426 \times 8.0$	147	15	$\phi743 \times 4.0$	36	$\phi837 \times 11.0$

表 8-22　滑动／滚动导向 A 类复合结构性能说明

结构名称	功能	结构特点
纤维缠绕玻璃钢外护管	防水、承载、保护	防水性能好、承载性能好、耐温，满足正常运行工况（壁厚依据承载要求设计）

结构名称	功能	结构特点
聚氨酯保温层	保温隔热、辅助承载、钢导管外防腐	低温区保温隔热性能好，辅助承载性能好，压缩强度符合结构要求
外护钢导管	芯管热位移导向、辅助承载	内、外防腐通过结构及参数设定解决；防止聚氨酯层进水
空气层	均热、排潮通畅	钢导管温度均匀、排潮通畅、厚度≤15 mm
玻璃纤维铝箔复合反射层	减小辐射传热、紧固玻璃棉	双层缠绕安装
离心玻璃棉保温层	保温、隔热	高温隔热性能好；浸水干燥后几何尺寸及物理性能无明显变化
滚动导向支架	钢导管热位移导向、支撑	导向性能好；芯管基本自由位移；支撑芯管质量；保护玻璃棉保温层

8.3.3.4　高温保温管结构实例

国内外直埋式高温管道的结构形式和相关参数见表 8-23～表 8-28。

表 8-23　直埋式预制高温保温管结构及主材性能 [1]

项目	国外	国内
基本结构	基本全是钢套钢结构	钢套钢、塑（或玻璃钢）套钢结构
内钢管	①无缝钢管 ②直缝钢管 ③螺旋焊钢管	材质：Q235B（≤300℃）；20、16Mn、Q345（≤350℃）；结构：无缝、电弧焊或高频焊接钢管（直缝、螺旋焊）
保温层	①泡沫玻璃；②矿物石棉；③硅酸钙瓦；④空气（环间夹层）；⑤聚氨酯；⑥壳抽真空或充0.33 MPa的N_2；⑦滑动轴承支架	结构：单一绝热层或多层复合；密度要求：硬质保温材料密度≤300 kg/m³；软质、半硬质材料密度≤200 kg/m³；材料：①离心式高温玻璃棉毡、岩棉；②气凝胶毡；③高温聚氨酯；④空气或真空层
外护层	钢管	①钢管 国家标准钢管：钢管、螺旋焊钢管、镀锌焊接钢管；非标钢管：无缝、直缝焊钢管Q235B（≤300℃）。②玻璃纤维增强外护管（抗拉强度≥15 MPa）长期耐温≥90℃。③高密度聚乙烯外护管

项目	国外	国内
防腐层	外护钢管须覆盖防腐层： ①多层环氧煤沥青层； ②再采用耐酸碱腐蚀 HDPE 保护层	外护钢管须覆盖防腐层： 防腐层要求：长期耐温 ≥ 70 ℃，抗冲击强度 ≥ 5 J/mm； 防腐层材质： ① HDPE； ②环氧粉末层； ③聚脲涂层（绝少采用）； ④环氧煤沥青层（正在淘汰）； ⑤纤维增强玻璃钢防腐层（逐步取代）

表 8-24　国外直埋高温保温管结构（200 ℃蒸汽，20 世纪 80 年代）

结构层	结构 1	结构 2
工作钢管	无缝管	无缝管
保温层及其结构（内向外）	①泡沫玻璃［ρ=140 kg/m³，λ_{25}=0.056 W/(m·K)］； ②铝箔（0.04 mm）； ③玻璃丝布三层沥青胶（捆扎）； ④聚氨酯（ρ=60～90 kg/m³，耐温 140 ℃）	①硅酸钙：λ_{25}=0.05W/(m·K)。耐温 1000 ℃。 ②空气层（抽真空，充 1.3bar N_2）
外护管	镀锌铁管或合金钢管	螺旋焊钢管
防腐层	—	三层环氧煤沥青（玻璃布）δ=2.5 mm，耐 7000 V 检漏电压

表 8-25　国外直埋高温保温管结构（400 ℃蒸汽，20 世纪 80 年代）

结构层	结构 3	结构 4
工作钢管	无缝管	无缝管或有缝管
保温层及其结构（内向外）	①矿物石棉［λ=0.031 W/(m·K)，耐 600 ℃，不锈钢带间隔 25cm 捆扎］； ②滑动或滚动支架； ③真空层（运行保持真空状态）	①硅酸钙：λ_{20}=0.056 W/(m·K)； ②耐高温聚氨酯［140 ℃，ρ=60～90 kg/m³，λ_{25}=0.023 W/(m·K)］
外护管	直缝钢管	薄铁皮管包封
防腐层	沥青层； 聚乙烯层	耐 -400～80 ℃聚乙烯层； 耐 -60～120 ℃聚乙烯层

表 8-26　塑（玻璃钢）结构表"塑（含玻璃钢）套钢"

结构层	结构 1	结构 2	结构 3
工作钢管	无缝管、直缝管（Q235A）	DN ≤ 200 mm 无缝管、DN > 200 mm 螺旋焊钢管（Q235A）	

续表

结构层	结构1	结构2	结构3
保温层及其结构（内向外）	① 岩棉：λ_{25}=0.04 W/(m·K)，ρ=150 ～ 200 kg/m³； ② 憎水珍珠岩：λ_{25}=0.07 W/(m·K)，ρ=200 ～ 300 kg/m³	① 微孔硅酸钙：λ_{25}=0.046 W/(m·K)，ρ=200kg/m³； ② 耐高温聚氨酯泡沫：150 ℃，λ_{25}=0.03 W/(m·K)，ρ=50 ～ 70 kg/m³	① 硅酸钙：λ_{20}=0.056 W/(m·K)； ② 耐高温聚氨酯：140 ℃，ρ=60 ～ 90 kg/m³，λ_{25}=0.03 W/(m·K)； ③ 泡沫玻璃：λ_{20}=0.056 W/(m·K)； ④ 耐高温聚氨酯：ρ=180 kg/m³，λ_{25}=0.056W/(m·K)
外护管	高密度聚乙烯层	高密度聚乙烯层	多功能树脂玻璃钢：δ_0=3 ～ 5 mm

注：多功能树脂玻璃钢：密度 950 ～ 980 kg/m³；耐电压：221 kV/m；抗压：＞ 250 MPa；吸水率 ＜ 0.2%；抗拉：150 MPa；抗弯＞ 230 MPa；耐冲击 13 J/cm²；线胀系数：1.5×10^{-5}/℃；寿命＞ 30 年

表 8-27　国内早期钢套钢结构

结构层	结构1	结构2	结构3
工作钢管	DN ≤ 200 mm 无缝管、DN ＞ 200 mm 螺旋焊管（Q235A）	DN ≤ 200 mm 无缝管、DN ＞ 200 mm 螺旋焊管（Q235A）	Q235A 无缝管
保温层及其结构（内向外）	①憎水珍珠岩：λ_{41}=0.069 W/(m·K)，ρ=210 kg/m³； ②憎水珍珠岩：λ_{71}=0.051 W/(m·K)，ρ=50 kg/m³	① 硅酸铝纤维毡润滑层：ρ=220kg/m³； ② 硅酸钙：ρ ＜ 200 kg/m³； ③改性聚氨酯泡沫：λ=0.03 W/(m·K)，ρ=50 ～ 80kg/m³	① 硅酸钙：λ_{20}=0.053 W/(m·K)； ②多功能树脂玻璃布夹铝箔层； ③ 改性聚氨酯泡沫：ρ=60 ～ 90 kg/m³，λ=0.03 W/(m·K)
外护管	Q235A 螺旋焊管	Q235A 螺旋焊管	Q235A 螺旋焊管
防腐层	环氧煤沥青	环氧煤沥青	多功能树脂防腐（耐 5000 V 电压检漏）

表 8-28　内滑动高温管道结构

结构层	结构1	结构2	结构3	结构4
减阻层	高密度耐温纤维毡	—	—	—
内保温层	复合硅酸盐：λ_{25}=0.055+0.00137 W/(m·K)，ρ=184 kg/m³	岩棉：λ_{25}=0.04 W/(m·K)，ρ=150 ～ 200 kg/m³	硅酸钙：λ_{25}=0.046W/(m·K)，ρ=200kg/m³	硅酸钙：λ_{25}=0.053W/(m·K)，ρ=200 kg/m³

续表

结构层	结构 1	结构 2	结构 3	结构 4
反射层	玻璃纤维布外包铝箔（螺旋焊管），无机润滑剂（小口径无缝管）			
外保温层	PUR： $\lambda_{25} \leq 0.03\,W/(m \cdot K)$， $\rho \geq 200 \sim 300\,kg/m^3$	憎水珍珠岩： $\lambda_{25}=0.07\,W/(m \cdot K)$， $\rho=200 \sim 300\,kg/m^3$	改性 PUR（150℃）： $\lambda_{25}=0.03\,W/(m \cdot K)$，$\rho=50 \sim 70\,kg/m^3$	改性 PUR（140℃）： $\lambda_{25}=0.03\,W/(m \cdot K)$，$\rho=60 \sim 90\,kg/m^3$
外护层	钢套钢（环氧树脂防腐）、HDPE、增强树脂玻璃钢			

8.4 高温保温管生产工艺

蒸汽保温管的结构性形式，包含双层加保温层、多层保温层、内空气层保温结构、外空气层保温结构、无机有机绝热材料复合、软质或软质与硬质绝热材料复合，成型工艺为复杂过程，以下几种工艺流程图并不能全部概括。

（1）聚氨酯复合钢套内滑动复合保温管生产工艺流程（图 8-6）

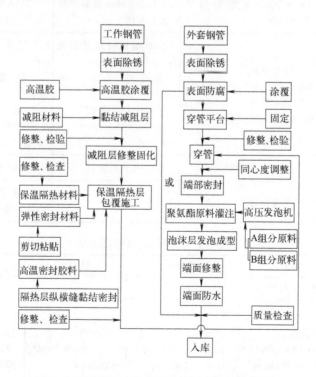

图 8-6　聚氨酯复合钢套内滑动复合保温管生产工艺

（2）聚氨酯复合塑套内滑动复合保温管生产工艺流程（图 8-7）

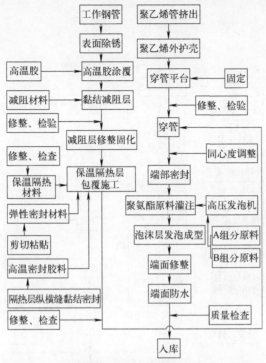

图 8-7　聚氨酯复合塑套内滑动复合保温管生产工艺

（3）聚氨酯复合玻璃钢套内滑动复合保温管生产工艺流程（图 8-8）

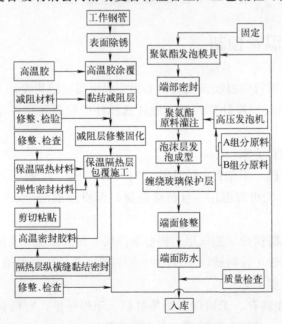

图 8-8　聚氨酯复合玻璃钢套内滑动复合保温管生产工艺流程

（4）钢套外滑动复合保温管生产工艺流程（图8-9）

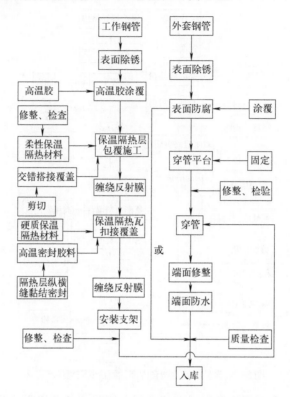

图 8-9 钢套外滑动复合保温管生产工艺流程

8.5 高温保温管预制

蒸汽保温管道进行保温层预制前，必须完成保温层结构设计、外护管选择、材料选型、绝热材料层厚度计算校核、设计选择外护管形式和外径确认等，才能进行保温管预制。

（1）基本结构和要求

保温管基本结构：工作管-保温层-外护管。

保温层结构：无机保温层-有机保温层；无机保温层-无机保温层；双层或多层。

辅助层：高温防锈漆、空气层、辐射隔热层、保护垫层、支架。

外护管：钢套管（带防锈层）、HDPE塑料管、玻璃钢纤维增强外护管。

（2）保温管预制工艺

① 材料选择和储存。无机保温绝热材料、干燥保护，有机材料、油漆等按照规定要求避光保存，并按照使用要求在期限内使用。

② 工作管。按照标准规定选择最小壁厚工作钢管，依据钢管外涂覆的耐高温涂料的要求进行表面除锈，除锈等级按照国家标准 GB/T 8923.1 规定，采用机械除锈方式（如抛丸清理），除锈等级 Sa2.5，表面粗糙度 35 ～ 65 μm，推荐使用 0.4 ～ 0.8 的钢砂混配，除锈后钢管清除表面灰尘。

③ 底漆涂刷。除锈后 4 h 涂刷，其环境温度 ≥ 5 ℃，钢管表面温度高于露点 3 ～ 5 ℃，湿度 ≤ 85%，防止有机溶剂污染钢管表面。

耐高温无机富锌底漆混配和稀释，采用无气喷涂机喷涂在工作钢管表面，一般要求两层厚度。第 1 层干燥后（15 ～ 30min）进行二次喷涂，干膜 75 ～ 100 μm，固化时间常温 2 h。工作管两端均应留有 250 mm 的光管，以便施工人员敷设操作和焊接。

④ 保护垫层（润滑层）安装。保护垫层或润滑层只针对内滑动保温管结构，满足外套管和保温层整体结构在涂装层上的滑动阻力最小。

保护垫层安装在螺旋或直缝焊钢管上，要求一定厚度以抵消焊缝的余高，保证整个层面平滑过渡，无隆起增阻段，保护垫层可采用硅酸铝毡、纳米二氧化硅气凝胶保温毡等。对于无缝钢管，保护垫层又称为润滑层或减阻层，可采用无机润滑剂或无机减阻材料（如硅酸铝纤维毡）。

保护垫层施工应沿焊缝方向粘贴保护垫层材料，除焊缝外应贴满保护垫层。高温黏结剂涂覆面积 ≥ 80%。黏结剂涂敷前，应留出管端预留段，一般为 200 ～ 300 mm。

工作管为无缝钢管时，工作管应贴满保护垫层材料，高温黏结剂涂敷面积不应小于 80%。黏结剂涂敷前，应留出管端预留段，一般为 200 ～ 300mm。

保护垫层厚度应 ≥ 5 mm（约 7 mm），压缩后厚度须大于焊缝高度。减阻层厚度要求 4 mm。

⑤ 滑动支撑架安装。蒸汽管道运行过程工作钢管与外套钢管工作温差大，必然会产生相对位移。支撑架设置在工作管和外套管之间，可以承载工作管和保温层自重，防止涂层压损并满足管道自由滑动。内滑动保温管和外滑动保温管上均可以设置滑动支撑架，设置参数见表 8-29。

表 8-29 导向滑动支座间距

工作管公称直径 /mm	125	≥ 125
支座间距 /m	3.0	6.0

a. 内滑动支撑架安装。内滑动指的是隔热保温层密实黏结在外护钢管的内表面，形成一个整体，工作钢管热介质作用下热胀冷缩时，相对于外护钢管和保温层做滑移。这时设置的支撑架，满足工作钢管移动要求，常规分为两种形式：一种如图 8-10（a）所示，通过 U 形固定块把支撑架固定在外护管内壁，固定架通

过球形支撑块与外护管外壁接触，支撑架内环安装的滑动块张紧在工作钢管表面，运行时，支撑架与外护管、保温层为一整体，工作钢管做相对滑动；另一种如图8-10（b）所示，支撑架通过夹紧环固定在工作钢管外壁，形成一个整体结构，支撑架上的滑动块张紧在外护钢管内壁，滑动时工作钢管带动支撑架一起运行。

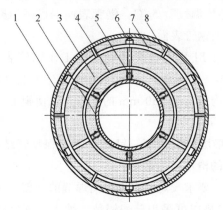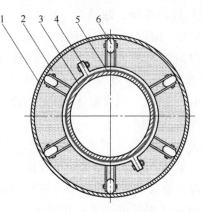

(a) 内滑动外固定

1—外护钢管；2—工作钢管；3—保温层；
4—支撑架内环层；5—滑动块；6—支撑块；
7—支撑架外环；8—U形支撑架固定块

(b) 内滑动内固定

1—外护钢管；2—保温层；3—高温防锈漆；
4—夹紧环；5—工作钢管；6— 滑动块

图 8-10　内滑动支撑架结构及其安装图

　　b. 外滑动支撑架安装。外滑动，保温层和工作钢管紧密结合成一个整体，在管道热胀冷缩时在支撑架的滑块上滑移。架构和安装形式有两种：一种如图 8-11（a）所示，支撑架采用夹紧环固定在保温层外侧，滑动块张紧在外护钢管内壁，这种结构，保温层收到非常大的张紧力，并且工作钢管和保温层的自重全部承载在分段布置的支撑架上，容易破坏保温层；另一种如图 8-11（b）所示，外滑动工作管夹紧，支撑架固定在工作管表面，保温层局部结构不受影响，并且工作管和保温层自重通过支撑架承载，保温层整体结构不受外力影响。

　　图 8-11 所示支撑架结构只作部分示例，设计、加工、安装过程中，除其结构具备足够强度外，还要求安装后保证外护管和工作管的偏心 ≤ 5 mm（可设计如图环状定位结构），为减少热桥效应，滑动块可以设计成滚动结构，并且滚动结构的摩擦系数 < 0.2 ～ 0.3，支撑块加工为球面结构，支撑架纵向夹板之间须填充耐高温绝热材料。为防止腐蚀，延长使用寿命，焊制后的支撑架整体外涂耐热防锈漆。

　　⑥ 无机保温层安装。柔性或硬质保温材料无机保温层厚度超过 80 mm 时，分层安装，各层厚度宜接近。

　　柔性保温材料，根据工作管管径和保温层厚度裁成确定长度，包裹时须压接密实，控制好保温层缠绕的松紧度，并有搭接和错层，长度方向分段包裹，压接缝必须错开，不得连续。分层施工时，层和层的纵缝和横缝必须错开，包括多层结构，

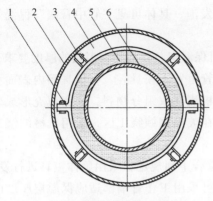 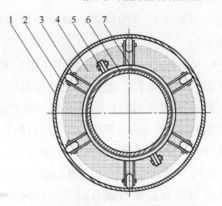

(a) 外滑动保温层夹紧方式　　　　　　　(b) 外滑动工作钢管夹紧方式

1—夹紧环；2—外护钢管；3—滑动块；4—空　　　　1—外护钢管；2—空气层；3—滑动块；4—保
气层；5—保温层；6—工作钢管　　　　　　温层；5—夹紧环；6—高温防锈层；7—工作
　　　　　　　　　　　　　　　　　　　　　钢管

图 8-11　外滑动支撑架结构及其安装图

保温层纵缝应布置在水平管道的左右两侧而非上下。保温层的厚度应符合设计要求。捆扎时对缝应严密。

　　硬质保温材料采用预制块。一般采用长度在 300～600 mm，且适应工作管直径的弧形或半圆形瓦块，扣装在工作面表面，形成贴附于钢管外壁的外层保温壳，预制块纵横接缝错开，采用捆扎方式固定，纵、横缝隙应用弹性石棉胶泥或同质保温材料胶泥嵌缝并黏合，使纵、横缝没有孔隙。多层组合时，应分层捆扎，并应对各层表面进行找平和严缝处理。通常情况下，当管径 DN ≤ 80 mm 时，采用半圆形瓦块；当 100 mm ≤ DN ≤ 200 mm 时，采用弧形瓦块；当 DN > 200 mm 时，采用梯形瓦块。用硅酸钙瓦作为保温层时，安装时应同层错缝，上下层压缝，上下层错缝宽度宜 ≥ 100 mm，拼缝间隙应 ≤ 5 mm。

　　施工时内层可用薄胶带临时固定，外层用宽度 ≥ 8mm，厚度 ≥ 0.4mm 的不锈钢带捆扎牢固，不应采用螺旋缠绕方式捆扎。捆扎间距应 ≤ 400mm，每块保温瓦捆扎不应少于两道。保温层的最外层宜用不锈钢带或玻璃丝布等箍紧。多层组合时，应分层错缝捆扎，内层宜用胶带临时固定。

　　反射铝箔，可在无机保温层中间层位置或外层位置包覆铝箔（布），以提高保温效果；硅酸钙瓦保温层的外表面包覆铝箔（布）时，铝箔（布）应平整，搭接宽度应 ≥ 20 mm。

　　⑦ 有机保温层。指的是硬质聚氨酯泡沫。针对蒸汽管道的不同外护管结构形式，发泡方式有以下几种。

　　a. 穿套发泡成型。预制成型的外护管，如钢套管、HDPE 塑料管壳、纤维增强玻璃钢管壳，可以穿套在已经完成无机保温层的工作管表面，在无机层和保护壳内腔内采用高压发泡机进行双组分料灌注发泡，具体可见"管中管法"保温管成型技术。

b. 模具发泡成型。先按照工作管、无机保温层及其最终保温层的厚度要求，制作保温层灌注模具，把完成无机保温层的管道置入模具腔，在模具腔内表面和无机层外表面的环形腔内采用高压无气浇注机灌注双组分物料，密实填充形成硬质聚氨酯保温层，完成有机保温层的管道，在玻璃钢缠绕工区，采用机械缠绕方式完成纤维增强玻璃钢外护壳的缠绕成型。

采用"模具发泡"工艺进行发泡时应符合下列规定：采用整体模具进行发泡，柱状腔型模具要求与放置的工作管同心，可采用工作管端部适应保温层厚度的隔离钢圈进行约束；模具端部设置防泡沫泄漏的柔性密封措施，并预留注料孔和排气孔，满足浇注和防"烧芯"现象出现；模具内壁应采取可行的脱模措施，如涂覆不影响涂层质量的脱膜剂，增加一次性塑料膜隔离层或浇注聚四氟永久层等。

c. 喷涂发泡成型。采用喷涂的方式将聚氨酯塑料泡沫喷涂在无机保温层外，然后缠绕玻璃钢保护层。

d. 为满足各种工况，可以对模具设置外加热和保温装置。采用聚氨酯塑料泡沫发泡施工，环境温度 10 ～ 35 ℃，原料温度控制在 20 ～ 35 ℃，发泡后应有熟化过程。

⑧ 外护管。采用预制好的外护管，如钢套管、HDPE 塑料管壳、玻璃钢管壳，采用无机保温层时，可以直接套装在保温层的外侧。一般采用专门的穿管装置和管壳固定装置，采用机械牵引或机械推挤方式进行，穿管装置牵引或推挤工作管穿入管壳。

a. 外护钢管必须进行外防腐，防腐材料、防腐等级、涂敷要求由设计根据高温管道的埋设条件和使用工况确定；外护钢管防腐层长期耐温性能不应低于 70 ℃。

b. 采用高密度聚乙烯外护管时，其预制要求应符合现行国家标准《高密度聚乙烯外护管硬质聚氨酯泡沫塑料预制直埋保温管及管件》（GB/T 29047—2021）的规定。

c. 采用保温层完成后预制玻璃钢层，采用机械缠绕方式，在成型的无机保温层或有机保温层外层进行缠绕成型。

玻璃钢层成型应符合下列规定：选用无碱或中碱玻璃纤维无捻粗纱作为玻璃钢外护层的增强材料，干燥使用；按照相应的管道外径，调整缠绕螺距（角度）和搭接层数，采用机械湿法缠绕；施工时，环境相对湿度 ≤ 80%。树脂胶液混配料必须均匀，胶液固化速度必须适应环境温度，以确保满足生产工艺的要求；缠绕时，应保证排纱的间隙，控制好展纱和压实程度，以消除可见气泡，刮掉的胶液（在黏度明显增大前）可倒回胶液槽继续使用；外护层缠绕完毕后，应继续旋转直至树脂胶凝，再移至固化台进行固化；设置专门遮盖式玻璃钢层的固化区，固化区要求一定的布管间距，有条件可以设置管端支撑滚轮，以定期翻转保证管体的上下面固化均匀；玻璃钢外层管确保充分固化后，才能进行运输、安装。

（3）蒸汽保温管产品（部分）规格

无空气层蒸汽保温管规格见表 8-30。

表 8-30　无空气层蒸汽保温管规格表[9]

公称通径	工作钢管规格 /mm	外套钢管规格 /mm	最大保温层厚度 /mm
DN50	57 × 3.5	219 × 6	60
DN65	76 × 4	273 × 7	80
DN80	89 × 4	325 × 8	90
DN100	108 × 4	377 × 8	100
DN125	133 × 4.5	426 × 8	110
DN150	159 × 4.5	426 × 8	110
DN200	219 × 6	529 × 10	120
DN250	273 × 7	630 × 10	130
DN300	325 × 8	720 × 10	140
DN350	377 × 9	820 × 10	150
DN400	426 × 10	920 × 10	160
DN450	478 × 10	920 × 10	170
DN500	530 × 10	1020 × 10	170
DN600	630 × 10	1120 × 10	180
DN700	720 × 12	1220 × 10	180
DN800	820 × 12	1320 × 10	190
DN900	920 × 12	1420 × 10	200

8.6　高温管道应用举例

蒸汽保温管道保温层结构的设计，首先须根据工艺条件、技术参数以及工况进行最基本结构的选型设计，主要参考介质温度、地下水位、埋设深度、土壤特性等，以确定采用钢套保温管、塑套保温管、玻璃钢套保温管或其他特殊结构保温管，然后根据介质温度等参数选择保温材料类型，如高温玻璃棉、硬质聚氨酯、微孔硅酸钙等，综合分析初步设计保温层结构和层数，并采用相关公式进行计算复核，最终确定各个保温层的厚度，以及特殊要求的反射层、空气层或真空层等。

8.6.1　钢套无真空层保温管道

设计条件：工作管道采用 ϕ426 mm × 7 mm 无缝钢管，设计温度 300 ℃，设计压力 1.6 MPa，管道当量埋深为 2.0 m。

复合保温层材料：两层结构，由内到外依次为离心玻璃棉、硬质聚氨酯泡沫层。

离心玻璃棉性能：密度为 50 kg/m³，使用温度 ≤ 400 ℃，推荐使用温度 300 ℃，导热系数 0.043 W/(m·K)。硬质聚氨酯泡沫层性能：密度为 80 kg/m³，使用温度 ≤ 120 ℃，推荐使用温度 100 ℃，导热系数 0.033 W/(m·K)。

满足初设保温计算条件：外护管外表面温度假设为 40 ℃，离心玻璃棉保温层的外表面温度假设为 90 ℃。确认管道安装地的实测数据：管道敷设周围土的环境温度（如 5 ℃），和土壤的导热系数 [如 1.5 W/(m·K)]。选用式（2-23）～式（2-27）以及式（2-30）（第 2 章，2.2.8 节的蒸汽管道保温层厚度计算公式）进行计算。

依据式（2-23）（第 2 章，2.2.8 节的蒸汽管道保温层厚度计算公式）所述，根据已知上述参数，并依据经验假保温层外径 D_w= 720 mm，并根据初设条件 t_1=90 ℃，t_2= 40 ℃。并将确定参数和初设参数代入公式进行计算，将计算散热损失与散热损失校核值相比较，两者相对误差 ≤ 5%，可确定为合理计算结果。当误差 > 5% 时，应将计算得到的保温层外径作为新设定的保温层外径 D_w，代入公式，重新计算散热损失。依此类推，直至相对误差 ≤ 5%。

以上述参数计算得到，第 1 层保温层厚度 130 mm，第 2 层保温层厚度 43 mm，保温管外直径为 772 mm。

根据计算结果，选用外护钢管 ϕ820 mm × 10 mm，根据外护管规格校核保温层厚度，得到第 1 层保温层厚度 150 mm，第 2 层保温层厚度 47 mm，并将结果代入式（2-23）和式（2-33），得第 1 层保温材料外表面温度 t_1=84 ℃，第 2 层保温材料外表面温度 t_2=35 ℃，单位管长热损失为 100 W/m[13]。

8.6.2　玻璃钢套钢直埋蒸汽管道

设计条件：工作钢管采用 DN250 mm，设计温度 200 ℃，设计压力 0.6 MPa，管中埋深当量为 1.5 m。

保温层结构（由内向外）：空气层、石棉保温瓦、岩棉保温层、聚氨酯保温层，并设置无机反射层，具体结构如图 8-12 所示。此保温层结构比较特殊，采用内空气层（空气层贴附在高温侧）。

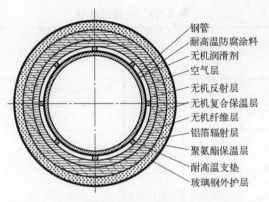

钢管
耐高温防腐涂料
无机润滑剂
空气层
无机反射层
无机复合保温层
无机纤维层
铝箔辐射层
聚氨酯保温层
耐高温支垫
玻璃钢外护层

图 8-12　玻璃钢套钢直埋蒸汽管道保温层详细结构图

初设条件：岩棉外层（第 2 层）温度 < 120 ℃（设计值为 100 ℃），外层温度 ≤ 50 ℃，埋深当量 1.5 m。

所用公式：

$$\Delta Q = \frac{t - t_0}{\dfrac{1}{2\pi\lambda_b}\ln\dfrac{d_z}{d_w} + \dfrac{1}{2\pi\lambda_t}\ln\dfrac{4h}{d_z}}(1+\beta) \qquad (8\text{-}1)$$

式中　ΔQ ——管道热损失，W；

　　　λ_b ——保温材料导热系数，W/(m·℃)；

　　　d_z ——保温层外表面直径，m；

　　　d_w ——管道外径，m；

　　　λ_t ——从保温层外表面到空气间的换热系数，W/(m²·℃)；

　　　β ——管道附件热损失系数；

　　　h ——管中埋深，m。

λ 值根据各保温层材料的特性查资料确定，介质温度、钢管外径、管埋深等依据实际确定。保温层外径 d_1、d_2、d_3 采用试算法。计算要求每米管道热损小于标准规定值。

根据以上计算结果得出：空气层厚度 5 mm，第 1 层石棉保温瓦厚度 35 mm，第 2 层岩棉保温层厚度 40 mm，第 3 层聚氨酯保温层厚度 20 mm。总厚度 =5+35+40+20=100 mm。冬季运行第 2 层保温外皮温度 92.7 ℃，第 3 层保温外皮温度 33.5 ℃；夏季第 2 层保温外皮温度 100.9 ℃，第 3 层保温外皮温度 46.2 ℃，均未超出规定值。所以，这个计算结果是可以接受的。

增加的空气层实际计算中须按照特殊保温层对待。在外层温度核算中需要计算反射层所反射的热量，并经过多次估算、计算复核过程，最终以实际操作满足计算要求。并计算确定值（表 8-31）[14]。

表 8-31   计算结果值

名称	数据		名称	数据	
	冬季	夏季		冬季	夏季
介质温度 t/℃	200	200	管中埋深 h/m	1.5	1.5
第 1 层保温外径 d_1/m	0.353	0.353	$\triangle t_5$：$(t-t_0)$	195	180
第 2 层保温外径 d_2/m	0.433	0.433	$\triangle t_4$：(t_3-t_0)	28.4691	26.2792
第 3 层保温外径 d_3/m	0.473	0.473	热阻倒数 a	3.28333	3.28333
第 1 层外皮温度 t_1/℃	163.32954	166.15034	热阻倒数 b	1.70401	1.70401
第 2 层外皮温度 t_2/℃	92.671971	100.92797	热阻倒数 c	2.03371	2.03371
第 3 层外皮温度 t_3/℃	33.469107	46.279176	热阻倒数 d	4.2292	4.2292
钢管外径 d_0/m	0.273	0.273	λ_1[W/（m·K）]	0.1155	0.1155
d_w（$d_0+0.01$）/m	0.283	0.283	λ_2[W/（m·K）]	0.0554	0.0554
土壤温度 t_0/℃	5	20	λ_3[W/（m·K）]	0.0286	0.0286
每米管道热损 [kJ/（m·h·℃）]	2.5562147	2.5562147	λ_t[W/（m·K）]	1.71	1.71

8.6.3 多种保温结构优化选型

设计条件：工作钢管外直径为 820 mm，蒸汽温度为 300 ℃。

材料选用：微孔硅酸钙、超细离心玻璃棉毡和气凝胶绝热毡等。保温材料性能对比见表 8-32。

表 8-32   几种保温材料性能对比

保温材料	气凝胶绝热毡	微孔硅酸钙	超细离心玻璃棉毡
20℃时热导率 / [W/(m·K)]	0.018	0.035	0.034
100℃时热导率 / [W/(m·K)]	0.019	0.055	0.041
200℃时热导率 / [W/(m·K)]	0.021	0.062	0.058
300℃时热导率 / [W/(m·K)]	0.024	0.070	0.087
400℃时热导率 / [W/(m·K)]	0.028	0.076	0.120
最高使用温度 /℃	650	650	400
密度 /(kg/m³)	180 ~ 200	170 ~ 220	40 ~ 60
憎水率 /%	≥ 99	≥ 90	≥ 90

保温材料	气凝胶绝热毡	微孔硅酸钙	超细离心玻璃棉毡
径向压缩强度 /kPa	≥ 100	≥ 400	≥ 40

设计依据：国家相关标准规范规定，常年运行的直埋蒸汽管道外表面温度 ≤ 50℃时，允许最大单位面积散热损失为 52 W/m²。

（1）初步设计三种结构形式

① 外滑动三层复合结构 保温层结构（由内向外依次）为气凝胶绝热毡、超细离心玻璃棉毡、空气层。

② 外滑动两层复合结构 保温层结构（由内向外依次）为超细离心玻璃棉毡、空气层。

③ 内滑动双层复合聚氨酯结构 保温层结构（由内向外依次）为微孔硅酸钙、硬质聚氨酯泡沫层。此种结构的缺点在于微孔硅酸钙要承受工作钢管的载荷。

（2）设计计算

计算以设计结构①为例，其他结构不重复计算热导率。计算公式和计算过程分别见表8-33～表8-35。

表 8-33 保温材料热导率计算公式

材料	热导率 / [W/(m·K)]	公式编号	说明
超细离心玻璃棉毡	$\lambda_a=0.041+0.00017 \times (t_a-70)$	（8-2）	t_a—超细离心玻璃棉毡层的平均温度（取超细离心玻璃棉毡层内外表面的算术平均温度），℃
微孔硅酸钙	$\lambda_b=0.062+0.00011 \times (t_b-70)$	（8-3）	t_b—微孔硅酸钙层的平均温度（取微孔硅酸钙层内外表面的算术平均温度），℃
气凝胶绝热毡	$\lambda_c=0.0175 \times (1+0.000416t_c+0.0000031t_c)$	（8-4）	t_c—气凝胶绝热毡层的平均温度（取气凝胶绝热毡层内外表面的算术平均温度），℃
硬质聚氨酯泡沫	$\lambda_d=0.033W/(m·K)$	—	—
空气层	$\lambda_{air}=0.024$	—	—

表 8-34　保温层相关参数计算公式及取值

项目		公式	公式编号	说明
单位长度初算散热损失		$q_{cs} = \dfrac{t_{ws} - t_{en}}{\dfrac{1}{2\lambda_{en}} \ln \dfrac{4h}{D_{ws}}}$	（8-5）	q_{cs}—单位长度初算散热损失，W/m； t_{ws}—外护管外表面初设温度，℃，取值 50℃； t_{en}—直埋蒸汽管道周边土壤环境温度，℃，取值 10℃； λ_{en}—土壤导热系数，W/(m·K)，取值 1.2W/(m·K)； h—直埋蒸汽管道中心埋深，m，取值 1.5 m； D_{ws}—根据经验初设的最外层保温层的外直径；m，结构 a 中，最外层保温层为空气层
保温层厚度计算	第1层	$\ln D_1 = \ln D_0 + \dfrac{2\pi\lambda_1 \left(t_0 - t_{1,s}\right)}{q_{cs}}$	（8-6）	D_1—第 1 层保温材料的外直径，m； D_0—工作钢管外直径，m； λ_1—第 1 层保温材料在运行温度下的热导率，W/(m·K)；
		$\delta_1 = \dfrac{D_1 - D_0}{2}$	（8-7）	t_0—工作钢管外表面温度，℃，按蒸汽温度取值，取 300℃； $t_{1,s}$—第 1 层保温材料外表面设定温度，℃，按设计要求取值，取 216℃； δ_1—第 1 层保温层厚度，m； 对于 λ_1，按式（8-3）计算
		$t_c = \dfrac{t_0 + t_{1,s}}{2}$	（8-8）	t_c—平均温度，℃
	第2层	$\ln D_2 = \ln D_1 + \dfrac{2\pi\lambda_2 \left(t_{1,s} - t_{2,s}\right)}{q_{cs}}$	（8-9）	D_2—第 2 层保温材料的外直径，m； λ_2—第 2 层保温材料在运行温度下的热导率，W/(m·K)；
		$\delta_2 = \dfrac{D_2 - D_1}{2}$	（8-10）	$t_{2,s}$—第 2 层保温材料外表面设定温度，℃，按设计要求取值，取 79 ℃； δ_2—第 2 层保温材料厚度，m； 对于 λ_2，按式（8-1）计算，式（8-1）中，t_a 按式（8-10）计算
		$t_a = \dfrac{t_{1,s} + t_{2,s}}{2}$	（8-11）	t_a—平均温度，℃

续表

项目		公式	公式编号	说明
保温层厚度计算	空气层	$D_{out}=D_2+2\delta_{air}$	（8-12）	D_{aout}—空气层外直径，m；D_{ain}—空气层内径，m；δ_3—外护管壁厚，m，取 0.012m；δ_{air}—空气层厚度，m，取 0.02m；D_w—外护管外直径，m；R_{air}—空气层等效热阻，(m·K)/W；λ_{air}—空气层等效热导率，W/(m·K)；R_z—真空等效热阻，(m·K)/W；λ_z—真空层等效导热系数，W/(m·K)；D_{zout}—真空层外径，m；D_{zin}—真空层内径，m
	外护管外直径	$D_w=D_{aout}+2\delta_3$	（8-13）	
热阻计算	空气层等效热阻	$R_{air}=\dfrac{1}{2\pi\lambda_{air}}\ln\dfrac{D_{aout}}{D_{ain}}$	（8-14）	
	直埋蒸汽管道环境热阻	$R_z=\dfrac{1}{2\pi\lambda_z}\ln\dfrac{D_{zout}}{D_{zin}}$	（8-15）	
单位长度散热损失校核计算		$q_{jh}=\dfrac{t_0-t_{en}}{\dfrac{1}{2\pi\lambda_1}\ln\dfrac{D_1}{D_0}+\dfrac{1}{2\pi\lambda_2}\ln\dfrac{D_2}{D_1}+R_{air}+R_{en}}$	（8-16）	q_{jh}—单位长度校核散热损失，W/m
单位长度散热损失相对差值计算		$\delta_h=1-\dfrac{q_{jh}}{q_{cs}}$	（8-17）	δ_h—单位长度散热损失相对差值
保温层外表面校核温度计算	第1层	$t_1=t_0-q_{jh}\dfrac{1}{2\pi\lambda_1}\ln\dfrac{D_1}{D_0}$	（8-18）	t_1—第1层保温材料外表面校核温度，℃
	第2层	$t_2=t_0-q_{jh}(\dfrac{1}{2\pi\lambda_1}\ln\dfrac{D_1}{D_0}+\dfrac{1}{2\pi\lambda_2}\ln\dfrac{D_2}{D_1})$	（8-19）	t_2—第2层保温材料外表面校核温度，℃
	外护管	$t_w=t_0-q_{jh}(\dfrac{1}{2\pi\lambda_1}\ln\dfrac{D_1}{D_0}+\dfrac{1}{2\pi\lambda_2}\ln\dfrac{D_2}{D_1}+R_{air})$	（8-20）	—
单位面积散热损失计算		$q_{mj}=\dfrac{q_{jh}}{\pi D_w}$	（8-21）	q_{mj}—单位面积散热损失，W/m²

注：第1层为气凝胶绝热毡，第2层为超细离心玻璃棉毡；取值请参阅 CJJ/T104 等标准。

计算公式按照标准规范 CJJ/T104 规定，依据本实例自定参数下标和方程式编号。

表 8-35 计算过程列表（所引用公式见表 8-33 和表 8-34）

已知参数：D_0=0.82 m，t_0=300 ℃，t_{en}=10 ℃，λ_{en}=1.1 W/(m·K)，λ_{air}=0.024 W/(m·K)，h=1.5 m。δ_1=0.03 m①，δ_{air}=0.02 m

步骤	参数	引用公式	参数	引用公式	结果
1	$t_{1,s}$=230 ℃，t_0	（8-8）	t_c=265 ℃	（8-4）	λ_1=0.0232 W/(m·K)
2	$t_{2,s}$=85 ℃，$t_{1,s}$，$t_{2,s}$	（8-11）	t_a=157.5 ℃	（8-2）	λ_2=0.056 W/(m·K)
3	D_{ws}=1.098 m，t_{ws}=50 ℃、t_{en}、λ_{en}、h	（8-5）	—	—	q_{cs}=162.7 W/m
4	D_0、δ_1	（8-7）	D_1=0.088 m，D_{out}、δ_{air}	（8-12）	D_2=1.058 m
5	D_1、D_2、D_{out}、λ_{air}、λ_{en}、h	（8-13）～（8-16）	—	—	q_{jh}=193.2 W/m；D_w=1.12 m
6③	q_{jh}、q_{cs}	（8-17）	—	—	$|\delta_h|$=18.7%
7④	D_{ws}=1.196m②	步骤 3～6 重新计算	—	—	q_{cs}=171.3 W/m；D_2=1.156 m；D_w=1.22 m；q_{jh}=168.6 W/m
8⑤	q_{jh}、q_{cs} 进行比较	—	—	—	$|\delta_h|$=1.6%
9⑥	D_0、D_1、D_2、λ_1、λ_2、t_0 和 q_{jh}	—	—	—	t_1=218 ℃，t_2=87 ℃
10	$t_{1,s}$=218 ℃、$t_{2,s}$=87 ℃	步骤 1～6 和 8 重新计算	—	—	t_c=259 ℃；t_a=152.5 ℃；λ_1=0.023 W/(m·K)；λ_2=0.055 W/(m·K)；q_{cs}=171W/m；q_{jh}=167 W/m；t_1=218 ℃；t_2=87℃
11⑦	将 q_{jh}、q_{cs} 进行比较	—	—	—	$|\delta_h|$ 为 2.6%
12⑧	D_0、D_1、D_2、D_w、λ_1、λ_2、t_0 和 q_{jh}	（8-20）和（8-21）	—	—	t_w=49 ℃；q_{mj}=44 W/m²

注：① δ_1=0.03 m（气凝胶绝热毡层厚度设定值）；② D_{ws}=1.098m 为经验值，D_{out}=D_{ws}；③ CJJ/T104—2014 要求 $|\delta_h| \leqslant 5\%$，$|\delta_h|$ 不满足要求，重新设定 D_w，计算 q_{cs}；④ D_{ws} 重新设定；⑤ 满足要求；⑥ 结果与设定值 $t_{1,s}$、$t_{2,s}$，重新设定 $t_{1,s}$、$t_{2,s}$；⑦ $|\delta_h|$ 满足要求，t_1 和 t_2 计算结果与所设定的 $t_{1,s}$ 和 $t_{2,s}$ 均一致；⑧ 满足要求。

比较分析。三种结构保温管的工作钢管外直径相同，因此仅对外护管及保温材料进行造价比较。其中材料价格仅选取参考价格：螺旋焊接钢管，5000 元 /t；气凝胶绝热毡，12000 元 /m³；超细离心玻璃棉毡，800 元 /m³；微孔硅酸钙，470 元 /m³；聚氨酯，650 元 /m³。比较数据见表 8-36、表 8-37。

表 8-36　直埋蒸汽管道保温方案对比

保温层结构	结构 a	结构 b	结构 c
工作钢管外表面温度 t_0/℃	300	300	300
工作钢管外直径 D_0/mm	820	820	820
第 1 层保温材料厚度 δ_1/mm	30	217	250
第 2 层保温材料厚度 δ_2/mm	138	—	36
空气层厚度 δ_{air}/mm	20	20	—
外护管厚度 δ_3/mm	12	13	14
外护管外直径 D_w/mm	1220	1320	1420
第 1 层保温材料外表面校核温度 t_1/℃	218	83	99
第 2 层保温材料外表面校核温度 t_2/℃	87	—	48
外护管外表面校核温度 t_w/℃	49	49	48
单位长度校核散热损失 q_{jh}/(W/m)	167	195	199
单位面积散热损失 q_{mj}/(W/m²)	44	48	45

表 8-37　单位长度外护管及保温材料工程造价比较

保温层结构	结构 a	结构 b	结构 c
外护管造价 /(元 /m)	1800	2100	2450
气凝胶绝热毡造价 /(元 /m)	900	—	—
微孔硅酸钙造价 /(元 /m)	—	—	400
超细离心玻璃棉毡造价 /(元 /m)	160	550	—
聚氨酯造价 /(元 /m)	—	—	100
合计造价 /(元 /m)	2860	2650	2950

结构 a 中所采用的气凝胶绝热毡热导率最低，所以采用气凝胶绝热毡保温层厚度最小，外护管外直径最小，保温材料用量减少，外护管直径减小，直埋蒸汽管道占用的空间减少。结构层优势在上述三种结构中最优。

上述计算参阅了相关文献 [15]，提出比较方式。在实际涂层结构中，可能采用减阻层、反射层等其他辅助层，所以需要按照实际进行核算、比较。

8.6.4　保温层敷设顺序与管道埋深

设计举例 [16]：工作管道 DN700 mm，设计温度 360 ℃，设计压力 1.35 MPa。复合保温层材料为气凝胶保温毡、离心玻璃棉、空气层（最外层）。

设计依据：温降＜5℃/km。

保温材料参数如下。

气凝胶保温毡层厚度 20 mm，导热系数计算公式为：$\lambda(t)=10^{-7}+10^{-6}t+0.0241$。最高使用温度为 650℃，防火性能为不燃 A 级。

离心玻璃棉导热系数计算公式为：$\lambda(t)=2.907\times10^{-2}+1.102\times10^{-4}t+7.652\times10^{-10}t^3$。最高使用温度为 538℃，防火性能为不燃 A 级。在同一温度下，气凝胶保温毡的导热系数要比离心玻璃棉的小。

（1）保温材料排列顺序

① 内层气凝胶保温毡，外层离心玻璃棉。

② 内层离心玻璃棉，外层气凝胶保温毡。

基本参数：外护管外径 1420 mm（估算值），管顶埋深 1.5 m，气凝胶保温毡厚度 20 mm，离心玻璃棉厚度 300 mm。

依据计算公式计算，结果见表 8-38。选用相同保温材料厚度时，a 型比 b 型单位管长的散热损失小，外护层外表面温度低。

表 8-38　两种保温层排列顺序的保温计算表

类型	外护管外径	外护管壁厚	管顶埋深	保温层 1 厚度	保温层 2 厚度	空气层厚度	保温层 1 外层温度	保温层 2 外层温度	外护层外表面温度	单位管长散热损失
	D_w	δ_w	H	δ_1	δ_2	δ_k	t_1	t_2	t_w	q
单位	mm	mm	t/h	mm	mm	mm	℃	℃	℃	W/m
a	1420	15	1.5	20	300	15	333	77.9	59.4	162
b	1420	15	1.5	300	20	15	110	80.2	60.7	169

所以，在多层保温结构中，导热系数低的保温材料应放置在高温侧，导热系数高的保温材料应放置在低温侧。选用的气凝胶保温毡在高温环境中的隔热效果高于一般材料，降低了外层离心玻璃棉的厚度，避免过厚的离心玻璃棉因自重而出现滑脱。

（2）覆土深度对保温的影响

直埋的蒸汽管道，土壤等同于一层隔热层，以管顶埋深 1.5 m 和 2 m 进行计算分析保温效果。表 8-39 列举了不同覆土深度保温层计算结果。

从表 8-39 可知，覆土深度小的单位管长散热损失比覆土深度大的大（大0.62%）；而覆土深度小的外护层外表面温度比覆土深度大的小（小 5.2%）。

这是由于土壤是一种很好的保温材料，管道埋深越大，外护管外表面温度及土壤温度场越高。而且对于直埋蒸汽管道来说，主要关注的是对外护管外表面温度的控制，所以从保温角度来说，浅埋对于直埋蒸汽管道有利。因此按照相关规程管埋设深度确定为 1.5 m。

表 8-39　不同覆土深度时的保温层计算表

类型	外护管外径	外护管壁厚	管顶埋深	保温层1厚度	保温层2厚度	空气层厚度	保温层1外层温度	保温层2外层温度	外护层外表面温度	单位管长散热损失
	D_w	δ_w	H	δ_1	δ_2	δ_k	t_1	t_2	t_w	q
单位	mm	mm	t/h	mm	mm	mm	℃	℃	℃	W/m
A	1420	15	1.5	20	300	15	333	77.9	59.4	162
B	1420	15	2	20	300	15	333.3	80.6	62.5	161

（3）保温层厚度计算

① 外护管外表面温度控制法　按照外护管外表面温度 ≤ 50 ℃计算。

采用第 2 章，2.2.8 蒸汽管道保温层厚度计算公式（2-23）～式（2-30）计算得出不同保温层厚度时的外护管外表面温度，见表 8-40。

表 8-40　不同保温层厚度时的外护管外表面温度表

类型	外护管外径	外护管壁厚	管顶埋深	保温1厚度	保温2厚度	空气层厚度	保温1外层温度	保温2外层温度	外护层外表面温度	单位管长散热损失
	D_w	δ_w	H	δ_1	δ_2	δ_k	t_1	t_2	t_w	q
单位	mm	mm	t/h	mm	mm	mm	℃	℃	℃	W/m
A	1320	14	1.5	20	250	16	330.1	87.3	63.8	179
B	1420	15	1.5	20	300	15	333.5	76.9	58.8	162
C	1520	16	1.5	20	350	14	335.7	72.0	55.9	148
D	1620	17	1.5	20	400	13	337.0	65.5	53.4	139
E	1720	18	1.5	20	450	12	338.6	60.8	51.0	129
F	1820	19	1.5	20	500	11	339.8	57.5	49.2	122

从表 8-40 可以看出，随着保温层厚度的增加，外护管外表面温度和单位管长散热损失也随之减小。如果外护管外表面温度控制在 50℃以下时，就必须选择 20mm 厚的气凝胶保温毡 +500mm 厚的离心玻璃棉和 11mm 厚的空气层，这时的外护管外径为 1820 mm。

② 控制温降法　按照蒸汽温降 < 5 ℃ /km 计算。土壤的自然温度取管道埋设中心处的最低月平均温度 8 ℃，大气温度取最低月份的平均大气温度 -2.5 ℃。

采用第 2 章 2.2.8 节蒸汽管道保温层厚度计算公式（2-23）～式（2-30）计算不同保温层厚度时的蒸汽温度降，所得结果见表 8-41。

表 8-41　不同保温层厚度时的蒸汽温度降

类型	外护管外径	外护管壁厚	管顶埋深	保温1厚度	保温2厚度	空气层厚度	保温1外层温度	保温2外层温度	外护层外表面温度	单位管长散热损失	温降
	D_w	δ_w	H	δ_1	δ_2	δ_k	t_1	t_2	t_w	q	Δt
单位	mm	mm	t/h	mm	mm	mm	℃	℃	℃	W/m	℃
A	1320	14	1.5	20	250	16	328.7	60.7	35.7	188	3.5
B	1420	15	1.5	20	300	15	331.7	50.5	30.9	170	3.2
C	1520	16	1.5	20	350	14	334.0	43.7	27.7	157	3.0
D	1620	17	1.5	20	400	13	336.2	37.3	24.5	144	2.8
E	1720	18	1.5	20	450	12	337.3	32.6	22.3	136	2.6
F	1820	19	1.5	20	500	11	338.8	28.7	20.4	128	2.5

　　保温层厚度增加时，外护管外表面温度和单位管长散热损失肯定会减小，但并非无限制增加。实际核算中，以接近 50 ℃ 为合理，标准数据选用选择外护管外径为 1320 mm，气凝胶保温毡为 20 mm、离心玻璃棉为 250 mm、空气层为 16 mm。

　　用控制温降法计算得到的保温层厚度是外护管外表面温度控制法的一半。选用 1320 mm 的外护管，表面温度降为 63.8 ℃ /km，而且不会使外护管和外防腐层老化，如果设计允许则可以采用。所以，在保温层设计计算时，不能局限规范要求，也不能一味增加保温层厚度，需要从施工、经济、满足运行要求进行考虑。

8.7　小结

　　在技术成熟的情况下，采用新型外护管，减少"钢套钢"外护管形式。

　　钢套外防腐层建议选用单层熔结环氧粉末涂层、双层熔结环氧粉末涂层或三层 PE 涂层。

　　高温蒸汽管道，采用空气层，有条件抽真空或充填氮气。

　　绝热材料中，硬质聚氨酯是最佳保温材料，在应用条件允许的情况下，尽可能设计选用，或开发利用其他类型有机耐高温绝热材料。无机材料选用气凝胶毡等新型保温材料。

　　对于内滑动保温结构的蒸汽管道，内滑动结构形式无机保温材料选用硬质材料，外滑动结构建议采用软质绝热材料。

　　保温材料应具有良好的保温性能、维持结构完整性的良好性能，同时应控制保温层的厚度，以保证其结构稳定性。

　　多层保温结构中，应将导热系数低的保温材料放置在高温侧，将导热系数高的保温材料放置在低温侧。

　　土壤是一种很好的保温材料，管道埋深越大，外护管外表面温度及土壤温度场就越高。直埋蒸汽管道在保证其最小覆土深度的前提下，尽量浅埋。

　　在保温层计算时，不仅要满足工程要求的蒸汽温度降，同时要满足规范规定的外护管外表面温度的要求。

参考文献

［ 1 ］　杨明学 . 直埋式预制高温保温管道技术进展及问题分析［ J ］. 新型建筑材料，1998（ 1 ）：36-38.

［ 2 ］　杨明学，王德梓 . 我国直埋蒸汽保温管道绝热材料的应用与发展［ J ］. 区域供热，2003（ 4 ）：15-17+22.

［ 3 ］　刘承婷 . 蒸汽管道保温材料与保温结构优化研究［ D ］. 大庆：东北石油大学，2013.

［ 4 ］　Hoseini A，Malekian A，Bahrami M. Deformation and thermal resistance study of aerogel blanket insulation material under uniaxial compression［ J ］. Energy and Buildings，2016，130：228-237.

［ 5 ］　王立平 . 钢套管直埋蒸汽管道应用分析［ J ］. 区域供热，2010（ 4 ）：37-40+43.

［ 6 ］　中华人民共和国住房和城乡建设部 . 城镇供热直埋蒸汽管道技术规程：CJJ/T 104—2014［ S ］. 北京：中国建筑工业出版社，2014.

［ 7 ］　国家市场监督管理总局，国家标准化管理委员会 . 城镇供热钢外护管真空复合保温预制直埋管及管件：GB/T 38105—2019［ S ］. 北京：中国标准出版社，2019.

［ 8 ］　国家能源局 . 直埋高温钢质管道保温技术规范：SY/T 0324—2014［ S ］. 北京：石油工业出版社，2015.

［ 9 ］　李善化，康慧 . 实用集中供热手册［ M ］. 2 版 . 北京：中国电力出版社，2006.

［ 10 ］　陈国强，戚琳，刘杰 . 反射层对不同保温材料保温性能的提升效果分析［ J ］. 河北电力技术，2018，37（ 1 ）：16-18.

［ 11 ］　朱旭 . 常见直埋蒸汽保温管道结构比较［ J ］. 工程建设与设计，2004（ 8 ）：69-71.

［ 12 ］　穆树方，蔡启林 . 直埋蒸汽管道几个关键技术的思考与探讨［ J ］. 区域供热，2002（ 2 ）：16-19.

［ 13 ］　梁震，姜林庆，邹崴，等 . 直埋蒸汽管道复合保温材料厚度计算实例［ J ］. 煤气与热力，2013，33（ 11 ）：1-3.

［ 14 ］　杨海礁 . 玻璃钢套钢直埋蒸汽管道设计实例分析［ J ］. 区域供热，2011（ 4 ）：54-56，78.

［ 15 ］　孙枫然，王卓胤 . 直埋蒸汽管道保温结构计算［ J ］. 煤气与热力，2019，39（ 1 ）：32-36.

［ 16 ］　燕勇鹏，陈才，赵惠中，等 . 直埋蒸汽管道多层保温计算的探讨［ C ］//2016 年供热工程建设与高效运行研讨会，2016.

第 9 章

管道保温涂层补口

长输管道的建设由单根管道组对焊接完成。管道涂装涂层结构的整体性，不但表现在管道的本体涂层（涂装生产线预制），并且还表现在管道的对接焊口的补涂涂层质量，以及弯管等管件的涂层涂装质量上，而焊口的补涂也就是行业术语"补口"，其占据了主要地位，因为补口在施工现场完成，对现场的施工机具、施工环境、操作人员素质、材料的现场易用性提出了更高的要求。由于补口段补涂的涂层与管道本体涂层无法成为一个完好的整体，因此对补口涂层的材料和质量提出了更高的要求。

管道的保温涂层比普通防腐涂层结构复杂，在于其不仅包括防腐涂层，还包括保温涂层、防护涂层或其他特殊涂层，所以在管道焊接完成后，对于焊接预留区域的补涂工艺，复杂程度要求远超防腐涂层。管道保温层补口必须在管道铺设过程中完成，对于陆地管道，可以完成多组管道对口焊接后进行多组补口同时工作，在管道埋设前对管道的铺设效率不会造成大的影响。

本章主要描述硬质聚氨酯泡沫保温管以及保温层补口技术及补口工艺流程，文中也展示了相关补口保温层的结构示意图，并对相关补口材料进行了简单描述。

9.1 直埋聚氨酯保温管补口

硬质聚氨酯泡沫材料所具有的低导热系数和高强度，是目前埋地管道优选的保温材料，在某些领域处于不可替代的地位，并且也是浅海管道保温层最常用材料。

9.1.1　直埋聚氨酯保温管标准补口

聚氨酯直埋保温管的基本结构形式为聚氨酯保温层和外护聚乙烯防护壳,《埋地钢质管道防腐保温层技术规范》(GB/T 50538 —2020)明确规定了防腐层结构,而《高密度聚乙烯外护管硬质聚氨酯泡沫塑料预制直埋保温管及管件》(GB/T 29047—2021)涂层结构中未体现防腐层结构。

所以焊接段补口的涂层结构,需要依照管本体保温层结构来确定。

(1)有防腐层保温管道

有防腐层的保温管道补口的涂层结构为:包覆在管道焊接节点并搭接防腐层的底层,搭接管体外护层并形成内部空腔的补口段外护层以及空腔内填充的聚氨酯保温层。

带防水帽补口涂层结构形式(图 9-1),采用热收缩套(或加底漆)进行底层焊缝防腐涂装,热收缩带延展覆盖防水帽端部(打毛或极化处理),安装发泡模具或满足聚氨酯发泡的外护壳,并在空腔内发泡成型,外护胶带过渡搭接至管本体聚乙烯层(打毛或极化处理)。

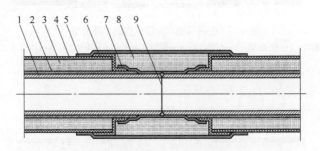

图 9-1　防腐保温层补口涂层结构图(带防水帽)[1]

1—钢管;2—防腐层;3—保温层;4—保温防护层;5—补口防护层;
6—防水帽;7—补口带;8—补口保温层;9—焊缝

无防水帽聚氨酯保温管补口涂层,同上述涂层结构完全一样,满足普通无防水帽结构形式(图 9-2)和安装有报警线的结构形式(图 9-3)。首先在经过表面处理的焊缝补口段涂刷底漆并安装热收缩带,热收缩带长度搭接至管本体防腐层(打毛或极化处理),在搭接至管本体外护壳的补口保护所形成的空腔内灌注聚氨酯泡沫料,密实形成保温层。

(2)无防腐层保温管道

无防腐层的保温管道一般应用于市政的供热管道,通常钢管保温层涂装前不进行防腐层涂装,所以焊接段补口按照常规方式只采用了聚氨酯浇注层和外防护层(图 9-4),结构简单,当然也可采用预安装防水帽的方式进行端部预处理。

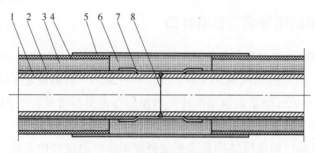

图 9-2　防腐保温层补口结构图（无防水帽）

1—钢管；2—防腐层；3—保温层；4—保温防护层；5—补口防护层；
6—补口保温层；7—补口带；8—焊缝

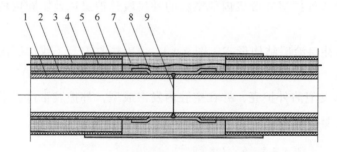

图 9-3　防腐保温层补口结构图（报警线）

1—钢管；2—防腐层；3—保温层；4—保温防护壳；5—报警线；6—补口防护层；
7—补口保温层；8—补口防腐层；9—焊缝

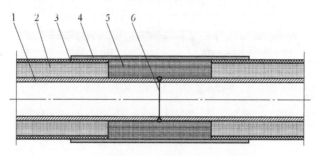

图 9-4　防腐保温层补口结构图（无防腐层）

1—钢管；2—保温层；3—保温防护层；4—补口防护层；
5—补口保温层；6—焊缝

9.1.2　电热熔套（带）防腐保温层补口

　　电热熔套（带）基体材质采用聚乙烯，并在套（带）边缘安装电阻丝，电阻丝加热与聚乙烯保护壳的搭接区域熔融黏结，与聚乙烯保护层搭接段形成整体结构，保温层可以采用保温瓦或在先期安装完成的密封电热熔套空腔内浇注聚氨酯发泡料形成保温层，其基本结构形式如图 9-5 所示。不采用防水帽的保温管补口结构形式如图 9-6 所示。对于一些特殊的埋地环境或流体介质的要求，例如冻土区，可以采用二次密封保护层结构（图9-7）：电热熔套＋端部密封层，对已经密封的电热熔套的搭接部位进行二次密封处理，形成搭接段二次密封结构。

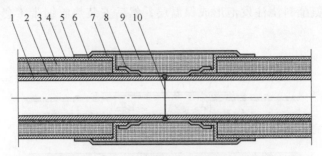

图 9-5　电热熔套防腐保温层补口结构图（防水帽）

1—钢管；2—防腐层；3—保温层；4—保温防护层；5—电热熔套；6—加热电阻丝；
7—防水帽；8—补口带；9—补口保温层；10—焊缝

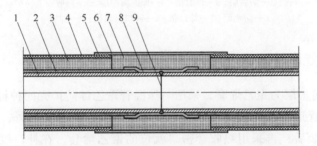

图 9-6　电热熔套防腐保温层补口结构图（无防水帽）

1—钢管；2—防腐层；3—保温层；4—保温防护层；5—加热电阻丝；
6—电热熔套；7—补口保温层；8—补口带；9—焊缝

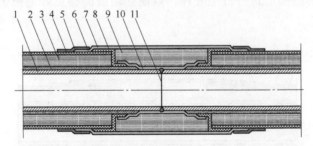

图 9-7　电热熔套防腐保温层补口结构图（防水帽＋端部密封层）

1—钢管；2—防腐层；3—保温层；4—保温防护层；5—端部密封层；6—加热电阻丝；
7—电热熔套；8—防水帽；9—补口保温层；10—补口带；11—焊缝

9.1.3　热收缩套防腐保温层补口

热收缩套是保温管补口结构中，最主要采用的保护层结构（图9-8），可以采用热收缩套或热收缩带的方式。采用热收缩套，要求热收缩套在管道焊接前预先套入管道，并滑移至保温层外护套位置，而热收缩带则可以在保温层安装和成型后进行缠绕黏结。补口首先要求完成防腐层涂装，然后安装保温瓦或在已安装的模具内进行聚氨酯料浇注发泡形成保温层，然后安装热收缩带（套）定位并热烤密封固定。

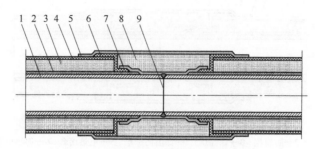

图 9-8　热收缩套防腐保温层补口结构图

1—钢管；2—防腐层；3—保温层；4—保温防护层；5—热收缩套防护层；
6—防水帽；7—补口带；8—补口保温层；9—焊缝

9.1.4　聚乙烯套防腐保温层补口

补口用外防护层为聚乙烯套。采用与保温管聚乙烯防护壳同种材质的聚乙烯挤出筒形套，在管道对口焊接前，穿套至管本体的聚乙烯保护壳外，完成焊接后的焊缝防腐层涂装后，再采用热收套密封就位的聚乙烯套，在补口段形成密闭的空腔，在密闭空腔内灌注聚氨酯料进行发泡形成保温层，其结构（图 9-9）中增加了热收缩套，为聚乙烯套提供密封。热收缩套热烘烤密封前，需要对管本体防护壳以及聚乙烯套的搭接层进行打毛处理，以便热熔胶能够更好地把热收缩套黏结在一起。

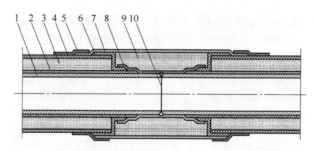

图 9-9　聚乙烯套防腐保温层补口结构图（热收缩套或密封套）

1—钢管；2—防腐层；3—保温层；4—保温防护层；5—热收缩套防护层；6—防水帽；
7—聚乙烯保护套（带）；8—补口防腐层；9—补口保温层；10—焊缝

聚乙烯套补口形式与热熔套一致，只是与管本体保护层未进行热熔搭接，所以密封效果不佳，补口涂层质量低。

9.1.5 冻土（低温）区保温补口

冻土区或低温地区，管道经过冻土或融沉段土壤，需要进行冬季施工。在低温时，保温层无法采用聚氨酯现场灌注发泡工艺，多选用预制成型的聚氨酯保温瓦扣接后进行捆扎。结构如图 9-10 所示。

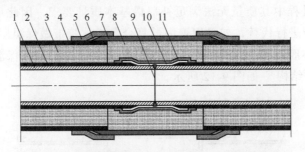

图 9-10　低温聚氨酯泡沫瓦保温层补口结构示意图

1—钢管；2—管本体防腐层；3—聚氨酯保温层；4—聚乙烯外护层；5—聚丙烯密封层；6—黏弹体防腐膏（黏
弹体密封条）；7—电热熔套；8—聚氨酯保温瓦；9—焊缝；10—固体环氧涂料层；11—黏弹体防腐胶带

底层防腐层涂装，采用可低温下施工的双组分无溶剂环氧涂料涂刷，外用黏弹体防腐胶带进行裹缠。用聚氨酯保温瓦扣合形成保温层，采用预先安装的电热熔套热熔黏结形成保护层，对于电热熔套与管本体聚乙烯搭接位置，采用黏弹体防腐膏或黏弹体密封胶条进行二次密封，并用聚丙烯胶带对电热熔套、接缝、管本体聚乙烯层三段进行缠绕加强密封，确保管道低温环境中的运行 [2, 3]。

有专利 [4] 展示了另一种冻土区管道保温补口层结构（图 9-11），保温层采用聚乙烯泡沫和二氧化硅气凝胶保温毡复合涂层。其中，聚乙烯泡沫层厚度为 90 mm，气凝胶保温毡厚度为 20 mm，二者均属于柔性材料，为一整块结构，均为多层缠绕成型，无纵向拼接，轴向接缝采用错开方式，热损失更少，并且施工方便快捷，更适合于低温下作业。外层采用常规结构的电热熔套，并安装弹性体胶带进行密封。

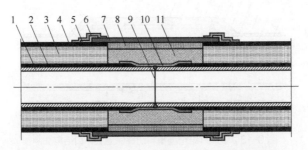

图 9-11　冻土区聚乙烯泡沫保温层补口结构示意图

1—钢管；2—管本体防腐层；3—聚氨酯保温层；4—聚乙烯外护层；5—黏弹体密封层；6—黏弹体保护层；
7—电热熔补口套；8—气凝胶毡；9—焊缝；10—补口防腐层；11—聚乙烯泡沫层

9.1.6 聚丙烯冷缠带防腐保温层补口

野外低温进行补口施工，是对涂层材料和施工工艺的一个最基本的考验，只有材料满足低温施工要求才能达到补口的质量要求。例如在 −20 ℃以下的环境可以使用预制的聚氨酯保温瓦替代现场聚氨酯发泡来保证保温层的性能，但使用热收缩带，热烤过程中其质量无法满足补口最基本质量要求，因此可采用满足低温施工的冷缠胶带进行代替，如采用聚丙烯复合黏弹体胶带做保温层外部的防护层，底漆复合黏弹体胶带和聚丙烯冷缠带做焊缝防腐层保温瓦块作保温层的低温施工复合保温层补口结构[5]如图 9-12 所示。

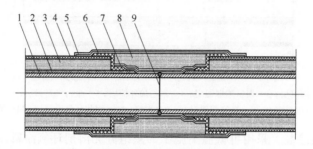

图 9-12 聚丙烯冷缠带防腐保温层补口结构图

1—钢管；2—防腐层；3—保温层；4—保温防护层；5—冷缠带保护层（外聚丙烯冷缠带 + 内黏弹体胶带）；
6—防水帽；7—补口防腐层（底漆 + 黏弹体胶带 + 聚丙烯冷缠带）；8—补口保温层；9—焊缝

9.1.7 玻璃纤维增强塑料防腐保温层补口

纤维增强直埋保温管的结构同聚乙烯外护直埋聚氨酯保温管的结构基本一致，只是外护管由聚乙烯改为纤维增强塑料，其机械强度更高，防冲击和根系穿透能力更强，所以为保证焊接补口段涂层强度的一致性，外护采用纤维增强塑料的复合补口层结构（图 9-13）。

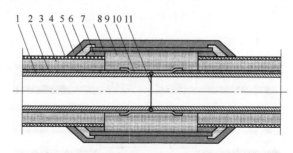

图 9-13 玻璃纤维增强塑料防腐保温层补口结构图[6]

1—钢管；2—防腐层；3—保温层；4—保温防护层；5—玻璃纤维增强塑料整体缠绕层；6—边缝密封层；
7—过渡层；8—玻璃钢套袖；9—补口保温层；10—补口防腐层；11—焊缝

补口工艺：管道对口焊接后补口段进行除锈、清洁、安装防腐涂层。

打毛补口用玻璃纤维增强塑料套袖的内表面和保温管道管端外护层搭接部位的外表面（搭接长度 ≥ 100 mm），在保温管道管端缠绕一定厚度的玻璃纤维增强塑料过渡层，然后把展开的玻璃纤维增强塑料套袖固定在补口部位。两边搭接部位再缠绕一定厚度的边缝密封层，最后整体缠绕一定厚度的玻璃纤维增强塑料，使补口部位玻璃纤维增强塑料的整体厚度达到设计要求。

补口段在外护层包裹密封后形成整体空腔结构，首先外护层开孔并进行气密性检验，合格密闭空腔灌注聚氨酯泡沫料发泡，同时排气孔排出空气，泡沫充填密实并固化后对外护层开孔处进行密封处理，形成完整的补口保温层结构。

9.2　硬质聚氨酯保温管补口应用实例

硬质聚氨酯保温层代表了保温管道的最基本涂层结构形式，所以本节的应用实例主要以聚氨酯保温管道补口成型进行论述。

9.2.1　保温瓦加热缩缠绕带补口

保温瓦补口是聚氨酯保温管补口最快捷的方式，采用成型的保温瓦块进行组合拼装，尤其适用于低温和超低温环境中的管道补口。并且采用热收缩套，可以确保补口保温层外的保护层整体性。

保温瓦补口过程见三维视图（图 9-14）。

① 钢管对口焊接，预留管端表面预处理，并进行防腐层涂装。

② 根据保温管外径补口尺寸形式，设计加工保温瓦块。保温瓦块内径与管本体补口防腐层涂装完成后的直径等径，外径要求等于管本体管壳外径，样式采取 1/2 瓦块，径向长度按照不小于对接焊后的补口段长度 2 mm，一般需要裁切制成，以确保与防腐层、瓦块层间以及瓦块与防水帽之间的贴合。要求选用的保温瓦块的性能指标等于或高于主管道保温材料。

③ 保温瓦块安装，在防腐层表面均匀涂抹聚氨酯胶后，首先安装下保温瓦，安装前在瓦块接触面和瓦块端面涂抹聚氨酯黏结剂或环氧类密封胶，然后从管底部安装下保温瓦块，安装压紧后。上保温瓦安装前，在同样部位涂抹聚氨酯黏结剂或环氧类密封胶，然后从管子上部向下扣装上保温瓦，与预先安装的下保温瓦密实黏结，要求上下保温瓦的纵缝在 9 点和 3 点钟方向（定义管顶部为 12 点）。

安装后的保温瓦块采用镀锌铁丝均匀扎紧，间距 150～200 mm，一般为两道。捆扎时，用力挤压瓦块，使瓦块底部尽量贴紧内层的收缩套。镀锌铁丝拧 2～3 圈，然后将接头扭弯，嵌入保温层缝内，避免向上损坏表层防护层收缩套。管径 ＜ 50 mm 采用 20 号铁丝（0.95 mm），管径 ＞ 50 采用 12（1.2 mm）号铁丝。

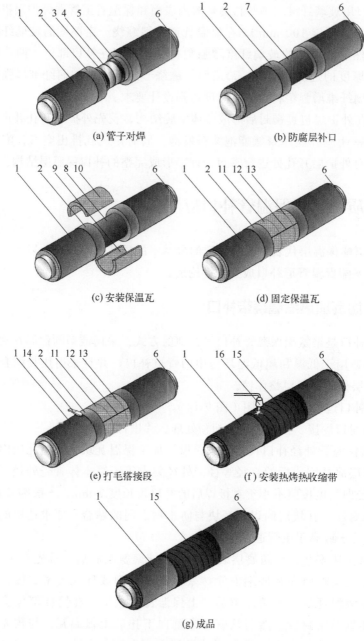

(a) 管子对焊　　　　　　(b) 防腐层补口

(c) 安装保温瓦　　　　　(d) 固定保温瓦

(e) 打毛搭接段　　　　　(f) 安装热烤热收缩带

(g) 成品

图 9-14　聚氨酯保温管道保温瓦热收缩带补口示意图

1—保温层防护壳；2—防水帽；3—防腐层；4—预留管本体层；5—防腐层；6—保温层；7—补口防腐层；8—黏结剂层；9—上保温瓦；10—下保温瓦；11—补口保温瓦；12—密封胶层（黏结剂层）；13—捆扎镀锌铁丝；14—保护壳 / 防水帽打毛钢丝刷；15—缠绕热收缩带；16—火焰加热装置

④ 保温瓦安装检测合格后，用钢丝刷或木工锉打毛热收缩缠绕带搭接的管本体聚乙烯层，然后采用冷缠带或窄型热收缩带采用倾斜 10°～15° 进行缠绕，缠绕

搭接层 ≥ 20 mm，缠绕完成后并贴附至管本体预处理段即可，采用火焰热烤方式，收缩张紧热收缩带，满足胶层的胶水渗出。采用冷带缠绕时，缠绕前必须在缠绕时张紧缠绕和热烤内胶层。

9.2.2　保温瓦加热收缩套补口

补口过程见三维视图（图 9-15）。

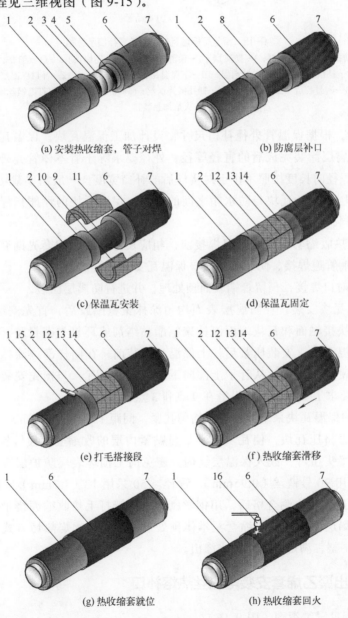

(a) 安装热收缩套，管子对焊　　(b) 防腐层补口

(c) 保温瓦安装　　(d) 保温瓦固定

(e) 打毛搭接段　　(f) 热收缩套滑移

(g) 热收缩套就位　　(h) 热收缩套回火

图 9-15

(i) 成品管

图 9-15　聚氨酯保温瓦加热收缩套补口示意图

1—保温层防护壳；2—防水帽；3—防腐层；4—预留管本体层；5—防腐层；6—热收缩套；7—保温层；
8—补口防腐层；9—黏结剂层；10—下保温瓦；11—上保温瓦；12—补口保温层；
13—密封胶层（黏结剂层）；14—捆扎镀锌铁丝；15—保护壳/防水帽打毛钢丝刷；
16—火焰加热装置

① 设计。根据保温管外径补口尺寸，设计加工保温瓦块。保温瓦块内径与管本体补口防腐层涂装完成后的直径等径，外径要求等于管本体管壳外径，样式采取 1/2 瓦块，径向长度按照不小于对接焊后的补口宽度，一般需要裁切，确保与防腐层、瓦块层间以及瓦块与防水帽之间的贴合。保温瓦块的性能指标等于或高于主管保温材料。

② 安装热收缩套。钢管对口焊接前，相应尺寸的热收缩套先期套入管端，并滑动至不影响管道焊接、防腐层涂装，保温瓦安装的位置。

③ 钢管对口焊接，预留管端表面预处理，并进行防腐层涂装。

④ 保温瓦块安装。在防腐层表面均匀涂抹聚氨酯胶后，首先安装下保温瓦，安装前在瓦块接触面和瓦块端面涂抹聚氨酯黏结剂或环氧类密封胶，然后从管底部安装下保温瓦块，安装压紧后，上保温瓦安装前，在同样部位涂抹聚氨酯黏结剂或环氧类密封胶，然后从管子上部向下扣装上保温瓦，与预先安装的下保温瓦密实黏结，要求上下保温瓦的纵缝在 9 点和 3 点钟方向。

安装后的保温瓦块采用镀锌铁丝均匀扎紧，间距 150～200 mm，一般为两道。捆扎时，用力挤压瓦块，使瓦块底部尽量贴紧内层的收缩套。镀锌铁丝拧 2～3 圈，然后将接头扭弯，嵌入保温层缝内，避免向上损坏表层防护层收缩套。管径 < 50 mm 采用 20 号铁丝（0.95mm），管径 > 50 采用 12（1.2mm）号铁丝。

⑤ 保温瓦安装检测合格后，用钢丝刷或木工锉打毛热收缩缠绕带搭接的两端管本体聚乙烯层，滑动热收缩套至本体预处理段，采用火焰热烤方式，张紧热收缩带并辊碾平整，满足胶层的胶水渗出。

9.2.3　挤出聚乙烯套安装电热丝热熔补口

补口过程见三维视图（图 9-16）。

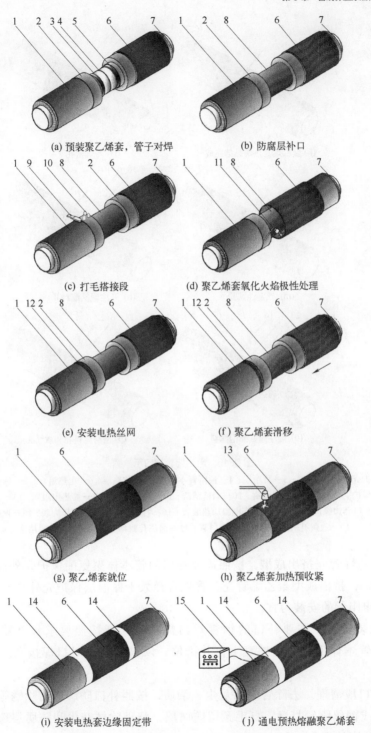

(a) 预装聚乙烯套，管子对焊　　　　(b) 防腐层补口

(c) 打毛搭接段　　　　(d) 聚乙烯套氧化火焰极性处理

(e) 安装电热丝网　　　　(f) 聚乙烯套滑移

(g) 聚乙烯套就位　　　　(h) 聚乙烯套加热预收紧

(i) 安装电热套边缘固定带　　　　(j) 通电预热熔融聚乙烯套

图 9-16

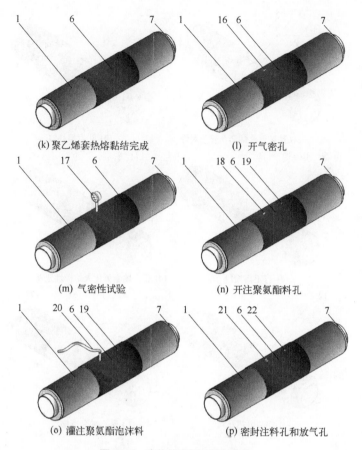

(k) 聚乙烯套热熔黏结完成　　　(l) 开气密孔

(m) 气密性试验　　　(n) 开注聚氨酯料孔

(o) 灌注聚氨酯泡沫料　　　(p) 密封注料孔和放气孔

图 9-16　电热熔套补口示意图

1—保温层防护壳；2—防水帽；3—防腐层；4—预留管本体层；5—防腐层；6—电热熔套；7—保温层；8—补口防腐层；9—保护壳/防水帽打毛钢丝刷；10—酒精清洗；11—火焰氧化；12—加热电阻丝；13—火焰加热收紧装置；14—电热套边缘固定带；15—外接电源加热装置；16—打气孔；17—加压压力表；18—聚氨酯注料孔；19—放气孔；20—聚氨酯灌注料管；21—灌注孔封堵塞；22—放气孔封堵塞

① 聚乙烯管壳挤出成型。按照需要补口的管本体聚氨酯保护壳外径，按照同等材料原则，挤出成型聚乙烯管壳，管壳直径大于保温层保护壳外径 5 mm 左右，满足加热电阻丝的安装为宜。

② 预装管壳。需要补口的钢管对口焊接前，把按照要求长度截取的补口管壳套入管本体聚氨酯外护壳上，并错位，以满足管子对口焊接和防腐层补口要求。

③ 补口段清理。去除管表面灰尘、杂质，按照补口防腐层的除锈等级要求管表面喷砂或钢丝刷轮打磨，打毛预留防腐层，清理除锈灰尘和防腐层遗留物，进行补口段防腐处理。

④ 定位标记。按照电热熔套的长短，在需要热熔黏结的管本体聚氨酯保护外

壳上做定位标记，以方便安装电热熔丝。

⑤ 聚乙烯层表面处理。采用电动刷轮对管本体聚氨酯保护壳外表面圆周的热熔部位做打毛处理，以满足黏结要求，并采用压缩空气清理打磨后的表面。采用酒精清洗管壳外黏结面和电热熔套内表面，防止异物黏结，形成隔离层，影响黏结力。注意如果补口环境恶劣，需要对热熔套内的聚氨酯黏结表面的防护薄膜进行清理，防止灰尘等异物污染。

⑥ 聚乙烯电热熔套表面处理。均匀转动管壳，氧化火焰处理，处理全部内表面，增加极性。

聚乙烯较为惰性的化学结构决定它与其他材料的极差的黏合性。因而为了取得满意的黏合效果，有必要对聚乙烯的表面进行表面预处理，以增强其表面化学活性与表面能。聚乙烯的表面处理方法通常包括化学溶液（如铬酸）法、电晕处理法、等离子体处理法、底漆喷涂法及本文所讨论的火焰处理法。火焰处理法与其他几种方法相比最经济。但是因为在处理过程中要经过相当高的热传递，所以该方法一般用来处理一些比较厚实的部件，如聚乙烯厚管壳等。

火焰处理法。要求压缩空气 104kPa，天然气（96% 甲烷，供气压力 1.74 kPa），火焰接触距离 0.5 ～ 1 cm，停留时间 0.04 s，空气天然气最佳比 12 ：1，强度 ≥ 33.9 L/min，最佳 59.3 L/min[7]。

⑦ 安装电热丝网。按照管壳外径裁剪电热丝网，要求长度安装在本体保护壳外壁后留有间隙，安装电阻丝可以采用气钉枪在管面上固定，并在丝网的接缝处安装接电极。

⑧ 管壳就位。按照预先标记和管表面打毛位置。滑动聚乙烯管壳就位。

⑨ 管壳定位。燃气加热装置加热预收缩聚乙烯管壳。采用管箍等装置，确保管壳的管口与管本体聚乙烯壳管面的圆周距离均匀，然后用火焰枪热烤管口进行预收紧，保证电加热后热熔管壳均匀箍紧在保护壳表面。

⑩ 熔接和冷却。安装管壳管口的箍紧装置，加热电极接通加热装置，进行加热熔接，熔融温度要求达到 240 ℃左右。熔接时长，按照环境温度一般要求 7 min 左右。熔接完成并在管箍箍紧装置的作用下，自然冷却到 60 ℃以下。

⑪ 气密性试验。在热熔管壳最顶部采用开孔钻头，钻取直径 16mm 的打压孔，并安装打压装置，压力要求达到 0.04 MPa，保压后采用肥皂水检测熔接部位密封性能。

⑫ 注料。在管壳 10 点或 2 点位置靠近管端，用开孔器开设注料孔，注料孔直径大于注料管直径，采用高压浇注机，按照核算的空腔充填物料量进行一次性注料，注料完成，采用带放气孔的膨胀塞塞堵注料孔和放气口，当膨胀堵塞顶部放气孔有物料排出，并逐渐稳定后，割取塞堵盖，并用扩孔器进行扩孔，然后用专门的全密封塞堵，熔焊机熔融后密封注料孔和排气孔，完成工作。

9.2.4 挤出聚乙烯片材加热收缩套和补口带补口

补口过程见三维视图（图 9-17）。

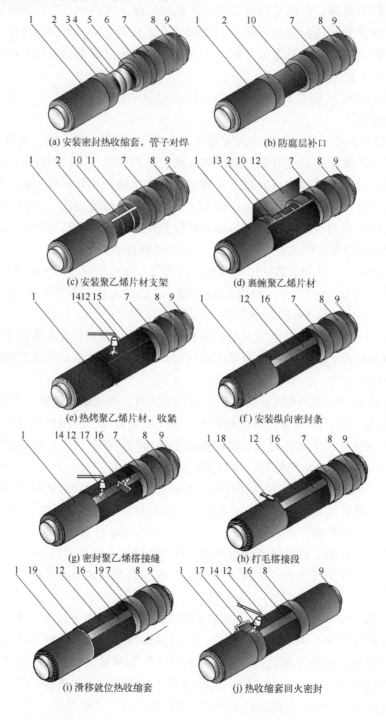

(a) 安装密封热收缩套，管子对焊

(b) 防腐层补口

(c) 安装聚乙烯片材支架

(d) 裹缠聚乙烯片材

(e) 热烤聚乙烯片材，收紧

(f) 安装纵向密封条

(g) 密封聚乙烯搭接缝

(h) 打毛搭接段

(i) 滑移就位热收缩套

(j) 热收缩套回火密封

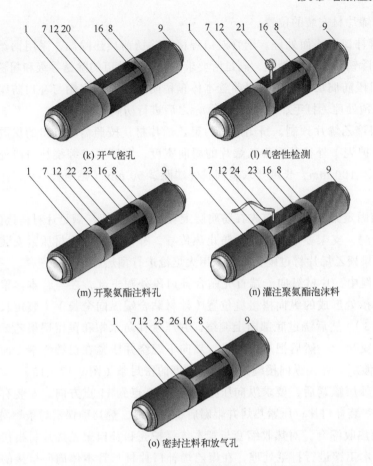

(k) 开气密孔　　　　(l) 气密性检测

(m) 开聚氨酯注料孔　　　　(n) 灌注聚氨酯泡沫料

(o) 密封注料和放气孔

图 9-17　挤出聚乙烯胶带（加热收缩套和补口片）补口示意图

1—保温层防护壳；2—防水帽；3—防腐层；4—钢管焊接预留段；5—防腐层；6—防水帽；7—热收缩套；
8—热收缩套；9—保温层；10—补口防腐层；11—支架；12—挤出聚乙烯片材；13—压边纵向密封条；
14—火焰加热装置；15—纵缝密封条；16—补口片；17—碾压辊；18—保护壳／防水帽打毛钢丝刷；
19—环形密封条；20—打压孔；21—加压压力表；22—聚氨酯注料孔；23—放气孔；
24—聚氨酯灌注料管；25—灌注孔封堵塞；26—放气孔封堵塞

挤出聚乙烯片材缠绕聚氨酯灌注补口技术，采用与管本体相同或材料性能高的聚乙烯材料挤出等同于管本体保护壳的厚度的片材，缠绕在补口段，形成空腔，并用热收缩套密封与管本体搭接端面以及补口片密封纵向搭接缝后，在密闭的补口空腔进行灌注、发泡、密实保温层的工艺过程。

① 聚乙烯补口片材挤出成型。采用连接片材模具的挤塑机，按照补口工艺要求的聚乙烯材料挤出大于或等于管本体保温聚乙烯壳厚度的片材，片材的挤出宽度为补口段要求宽度（包含搭接）的整数倍，防止材料浪费。

② 密封热收缩套的安装。在钢管对口焊接前，把相应直径的一组（两个）热收缩套套入保温层保护管壳外侧，并滑动至不影响钢管对口焊接、补口段防腐以

及补口聚乙烯片材安装的位置。

③ 钢管补口段表面处理。钢管对口焊接，除锈前预热除湿，采用钢丝刷或喷砂方式进行除锈和粗糙度处理，满足所要求的防腐层补口的除锈等级和粗糙度。

④ 补口段防腐层涂覆。涂覆前管本体预留防腐层和防水帽与补口防腐层搭接过渡层进行预处理（打毛、电晕处理等），之后进行防腐层涂敷。

⑤ 补口聚乙烯片预制。挤出成型的聚乙烯片材，按照需要补口的保温层（包含聚乙烯防护壳）外径截取聚乙烯片的周向宽度，宽度要求缠绕补口段外管表面的搭接宽度 ≥ 100 mm，长度要求裹缠后外端面 ≥ 50 mm（贴附管本体，距防水帽外侧边缘）。

⑥ 安装固定聚乙烯片。首先在防腐层上安装纵向支架，满足片材搭接的压紧，防止出现空洞，支架要求热绝缘，防止热传导。补口聚乙烯片材压紧安装在钢管补口段，如果聚乙烯片材过硬，可以采用火焰枪进行预热软化进行压紧。

安装过程中，片材纵向一端首先贴合补口段外圆下部，在与管本体聚乙烯层和防水帽压接处形成的纵向搭接缝位置（片材贴合端纵向全长）安装定长密封条（图 9-17，13），然后绕过底部向上缠绕，并压紧在防水帽和预留层聚乙烯面以及纵向预安装支架上，然后把片材的另一端向下缠绕并压紧在已缠绕端上面，形成纵向搭接过渡层，并在纵向接缝处安装等长度的密封条（图 9-17，15），聚乙烯片材在补口段外层箍紧后，要求纵向压接缝位于 10 点到 11 点方向。安装有密封条的搭接缝处安装补口片，压紧热烤并辊碾后密封接缝，热烤确保密封条熔融。

⑦ 安装热收缩套。对热收缩套与管本体保护壳和补口聚乙烯片材搭接部位采用钢丝刷或木工锉进行打毛处理，在聚乙烯补口片材与管本体周向搭接的过渡缝安装周向密封条压紧密实，滑动热收缩套分别定位在聚乙烯补口片与管外壳搭接处，要求收缩套中线基本重合接缝，火焰热烤热收缩套，辊碾收紧黏附在接缝处，形成整体补口外壳空腔。

⑧ 打压测试密封性。在聚乙烯壳表面 12 点方向钻取打压孔，安装压力表和打压装置，进行空气打压，要求压力为 0.04 MPa，保压后用肥皂水检测各密封部位。

⑨ 灌注聚氨酯料。在补口管壳外侧钻取注料孔，并根据计算的物料量在密闭的空腔内采用无气注料机一次性灌注聚氨酯物料，在排气孔和注料孔安装带有放气孔的塞堵，有物料溢出并且聚氨酯固化完成后，去除排气塞堵，并按塑料密封塞直径对排气和注料孔进行扩径，并用热熔机熔结塑料塞，封堵排气和注料孔。完成全部工作。

9.2.5 挤出聚乙烯片材电热熔补口

补口过程见三维视图（图 9-18）。

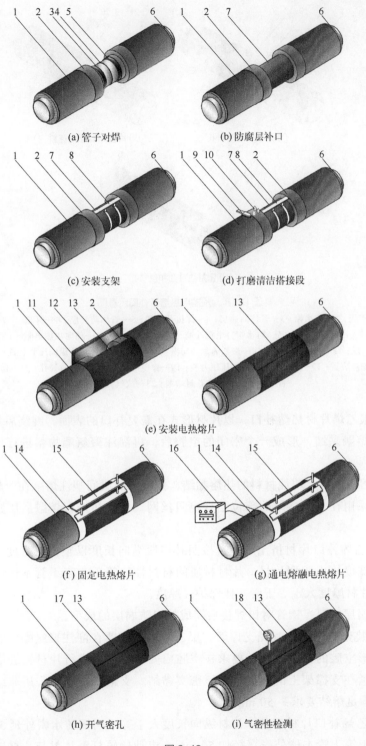

(a) 管子对焊　　　　　(b) 防腐层补口

(c) 安装支架　　　　　(d) 打磨清洁搭接段

(e) 安装电热熔片

(f) 固定电热熔片　　　　　(g) 通电熔融电热熔片

(h) 开气密孔　　　　　(i) 气密性检测

图 9-18

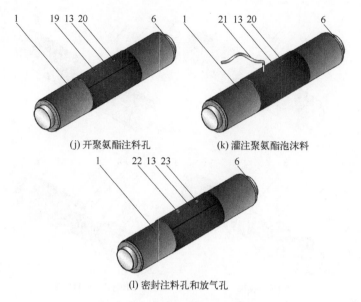

(j) 开聚氨酯注料孔   (k) 灌注聚氨酯泡沫料

(l) 密封注料孔和放气孔

图 9-18　预制电热熔带补口示意图

1—保温层防护壳；2—防水帽；3—管体防腐层；4—焊接预留段；5—管体防腐层；6—保温层；7—补口防腐层；
8—片材支撑架；9—保护壳/防水帽打毛钢丝刷；10—清洗酒精；11—环向加热电阻丝；12—纵向
加热电阻丝；13—聚乙烯片材；14—聚乙烯片材环向箍紧装置；15—聚乙烯片材纵向压紧装置；16—外接
电源加热装置；17—打压孔；18—加压压力表；19—聚氨酯注料孔；20—放气孔；21—聚氨酯灌
注料管；22—灌注孔封堵塞；23—放气孔封堵塞

　　挤出聚乙烯片材热熔补口，以片材形式在需要补口的表面，缠绕后进行纵向和环向电热熔融黏结，形成一个密闭的空腔后，再灌注聚氨酯物料进行保温层成型的工艺过程。

　　电热熔可以满足塑性材料的热熔黏结，把不同的层间塑性熔融在一起，其熔接方式为，采用在需要熔结的部位贴合电阻丝网，电加热进行熔融后压紧黏结形成一个整体。

　　① 聚乙烯补口片材挤出成型。按照补口段纵向长度以整数倍宽度或整数倍直径加搭接宽度挤出成型片材，片材材质的材料性能等于或高于管本体保护聚乙烯壳材质，片材厚度大于等于管本体保护壳厚度。

　　② 防腐层补口。钢管对口焊接后完成补口防腐层的成型。

　　③ 安装聚乙烯补口管壳支撑架。聚乙烯片材需要在灌注聚氨酯保温料前完成补口段筒形空腔的搭接缠绕，要求在空腔内安装支架，进行片材错缝搭接时搭接缝可以压紧在支撑架上的，进行碾压密实黏结。支架材质要求采用非或低导热材料，宽度满足熔结要求≥ 50 mm。

　　④ 聚乙烯补口片材准备。片材纵向长度大于等于两端防水帽外延 50 mm，宽度要求大于等于管本体外壳直径加 50 mm。电动刷轮打毛片材与片材以及片材与

管本体的黏结部位，清理灰尘和打磨后塑料粉末，用酒精清洗，对整个片材内表面采用氧化火焰进行极性处理，增加聚氨酯与聚乙烯表面的黏结力。

⑤ 安装电阻丝网。电阻丝网安装在聚乙烯补口片材黏结位置，采用气钉枪在材料上进行固定，安装完成后接入导线。一般有安装好电阻丝的电热熔片。

⑥ 聚乙烯补口片安装。安装聚乙烯补口片材前，依据片材尺寸在管本体聚乙烯外护壳黏结位置采用电动工具进行打毛，并用酒精进行清洗。聚乙烯片材安装过程中，片材纵向一端从补口段外圆下部绕过底部向上缠绕，同时用火焰预热片材，软化后压紧在防水帽和预留层聚乙烯面以及纵向预安装支架上，然后把片材的另一端向下缠绕并压紧在已缠绕端上面，形成纵向搭接过渡层，要求纵向压接缝位于 10 点到 11 点方向。

⑦ 熔接和冷却。聚乙烯片材安装完成后，采用管壳箍紧装置，压接纵向黏结位置和环向黏结位置，加热电极接通加热电源，进行塑性热熔接，熔融温度 240 ℃左右，熔接时长一般要求 7 分钟左右。熔接完成并在管箍箍紧装置的作用下，自然冷却到 60 ℃以下。

⑧ 气密性试验。在热熔管壳最顶部采用开孔钻头，钻取直径 16mm 的打压孔，并安装打压装置，压力要求达到 0.04 MPa，并保压后用肥皂水检测熔接部位。

⑨ 聚氨酯物料灌注。在管壳 10 点或 2 点位置靠近管端，用开孔器开设注料孔，注料孔直径大于注料管直径，采用高压浇注机，按照核算的物料量进行一次性注料，注料完成，采用带放气孔的膨胀塞塞堵注料孔和放气口，当膨胀堵塞顶部放气孔有物料排出，并逐渐稳定后，割取塞堵盖，并用扩孔器进行扩孔，然后用专门的全密封塞堵，熔焊机熔融后密封注料孔和排气孔，完成工作。

电热熔套和电热熔片的使用方式完全等同于挤出聚乙烯套和片的热熔补口方式，只不过以成品方式出现，节省了补口防护层成型加工的过程。

9.2.6　聚丙烯冷缠带加黏弹体胶带补口 [5]

（1）补口准备

补口的底漆、黏弹体胶带和聚丙烯冷缠带等材料，低温施工时，须应进行保温。低温下，聚丙烯冷缠带解卷，可采用火焰加热方式进行。

按照补口段的长度和环形空隙的尺寸，预制聚氨酯保温瓦块，瓦块规格：双瓦块、三瓦块或四瓦块。准备瓦块黏结胶泥，如果低温施工，须选用低温胶泥或密封胶。

（2）补口段清理

清理补口段，采用修磨方式清理焊渣、毛刺、飞溅物等，清除管表面黏附的污染物、油污和杂质等。 防腐层端部有缺陷时，如翘边、开裂等，须进行修补，确保防腐层黏附及无层下缺陷。

（3）除锈清理

采用机械自动喷砂装置或人工方式，对补口部位的钢管进行除锈，等级要求Sa2½。补口材料与防腐层搭接区和管本体保温层外护壳搭接区以及防水帽搭接区进行打毛处理，打毛长度按照黏结要求。为防止损伤管本体涂层表面，须对防腐层和保温层做适当防护。清除除锈后的浮尘、钢砂杂质，确保管表面清洁度等级达到 2 级。

（4）管口预热

使用中频等在线加热方式对补口段进行预热，要求的预热温度为 85～95 ℃，按照外界环境温度确定预热时长，< -20 ℃低温下，预热时长 3～5 min，满足涂装时管体温度在预热温度范围内。加热完成后需要多点测温，确保其均匀度。

（5）涂刷底漆

底漆采用双组分涂料，人工或单组分喷涂机喷涂时，须按照要求在保温的状态下混配双组分物液态料。采用双组分喷涂机喷涂，喷涂前对物料进行搅拌并保温。

底漆层须相邻聚乙烯防腐层的搭接宽度 ≥ 10 mm。底漆利用管体储热实现表干，表干后的涂层采用保温材料包裹达到保温要求。实干底漆人工方式进行外观检查、厚度检验和电火花检漏。底漆也可采用湿膜进行涂装。

（6）黏弹体胶带施工

实干的底漆表面，采用定度宽度的黏弹体胶带缠绕、贴附，边缠绕边抽出隔离纸，缠绕过程张紧胶带并采用柔性压辊进行辊压，排除气泡，使防腐层平整无皱褶、搭接均匀、密封良好。黏弹体胶带螺旋缠绕，缠绕螺距 ≥ 20 mm，胶带初始端和末端须过渡搭接，宽度要求 ≥ 50 mm，黏弹体胶带搭接全包覆管本体防腐层并与防水帽的搭接 ≥ 20 mm。黏弹体胶带缠绕完成后，应逐一进行外观、密实度、厚度及漏点检测。

（7）聚丙烯冷缠带安装

聚丙烯冷缠带同样采用螺旋缠绕方式，每层胶带搭接满足 50%～55%，胶带的始末端搭接 ≥ 100 mm。聚丙烯冷缠带与防水帽的搭接宽度 ≥ 40 mm（大于黏弹体 20 mm）。聚丙烯胶带缠绕过程始终保持张紧，并要求搭接缝平行、无扭曲皱褶、带端部压贴、无翘边。

（8）保温瓦安装

对需要安装的保温瓦端面、瓦接触面涂抹胶泥或者密封胶，采用从下而上的顺序安装保温瓦。保温瓦块缝隙采用同种材料填充。

根据保温要求，可以加装气凝胶保温毡对保温瓦进行错缝裹缠。保温层安装完毕后，采用两道 20 mm × 0.5 mm 不锈钢丝进行捆扎。捆扎后的钢丝头压入保温层。

（9）防护层安装

黏弹体胶带采用螺旋方式缠绕、贴附在保温层外部，缠绕过程张紧胶带并用压辊沿开卷位置进行辊压，排除气泡，防腐层平整无皱褶、搭接均匀、密封良好。

胶带缠绕螺距 ≥ 20 mm，胶带始末端搭接宽度 ≥ 100 mm，黏弹体胶带全包覆防水帽外沿并与保温管的聚乙烯外护管的搭接宽度应 ≥ 20 mm。

聚丙烯冷缠带带采用螺旋缠绕方式，缠绕胶带搭接率为 50%～55%。胶带始末端搭接宽度≥100mm，聚丙烯冷缠带包覆防水帽外沿并与保温管的聚乙烯外护管的搭接宽度应≥70 mm。

聚丙烯胶带缠绕时应保持适宜的张力，搭接缝平整、无扭曲皱褶、带端压贴、无翘边缺陷。

（10）剥离强度检验

保温层补口完成，须对防腐层和保护层的相关层间的剥离强度进行检测，要求的检测结果满足表 9-1、表 9-2 要求。

表 9-1　防腐层剥离强度测试要求

剥离强度			
黏弹体胶带与管体防腐层（含防水帽）搭接位	聚丙烯冷缠带与管体防腐层（含防水帽）搭接位	聚丙烯冷缠带缠绕搭接位	聚丙烯冷缠带与黏弹体胶带搭接位
≥2 N/cm，剥离面的胶层覆盖率不应低于90%	≥20 N/cm		

表 9-2　防护层剥离强度测试要求

剥离强度			
黏弹体胶带与管体防护层（含防水帽）搭接位	聚丙烯冷缠带与管体防护层（含防水帽）搭接位	聚丙烯冷缠带缠绕搭接位	聚丙烯冷缠带与黏弹体胶带搭接位
≥2 N/cm，剥离面的胶层覆盖率不应低于90%	≥20 N/cm		

9.2.7　灌注聚氨酯补口注意事项

夏季施工，发泡剂储存阴凉环境下，避免太阳直射，保温补口管段须遮阳，防止高温天气太阳直射管道表面温度过高造成发泡剂启发速度过快，一般管表面温度 23～25 ℃，适合补口施工时段。

管道表面温度过低，在保温接口施工前，应加热管道，加热发泡剂黑白料，用预热管道和发泡剂黑白料来应对秋冬季节的低温天气，管道表面温度低于 15 ℃时用液化气喷灯加热管道表面温度，发泡剂温度过低，使用前用热水加热发泡剂黑白料，加热到 25～30 ℃后再施工。

9.3　小结

保温管道补口是保证管道长期运行过程中维护其最佳性能的关键点，涂层质量主要由涂料类型、涂层结构、涂覆工艺来决定。现有的补口涂层结构无法与管本体涂层达成完整、连续的一致性，所以总有缺陷点存在，无法完全适应管道运行的环境和流体介质要求。这就要求涂层材料的选择首先须与管道运行环境以及流体特性相匹配，其次设计涂层结构与管道本体涂层结构相匹配，还须选择最佳施工工艺和施工机具来满足现场补口施工要求，最重要一点是提高工作人员的操作水平和责任心，并加强监督管理，这样才能提高管道补口的质量。

参考文献

［1］ 中华人民共和国住房和城乡建设部.埋地钢质管道防腐保温层技术标准：GB/T 50538—2020［S］.北京：中国标准出版社，2021.

［2］ 郜玉新.复合防腐保温管道低温补口研究及应用［J］.管道技术与设备，2015（4）：36-38.

［3］ 蒋林林，潘丽红，韩文礼，等.冻土区油气管道保温技术现状［J］.石油工程建设，2014,40（4）：41-44.

［4］ 蒋林林，韩文礼，张其滨，等.冻土区具有复合保温补口结构的管道：CN 202746792 U［P］.2013-02-20.

［5］ 孙卫松，张思，雷阳，等.中俄原油管道二线保温管道补口结构及施工［J］.石油工程建设，2018, 44（1）：63-65.

［6］ 国家市场监督管理总局，国家标准化管理委员会.城镇供热玻璃纤维增强塑料外护层聚氨酯泡沫塑料预制直埋保温管及管件：GB/T 38097-2019［S］.北京：中国标准出版社，2019.

［7］ 盛恩宏，凌小燕.聚乙烯表面的火焰处理［J］.中国胶黏剂，1999, 8（3）：30-30.

第10章

管道保温层缺陷及失效

对于保温管道，在设计中，除了要进行保温层厚度经济性计算，还需进行管道强度计算，主要为了应对保温层和外护层成型过程中可能出现的涂层缺陷和管道在运行过程中出现的保温层以及防护层破损失效，当然失效不仅包含管本体涂层，还包含补伤涂层和接头的补口涂层等。

无论是架空保温管道、直埋保温管道，还是海洋保温管道，其失效均包括强度失效与稳定失效两个方面。

（1）强度失效

① 材料本身作用引起　由于发泡保温材料在充胀过程中产生的不均衡内压，当其超过保护壳的约束应力时，轻则保护壳会产生较大的塑性变形，重则引起保护壳爆裂或断裂。

② 外部载荷作用引起　在海水或土壤载荷的作用下，保温层以及外护层强度不足以支撑载荷的作用，则会造成保温层和防护层变形、破坏，甚至最终失效。

③ 热应力作用引起　保温管道中温度应力起决定性作用，因为温度场引起热胀冷缩变形不能完全释放时，会对保护层造成拉伸或压缩塑性变形，而当管道在运行周期内反复变形时，同样会引起永久失效。

（2）稳定失效

当保温管道处于整体受压状态，如在海水、土壤中，或局部受压，如架空支撑等，抑或内部受热应力作用时，极有可能出现失稳破坏或椭圆化。

① 整体失稳　针对整条保温管道，不能释放热应力作用时，运行工况下的管道轴向压力大，产生的压杆效应会引起管道的整体失稳。

② 局部失稳　运行工作管道属于薄壳体，在热应力所产生的轴向应力作用下，管道会出现局部皱结，从而引起局部的失稳。

③ 椭圆化　在运行管道横断面上施加的载荷，如土壤载荷或海水载荷，会使管

道涂层首先形变，产生椭圆化变形，过大的椭圆化变形也会使管道遭到破坏。

稳定失稳主要针对的是管道本身。

现阶段最佳保温管道涂层是硬质聚氨酯泡沫，其不但应用于我们的日常生活，如城镇供热、供水，也应用在油田管道和海洋管道建设中，所以本章内容以聚氨酯保温管道的失效为主。

10.1 聚氨酯保温层预制过程缺陷

10.1.1 聚氨酯保温层偏心

聚氨酯保温管的结构是工作管、防腐层、聚氨酯保温层和外护聚乙烯或玻璃钢，其中起关键保温作用的是聚氨酯保温层，保温层的厚度依据管径为 40 ～ 120 mm，所以为达到最佳保温效果，保温层厚度的均匀性是关键参数之一。

偏心就是从管道断面观测，保温层出现厚度不均匀状态，工作管偏向保温层的一侧，呈现偏心状态，这种管道保温层缺陷与保温管道的成型工艺有直接关系。

10.1.1.1 "一步法"成型工艺造成的偏心

聚乙烯保护壳的挤出成型与聚氨酯发泡同步进行，在聚乙烯管延展过程中，聚氨酯泡沫料进行充填发泡，因为发泡料的流动不均匀以及启发、充填时间的影响，造成聚乙烯空腔内充填过程物料的不均匀状态，不均匀状态的泡沫料挤压工作管会造成偏移，导致偏心现象[1]，为杜绝此类缺陷发生，一般采用专用的纠偏装置，通过探测工作管与聚乙烯外壳之间的距离来进行纠偏。偏心产生的原因如下。

① 钢管的中心高度影响 "一步法"保温管生产是以钢管传送滚轮、钢管输送牵引装置、保温成品管传送滚轮作为输送动力，管子的中心高度由这三部分来决定，滚轮或牵引机等的高度调整需要考虑钢管（无保温层）和保温管道出现的直径偏差（中心高差），必须在相应管径和对应保温层厚度的情况下先期进行计算并调整。

② 纠偏机的影响 聚氨酯泡沫料的发泡位置与自动纠偏机纠偏环位置是否吻合，是影响管道偏心的又一因素。保温管生产过程中，受到钢管椭圆度、平直度以及滚轮调整精度的影响，总会存在偏心情况，必须通过专门的纠偏机随时进行偏心调整，纠偏环的位置过前或过后（距离发泡液面位置），都会造成偏心后无法通过纠偏机进行调整，所以通常要求纠偏环距离发泡液面位置 0.1 m 左右。另外，纠偏机探头的探测精度也会影响偏心程度，精度和量程越高，漂移越小，则跟踪纠偏越灵敏。纠偏机传感器的探测距离也是引起偏心的一个主要原因，常规传感器为 40 mm，精密传感器为 60 mm，超过 60 mm 须选用特制传感器。

③ 管道连续运行工作的管接头连接方式的影响 如果管接头连接不紧密，强

度低，也会使得前后钢管产生径向跳动，导致偏心。

　　④ 发泡料的发泡方式　发泡方式也易产生偏心，例如物料脉动造成发泡液面波动，或钢管表面或物料受外界温度变化的影响，造成发泡液面变化，或引起固化时间延迟等。

10.1.1.2　"管中管法"成型工艺造成的偏心

　　"管中管法"工艺所造成的管道偏心，主要由于聚氨酯泡沫料在灌注前，钢管与聚乙烯管壳中心线在发泡台架上已经处于非重合状态，究其原因就是钢管表面安装的支撑块间距和数量不足以约束聚乙烯管壳与钢管同心。或者发泡平台上的聚乙烯壳空腔堵板，影响结构和强度，造成管道在充填泡沫料的过程中因泡沫料作用造成非中心约束。

　　减小保温层轴线偏心距的方法是在保温管的生产过程中，在工作管上设置间距合理的支架（1 ~ 2 m，依据管径），并加密支撑块间距（10 cm），第一道支架与最后一道支架距聚乙烯外护管端面 10 cm 左右。或采用无支架的发泡平台，须用液压外圆箍紧装置，箍抱聚乙烯外护壳，也可防止偏心发生。

　　采用聚氨酯保温管的喷涂缠绕成型技术，不会产生保温层偏心现象。

10.1.2　聚氨酯保温层空洞

　　聚氨酯泡沫层空洞（图 10-1）隐藏在管道内部，为随机性的，一般不容易发现。空洞的存在首先影响到保温层的保温性能，其次对保温管道的承压强度也会有一定影响，当外力作用时，首先会从此处发生泡沫塌陷。

图 10-1　保温层空洞

10.1.2.1　"一步法"成型工艺

　　① 组合聚醚的发泡时间和固化时间，直接影响到保温层的质量，过快或过慢

就会引起空洞和塌陷。如果保温管成型过程中，早晚温差变化大，泡沫料所需的发泡和固化时间都不可能一样，所以要求：若泡沫发泡、固化时间太慢（泡沫液面坡度小），则需要提高钢管、泡沫料温度，减小冷却水量，减慢管道生产速度；若是泡沫发泡、固化时间太快（泡沫液面坡度陡），就需要降低温度，加快钢管速度。

② 添加剂问题，导致发泡不均。通常加入催化剂、发泡剂和稳定剂后，应不停搅拌聚醚，否则助剂混合不均，导致发泡不匀。此外，助剂加入量达不到要求，特别是催化剂和稳定剂加入量不够，则导致泡沫空洞或酥脆。

③ 材料或工艺影响。例如发泡、固化慢，则须掺入发泡、固化时间快的组合聚醚或更换组合聚醚；泡沫固化时间、发泡时间不协调，也需要更换组合聚醚；喷枪位置不正，调整喷枪位置；泡沫不发泡或酥软不均，喷枪堵塞或泡沫回风，查哪根料灌带回风，更换料带及泡沫喷枪，或选择合理可行的工艺参数，重点控制好羟值：480 mgKOH/g 和水分 ≤ 0.1%[1]。

10.1.2.2 "管中管法"成型工艺

"管中管法"是根据聚乙烯套管和工作管之间的环形空腔体积计算得到泡沫料用量，一次性灌注，如果出现计算失误或因为环境温度、物料特性的影响，会造成填充不饱满，出现空洞的现象。

10.1.3 聚氨酯保温层密度不均匀

聚氨酯保温层的密度不均匀只会出现在聚氨酯保温管"一步法"和"管中管法"成型技术中，喷涂缠绕成型技术则完全不会出现。

"一步法"成型技术，采用管道移动过程中连续灌注技术，泡沫料从套管下部向管上部进行启发、充填，如果泡沫料启发速度过快，势必会造成底部密度大于端面密度的现象。

"管中管法"成型技术，采用一次性充填，物料从一点注入，流动、发泡后充填整个环形空腔，充填工艺、环境温度、泡沫料流动速度、物料启发时间等都不会是一个理想状态，所以必然会产生各段物料密度的不均匀性，所以一般在"管中管法"成型工艺中，充填物料的计算量要高于正常值 15% ~ 20%。

10.1.4 聚乙烯保护层脱壳

聚氨酯保温管脱壳的最直接表现是，聚乙烯防护壳与保温层整体脱开，这种现象在管道未使用的堆放场地或使用过程中出现，主要是因为保温层与管壳之间的黏结力降低或不达标导致的。

聚乙烯为非极性材料，且采用"一步法"或"管中管法"所成型的聚乙烯管壳内壁为光滑结构，在聚氨酯密实发泡过程中极性的聚氨酯材料无法与聚乙烯壳通过化学键、极性键或离子键进行黏结，同时光面结构的管壳无法满足聚氨酯物料与管壳之间通过锚固等物理方式结合，当层间的黏结力无法抵消管道在运行过程中，因外力作用所施加在管壳和保温层上的剪切力时，就会造成聚乙烯壳滑移现象。

为杜绝脱壳现象产生，可以采用电晕或者火焰等方式对聚乙烯壳的内壁进行极化处理，通过增加粗糙度或极性化来提高与保温层的黏结力，或改变成型工艺以聚氨酯保温层喷涂缠绕方式制作保温管道，也可以通过在层间增加黏结剂层来改善和加强层间结合力。

10.2 保温管或保温弯管涂层开裂

10.2.1 保温管涂层开裂

聚氨酯保温管开裂，在"管中管法"成型工艺中比较常见。采用"管中管法"成型工艺，外护聚乙烯保护壳为先期挤出成品的塑料保护套管，套管成型后穿套在工作管外，在工作管与套管内侧的密闭空腔内进行灌注聚氨酯泡沫料进行启发、充填，密实成型。

（1）聚乙烯管壳挤出模具设计缺陷引起的开裂

聚乙烯套管挤出成型过程中，因为挤出环形模具的设计问题，造成挤出过程中物料加热不均匀，温差较大的部位所成型的管壁处应力集中，当受到外力或内部物料挤压时，套管的应力集中处不足以抵消这种力，必定会造成开裂。同样因为模具设计不合理，聚乙烯物料在从挤塑机挤出扩径到挤出模具的过程中，挤出物料量不均衡，势必会造成薄弱段的应力集中，同样在成型为成品管后出现开裂现象（图 10-2）。

图 10-2 聚乙烯保护层开裂示意图

（2）聚氨酯物料填充引起的开裂

聚氨酯物料的充填过程是在密闭的环形空腔内进行物料流动、启发、充填以及密实的，在这个过程中，因为环境温度、物料的流动速度、启发时间等的不同，必定会造成局部泡沫料的密度过高，对聚乙烯管内壁造成挤压。当聚乙烯套管无法约束这种挤压力时，同样也是聚乙烯壳开裂的原因之一。

（3）温度冲击引起的开裂

温度冲击是主要的环境因素，尤其针对施工过程中的堆放管道。聚氨酯保温管外护的黑色聚乙烯材料具有较强的吸热能力。

当外界环境温度过低时（图10-3），成品保温管道放置在待敷设区域或生产区域，未采用合理的保温措施，受到温度冲击，堆管区过大温差的往复动态变化会影响聚乙烯外护层的应力与应变分布，例如当管道上端太阳照射面与管道阴影面的温差达到 50 ～ 60 ℃以上时，每天一个周期，在温度的冲击下，带来严重的疲劳效应，放大了聚乙烯套管中的缺陷，造成开裂现象[2]。并且在交变温度影响下，多层结构保温管道会因其各材料间的线膨胀系数差异而产生复杂的力学约束作用，进而形成裂纹，扩展断裂（图10-4）。

图10-3　冬季保温管外界放置环境　　　　图10-4　聚氨酯保温层开裂示意图

（4）聚乙烯材料引起的开裂

聚乙烯材料的性能包括断裂伸长率、拉伸强度、耐环境应力开裂等，也是导致管道保温失效的重要原因。外护套在挤出加工过程中难免会形成缺陷，例如微气泡、微裂纹、表面凹陷、夹杂物，缺陷处存在的应力集中会明显降低聚乙烯外护管的力学性能，如果在预制过程中不严格避免缺陷的存在，聚乙烯外护管长期埋于地下极易发生损坏[3]。例如，外护管原料中掺加回用料，极容易导致质量下降。

（5）物理性能差异引起的开裂

聚氨酯保温管包括钢管在内，聚氨酯层以及聚乙烯层物理性能有较大的差异，其线膨胀系数分别为（10.6 ～ 12.2）× 10^{-6}℃、40 × 10^{-6}℃和 300 × 10^{-6}℃，膨胀系数级差非常大。所以保温管道多层结构因各层材料线膨胀系数差异而产生复杂的力学约束作用，造成各层之间存在应力及应变差异[4]。

如果处在环境温度交变情况下，各种材料的收缩量就存在极大的差异，因此会产生较大的应力以及复杂的力学约束，并且在反复变化过程中，应力会形成叠加，高密度聚乙烯的塑性出现下降，当聚乙烯管壳的收缩量无法通过塑性变形进行抵消时，就会导致高密度聚乙烯聚氨酯保温管开裂。过大的应力值与应变值形成裂纹扩展断裂，裂纹通常从应力变形集中区开始，沿直管侧面的应力临界面扩展，遇到气孔、杂质等加工缺陷时，则会呈现偏转或炸裂状态（图 10-5）。

图 10-5　聚氨酯管壳炸裂示意图

（6）外力引起的开裂

外力作用同样会增加保温管聚乙烯壳开裂的风险，包括机械损坏和人为破坏两种情况。如在管道下沟时产生弯曲变形而引起保温层开裂、剥离等损伤；在建筑、修路等施工现场，大型机械，如挖掘机、装载机等，由于作业时的力量过大造成保温层破损开裂。

例如，冬季施工，保温管运输和存放过程中，保温管因长时间与支撑墩接触而致使外护层与支撑墩紧密冻结在一起，下沟吊装时产生拉力，破坏外护层。此外，处于收缩极限且尚未开裂的保温管在外力的激发下也易发生开裂。

（7）聚氨酯保温材料引起的开裂

聚氨酯泡沫料发泡不完全，产生空洞等现象，造成保温层厚薄不均，导致内应力集中，并且聚氨酯发泡空洞处不隔热，聚乙烯外护管会受到管内热流体的长期热辐射，加速老化，埋地后长期受到挤压，造成管道塌陷开裂。

"管中管法"成型的聚氨酯泡沫浇注工艺，在物料流动、启发、密实过程中，密度的不均匀会造成外护管产生一定的塑性变形，使其长期处于受力状态。当聚氨酯泡沫的密度越大，外护管受到的应力越大，从而在温度等外因下导致聚乙烯外护层和保温层开裂。

（8）低温下的不耐冲击引起的开裂

聚乙烯虽然有良好的耐低温性能，但因为高分子材料中为保证塑性成形和各种物理、化学性能，需要添加多种添加剂，正因为如此，在长输管道建设时，由于冬季寒冷，聚乙烯保护壳不耐低温冲击，在搬运、吊装、敷设过程中，因为外力的冲击，必定会造成聚乙烯管壳的开裂，这种开裂只表现为外壳无规则破损，而聚氨酯保温层基本保持完整（图 10-6）。所以冬季施工时必须选用耐低温冲击的聚乙烯颗粒料，例如某国家级石油保温管道要求聚乙烯涂层耐 -35 ℃低温冲击。

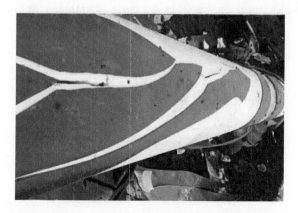

图 10-6　低温冲击造成的聚乙烯壳碎裂

10.2.2　保温弯管涂层开裂

使用冷煨工艺制作的保温弯管，存在着较大的应力，聚乙烯外护管在径向与轴向上都受约束作用，相对于直管，这更加容易开裂（图 10-7）。

管道安装的直管路上连接保温弯管，发生温度变化时，相对比较长距离的直管段会对弯管产生较大的拉伸作用，则会对整个弯管聚乙烯的外护管产生较大的应力，易出现形变，形变加剧极容易导致开裂。

图 10-7　聚乙烯外护聚氨酯弯管保温层开裂示意图

10.3　聚氨酯保温层管道运行过程缺陷

10.3.1　聚氨酯保温层老化

　　长期运行的埋地保温管道，如果外护层出现破损，聚氨酯泡沫层因为水渗透，酯基就会在水分子的作用下发生水解，从而导致泡沫保温层的力学性能发生明显变化。

　　而处于架空、跨越、冲沟等悬空的裸露管道，在阳光、紫外线的作用下，聚氨酯保温层和聚乙烯外护层极易发生老化，并且在管道跨越入土段，土壤与空气交界处极易产生微电池腐蚀，从而造成保温层的剥离失效[5]。

10.3.2　聚氨酯保温层炭化

　　聚氨酯保温层的炭化，表现为保温层发黄变性或变黑炭化。主要产生于两个过程：一是保温管道预制过程，表现为发黄，称之为"烧芯"；二是管道埋地运行过程。

　　聚氨酯泡沫层保温性能主要表现在聚氨酯材料本身的特性和 $\geq 88\%$ 的闭孔结构，而保温层的炭化过程为热分解反应，聚氨酯发生炭化后，材料发生变性，泡孔结构消失，最终表现就是保温性能降低，主要反映在密度、热导率、抗压强度、闭孔率等上。

10.3.2.1　管道预制

　　针对"管中管法"聚氨酯保温管成型技术，在进行聚氨酯泡沫料灌注发泡时，由于是在一个密闭的空腔内进行，双组分的物料混合后进行化学反应，会释放出一定的热量，当聚乙烯套管的放气孔设置不合理时，部分反应热势必无法散失，在物料中积聚，局部泡沫层温度过高，出现发黄变性的现象，保温层失去保温效果。

10.3.2.2　运行过程

　　聚氨酯管道运行过程保温层出现炭化的情况比较多，归纳起来有以下几点[6]。

　　（1）原材料缺陷

　　聚氨酯双组分料与添加剂直接影响聚氨酯泡沫的耐热性能，若原料的耐温性能差、相对分子质量过低、物料出现调配不合理状态，就会导致近工作钢管表面的聚氨酯层出现热分解，主要表现为保温层内有效组分的分解、挥发，表观分子结构完全破坏，聚氨酯泡沫层变黄、变黑，保温结构失效（图 10-8）。

图 10-8　运行过程的炭化现象

（2）聚氨酯密度偏低

聚氨酯的密度决定了预制保温管的质量，若密度过低，聚氨酯的含量占比低，空泡体积占比高，则在热流的影响下，聚氨酯会过早炭化（图 10-9）。随着运行时间的延长，炭化问题会越来越严重，所以需要选用合理密度的保温材料，以增加聚氨酯含量，提高耐温性。

图 10-9　密度过低造成的炭化现象

（3）流体输送温度过高

聚氨酯保温材料的最佳使用温度是≤120 ℃，当流体温度过高时（≥140 ℃），随着钢管温度的增加，长期的热影响必然会造成保温层在高温下发生炭化，这属于高温变性。例如，某架空敷设保温管道聚氨酯保温层高温炭化情况（图 10-10），这就需要采用改性的聚氨酯保温材料来满足≤140 ℃流体输送的要求，而超过这个温度就需要选择无机等保温材料。

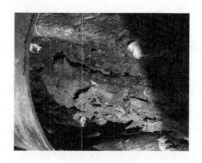

图 10-10　高温导致的聚氨酯保温层炭化

（4）保温管进水

侵入聚氨酯保温层中的水，受热后沸腾，长时间被高温热水浸泡的聚氨酯保温层，封闭的泡孔结构会逐渐消失，体积收缩，直至整个保温层泡孔全部消失，聚氨酯塌缩成带状、块状的硬质炭化结构，不再具有保温性能。进水炭化导致的聚氨酯往往呈现红色硬块或硬条，硬度和脆性大，聚氨酯保温层已无原始形态（图 10-11）。

图 10-11　保温管进水导致的炭化

10.3.3　聚氨酯保温层压扁、压裂

成品保温管在运输或按照标准堆放过程中，出现的保温层压扁状态是由保温层泡沫密度低、松软造成的，主要原因是组合聚醚比例过大或渗入水分，组合聚醚中锡类催化剂过少，而送料压缩空气温度、原料温度以及钢管表面的温度同样会引起此类现象产生。

保温层出现压裂现象，证明泡沫层脆性大、泡沫酥，原因除了钢管表面温度过低外，还与材料有关，如双组分料中异氰酸酯比例过大、水分含量过多、多异氰酸酯酸值过大、含杂质多以及组合聚醚中的阻燃剂加入量过多等。

10.3.4　植物根系破坏保温层

在植物根茎发达的埋管区域，根系会在生长期穿透聚乙烯防护壳后深入保温层而破坏管道的涂层系统（图 10-12）。图中标注的 A、B 点分别为芦苇根系生长过程中深入涂层而留下的痕迹以及芦苇的根茎[7]。

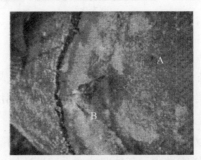

图 10-12　植物根茎长入保温层内

10.3.5 防水帽引起保温层失效

统计表明，聚氨酯保温管（直埋管道、海底管道等）失效原因，80%以上都与管道补口防水帽有直接联系，在整个管道中，补口防水帽是最薄弱的环节。

拆解某海洋管道的垂直90°聚氨酯泡沫保温层端面节点发现，防水帽底部大量湿气积聚，防水帽下的保温层积存大量水分，并且严重变形，甚至出现大量保温层碎渣。这是因为聚氨酯保温层的高密度聚乙烯外护壳具有机械强度高、柔韧性差的特点，而所采用的防水帽机械强度低，使得整个管段外层机械强度不均匀。海管在铺设过程中，无可避免地存在夹克层与防水帽之间的相互作用，而造成应力集中。同时海管安装时与运行过程中存在较大的温差，因为钢管、防护层和防水帽材料的热膨胀系数不同，会产生不同的伸缩量，这就会造成防水帽会受力变形，甚至破坏[8]。

所以，海管节点聚氨酯保温层防水帽遭到破坏，主要是因为聚乙烯夹克保温管在一定静水压下受挤压严重变形，致使管端防水帽的黏结密封层在夹克管变形外力作用下被拉开而破坏[9]。

上述分析虽然针对海洋管道，但陆地管道的变形破坏与其基本一致，也是受压或者结构层突然发生改变，在外部力的作用下形变导致蹿水等情况，引起保温层失效。

防水帽安装施工不达标，更容易造成保温管失效，例如安装、热烤等造成搭接不合格[图10-13（a）]、炭化[图10-13（b）]、鼓包[图10-13（c）]、翘边等。

(a) 搭接不合格　　　　　(b) 炭化　　　　　(c) 鼓包

图10-13　防水帽安装不合格

提高补口质量，最主要的是防水帽的安装以及热烤成型，因为防水帽的安装质量决定整根管道保温层运行的完整性，这就要求防水帽材料、存放、施工环境、施工工艺满足施工质量要求。

针对海洋管道，不同水深所要求的防水帽材料特性是不一样的，不能采用陆地管道的防水帽直接应用于海洋管道中，须按照特定水域设计加工不同类型的防水帽。

10.4　补口段缺陷

（1）补口结构形式

直埋保温管道补口采用热缩带式保温和电熔焊式保温，底部包覆热收缩套防腐层，中间填充聚氨酯保温层。

海底管道补口采用聚氨酯保温层外加防护层后二次填充外层结构，其中补口防腐层多采用液态涂料复合热收缩带，聚氨酯保温层防护层多采用热收缩带结构，聚氨酯保温层为灌注或保温瓦结构。而填充层可以采用沥青玛蹄脂、聚氨酯弹性体等。

（2）缺陷原因

管道使用过程中，补口段出现缺陷的概率非常高。主要表现为保护层翘边、脱落，保温层进水、压溃，补口防腐层脱落起皮等。主要原因如下。

① 热收缩套。

a. 管本体的高密度聚乙烯外护壳，机械强度较高，但拉伸强度低，柔韧性较差，而补口段所采用的热收缩套料机械强度都较低。出现了补口后整个管段外层机械强度不均衡。热收缩套与聚乙烯层应力集中，成为薄弱环节。

b. 热收缩套作为补口防腐层时，同样与管本体过渡搭接的防腐层存在机械强度不匹配的问题，当管道运行时的热流所造成的温差形成的热应力作用于机械强度不均衡的黏结部位，就会造成黏结部位的开裂。

c. 热收缩带的胶黏剂有着特殊的要求，补口时要求合理烘烤温度。烘烤温度低，则热溶胶不会熔融，黏结不完整，影响黏结性能；烘烤温度过高，则造成收缩外套变形不均匀或老化，破坏补口的完整性。

d. 采用的粘胶剂黏结热收缩套与管本体层，搭接处黏结力低于外防护层本体。在使用过程中，热收缩套随着温度和外力的变化而发生收缩和膨胀，极易脱落，或产生翘边。

② 电热熔套外护层。

a. 电压、加热时长、卡箍装置等缺陷，都会造成热熔套未完全热熔黏结在管道外护层上，接缝处存在漏点缺陷。放气孔和注料孔在注料完成后，孔塞未完全熔融焊接密封。

b. 热熔套材料性能如抗拉强度、断裂伸长率不达标，以及与管本体外护管的熔融速率不匹配等，均会引起外护层不能完全密封。

c. 热熔套尺寸、厚度与补口要求不匹配，产生搭接不达标等缺陷。

③ 聚氨酯保温材料。

a. 灌注方式成型聚氨酯保温层，材料配比、浇注时间、温度等不达标，造成保温层出现空洞、密度不均、强度低等缺陷。

b. 聚氨酯保温层超过所承受的压力，如海底管道，当水深超过 50 m 时，当采用的外部填充层抗压效果较差时，所采用的聚氨酯保温瓦就会被压溃变形。

④ 施工水平。

施工水平对补口质量的影响最大。管体表面处理不达标、管体预热欠温或过热、补口材料未按要求施工、操作失误以及人员素质低、监督检查不到位等现象均比较常见，这些都会影响到补口质量。

例如，对某大口径（$\phi 1200$ mm）直埋保温管进行检测：共计 90 个点，发现热熔焊接缺陷 46 个（占比 51.1%），聚氨酯发泡密度不足 28 个（占比 31.1%），管皮搭接长度不足 9 个（占比 10%），轴线尺寸偏差 7 个（占比 7.8%）[10]，以上均为施工质量问题。

10.5 聚氨酯保温管涂层修复

聚氨酯保温层破损的主要形式包括外护壳开裂、聚氨酯保温层开裂、聚氨酯保温层进水等。所以其修复主要包含两个部分：一是防护层修复；二是保温层修复。一般这两种情况同时存在。

修复过程如下：

① 待修复管道周边清理，涉水区域管道架空，并排水。

② 清除旧涂层，原防护层壁厚、强度高，如果原防护层没有发生老化等现象，建议保留。清除保温层。

③ 进水保温层，需要晾晒排除已经浸入的水分，必要时，采用外热源进行烘烤排水及其水汽。

④ 清除待涂覆管表面的杂质、灰尘、泥土等异物。

⑤ 捆扎原防护壳，采用冷胶带缠绕方式进行，缠绕胶带前，需要打毛防护壳表面。如果防护壳破损无法使用，则需要采用安装定型模具或采用预先成型的聚乙烯壳等，形成可以二次发泡的空腔。

⑥ 在模具或开有注料孔防护壳内灌注聚氨酯泡沫料进行保温层二次成型。成型工艺可以参见相关补口工艺。

⑦ 保温层成型后，对于采用模具成型的涂层，在拆除模具的保温层外裹缠防腐胶带或热收缩带等加强带。对于采用原防腐层，同样裹缠防腐胶带等二次外护层。

聚氨酯保温层的修复完全可以参照管道保温层补口，除采用防腐胶带外，还可以采用压敏型热缩胶带、电热熔套等方式。保温层如上所述，可以采用预制保温瓦或者现场浇注聚氨酯泡沫料等，基本原则是保证防腐层二次涂敷质量，完成保护层的完整密封，满足保温层的密实填充等要求。

10.6　小结

　　管道保温涂层涵盖了防腐、保温、防护等多种涂层，工序过程复杂。涂层材料选用不但要满足自身性能的匹配，还需满足多涂层间的融合等，涂层成型工艺同样要求防腐、保温、防护，甚至辅助涂层相互之间有完美的衔接。而这种多种材料的融合和多种工艺的匹配并非无懈可击，总会因各种不可预见性造成涂层缺点。并且多变的应用环境，同样会造成涂层的设计缺陷，尤其管件的保温层涂覆以及管道保温层的补口等。

　　所以为确保保温涂层质量满足管道在寿命周期内的正常运行，在合理的工艺、匹配的设备以及合格的原材料基础上，进一步完善质量控制、严把过程控制以及提高员工技术技能、加强员工的素质教育，才能有效地控制好保温涂层涂敷的每一道工序质量，生产出合格的产品。

参考文献

［1］　许云，沈波，方伟.聚氨酯泡沫保温管的缺陷分析［J］.石油工程建设，2010，36（3）：53-54.

［2］　邢海燕，王朝东，李雪峰，等.漠大线输油保温管道外护层开裂的热力耦合仿真与试验研究［J］.压力容器，2018，35（5）：16-24.

［3］　郑中胜，郎魁元，张国玉.浅谈高密度聚乙烯聚氨酯保温管开裂问题的产生与对策［J］.中国高新技术企业，2017，6：77-78.

［4］　蒋林林，韩文礼，张红磊，等.高密度聚乙烯外护保温管的开裂原因［J］.油气储运，2012（7）：557-559.

［5］　王新华，王通，何仁洋，等.埋地管道硬质聚氨酯泡沫防腐保温层失效模式及其故障树分析［J］.腐蚀与防护，2009，30（9）：660-664.

［6］　和宏伟.预制热水保温管聚氨酯炭化危害及预防［J］.煤气与热力，2020，40（6）：A4-A7.

［7］　陈志昕，蔡克，张良，等.在役管道涂层及阴极保护失效模式探讨［J］.腐蚀与防护，2010（3）：24-27+30.

［8］　王立秋，郎东旭，余俊雄，等.单层保温配重海管失效原因分析［J］.内蒙古石油化工，2019（6）：15-18.

［9］　相政乐，吕喜军，赵利，等.海底单层保温管节点防水密封试验研究［J］.石油工程建设，2012，38（3）：5-8.

［10］　土文艳.大直径聚氨酯保温管沟槽内原位保温合格率提升策略［J］.建材技术与应用，2020（4）：51-54.